应用型本科 电子及通信工程专业"十二五"规划教材

基于 MSP430 单片机原理及应用

卞晓晓　花怀海

孙肖林　王　芳　季秀霞　编著

U0271804

西安电子科技大学出版社

内 容 简 介

　　本书以理论教学为引导，以工程实践能力培养为主线，主要内容包括 MSP430x16x 单片机的硬件结构和工作原理、指令系统及其集成软件开发环境、片内及片外模块介绍及其应用、硬件实验板制作步骤以及 MSP430 单片机应用系统详细设计。本书的实例来源于作者的教学实践，涉及的知识面广，内容丰富。随书电子资源可登录出版社网站下载，也可扫描封底二维码关注"MSP430 单片机原理及应用"微信公众号获取。

　　本书可作为高等学校电类专业单片机课程、大学生创新实践及电子竞赛培训的教材，也适合作为单片机初学者以及使用 MSP430 单片机进行项目开发的技术人员的参考书。

图书在版编目(CIP)数据

基于 MSP430 单片机原理及应用/卞晓晓等编著. —西安：西安电子科技大学出版社，2015.11
应用型本科机械类专业"十二五"规划教材
ISBN 978 - 7 - 5606 - 3743 - 3

Ⅰ. ① 基…　Ⅱ. ① 卞…　Ⅲ. ①单片微型计算机-高等学校-教材　Ⅳ. ①TP368.1

中国版本图书馆 CIP 数据核字(2015)第 236436 号

策划编辑　马乐惠
责任编辑　马乐惠　郭　魁
出版发行　西安电子科技大学出版社(西安市太白南路 2 号)
电　　话　(029)88242885　88201467　　邮　编　710071
网　　址　www. xduph. com　　　　电子邮箱　xdupfxb001@163. com
经　　销　新华书店
印刷单位　陕西天意印务有限责任公司
版　　次　2015 年 11 月第 1 版　2015 年 11 月第 1 次印刷
开　　本　787 毫米×1092 毫米　1/16　印张　22
字　　数　522 千字
印　　数　1～3000 册
定　　价　39.00 元
ISBN 978 - 7 - 5606 - 3743 - 3/TP
XDUP　4035001 - 1

＊＊＊如有印装问题可调换＊＊＊
本社图书封面为激光防伪覆膜，谨防盗版。

前　　言

美国德州仪器(TI)公司推出的 MSP430 系列单片机具有超低的功耗、丰富的片内外资源、16 位 RISC 处理器、先进的 JTAG 调试和软件集成开发环境(IAR 的 EW430 或 TI 的 CCSv5.5)及高效等特点,在手持设备和电池供电设备越来越多的当下,获得了广泛的应用。很多高校已经开始选用 MSP430 系列单片机进行单片机课程的教学。

本书以理论教学为引导,以实践能力培养为主线,具体内容安排为:第一章介绍 MSP430x16x 单片机硬件结构和工作原理;第二章介绍 MSP430 单片机指令系统、程序设计以及集成软件开发环境;第三章介绍 MSP430 单片机片内及片外模块;第四章介绍 MSP430 单片机实验板制作,包括 MSP430 单片机硬件设计与接口技术,详细介绍 DIY 硬件实验板的步骤;第五章介绍 MSP430 单片机片内及片外模块的应用,包括通用 I/O 接口、中断系统、定时器、串行通信模块、比较器、ADC 模块、DAC 模块、LCD 显示模块等;第六章介绍 MSP430 单片机应用系统设计,包括单片机系统设计的一般步骤和具体实例。MSP430 指令速查表、MSP430x16x 模块空间分配以及 MSP430x16x 头文件等内容放入本书的电子资源中,教师可以根据需要有选择地将其融入课堂教学中,也可以留作课外阅读。

本书编者在多年的单片机教学实践以及指导学生竞赛中感受到,学习单片机,不仅需要掌握单片机的硬件结构、指令集和编程方法,更重要的是学习如何使用单片机,用单片机来解决问题。因此本书主要篇幅放在 MSP430F169 单片机的硬件设计和基于 C 语言的应用实例上。

本书配套一款 MSP430F169 口袋实验板,包括 MSP430F169 最小系统板、两块迷你扩展板、一块底板。读者只需一台 PC 和实验板就可以学习,所有实验都可以脱离实验室完成。书中的例程均以配套的口袋实验板实验现象为依据,帮助读者从实际应用中彻底理解和掌握单片机。最小系统板与扩展板也可以作为独立模块,进行二次开发。

书中配有完整的源程序,所有的源程序都在实验板上测试通过。需要硬件实验板的读者可以与出版社联系,也可以根据书中第四章的内容自行设计。源程序、实验板原理图、PCB 图、实验视频教程作为随书电子资源,读者可登录出版社网站下载,也可以扫描封底二维码关注"MSP430 单片机原理及应用"微信公众号获取。

本书由南京航空航天大学金城学院卞晓晓老师,三江学院花怀海老师、孙肖林老师、王芳老师和南京航空航天大学金城学院季秀霞老师共同编写。南京航空航天大学金城学院创新实验室陈平、李凡、方为建、张重阳、卢俊峰、李广敏、陆城胜同学对本书的出版做出了重要的贡献,在此表示衷心感谢。同时感谢西安电子科技大学出版社的大力支持。

最后,对本书参考文献中的作者们表示感谢!

由于作者水平有限,书中难免有不妥之处,敬请各位读者和同行指正。

作　者
2015 年 5 月

目　　录

第一章　MSP430 单片机概述

1.1　MSP430 单片机的特点

MSP430 系列单片机是美国德州仪器(Texas Instruments，TI)于 1996 年开始推向市场的一种 16 位超低功耗的混合信号处理器(Mixed Signal Processor)。TI 公司借助其在混合信号与数字技术方面处于领先的丰富经验构建了 MSP430。MSP430 主要有以下几个特点：

(1) 超低功耗。MSP430 系列单片机的电源电压采用 1.8～3.6 V 的低电压，具有 5 种低功耗模式，可实现超低功耗性能。RAM 数据保持方式下耗电仅为 0.1 μA，活动模式下耗电为 250 μA/MIPS(MIPS：每秒百万条指令数)。

(2) 强大的运算处理能力。MSP430 系列单片机是 16 位单片机，采用了 RISC(Reduced Instruction Set Computer，精简指令集计算机)结构，一个时钟周期可以执行一条指令，使 MSP430 在 8 MHz 晶振工作时，指令速度可达 8 MIPS。

(3) 高性能模拟技术及丰富的片上外围模块。MSP430 系列单片机结合 TI 的高性能模拟技术、高精度的模/数转换器(ADC)，有很高的转换速率，最高可达 200 kS/s，适用于大多数数据采集的场合。系列中各成员都集成了较丰富的片内外设，视型号不同可能组合有以下功能模块：看门狗(WDT)，模拟比较器 A，定时器 A(Timer_A)，定时器 B(Timer_B)，串口 0、1(USART0、1)，硬件乘法器，液晶驱动器，10/12/14 位 ADC，12 位 DAC，I^2C 总线，直接数据存取(DMA)，端口 0(P0)，端口 1～6(P1～P6)，基本定时器(Basic Timer)等。

(4) 高效方便的开发环境。目前 MSP430 系列有 OTP 型、Flash 型和 ROM 型三种类型的器件，国内大量使用的是 Flash 型。这些器件的开发手段不同。对于 OTP 型和 ROM 型的器件，使用专用仿真器开发成功之后再烧写或掩膜芯片；对于 Flash 型，则有十分方便的开发调试环境，因为器件片内有 JTAG 调试接口，还有可电擦写的 Flash 存储器，因此先通过 JTAG 接口下载程序到 Flash 内，再由 JTAG 接口控制程序运行，读取片内 CPU 状态以及存储器内容等信息供设计者调试，整个开发都可以在同一个软件集成环境中进行。这种方式只需要一台 PC 和一个 JTAG 调试器，而不需要专用仿真器和编程器。开发语言有汇编语言和 C 语言。目前较好的软件开发工具是 IAR Workbench v5.30 和 CCS v5.5。

(5) 系统工作稳定。系统上电复位后，由 DCOCLK 启动 CPU，以保证系统从正确的位置开始执行。随后软件可设置适当的寄存器的控制位来确定最后的系统时钟频率。如果晶体振荡器在用作 CPU 时钟 MCLK 时发生故障，DCO 振荡器会自动启动系统当中的 DCO，以保证系统正常工作。

1.2　MSP430 系列单片机的分类

MSP430 系列单片机的种类很多，因而设计人员可以根据具体的应用来选择不同的单片机，获得最佳的性价比。这些系列有着相同的命名规则，规则如下：

MSP430 M_t D_a D_b M_c

其中，M_t 表示内存的类型，具体如下：

C：ROM；

F：Flash；

P：OTP；

E：EEPROM；

U：USER。

D_a D_b 表示器件配置，具体如下：

10，11：基本型；

12，13：带硬件 UART；

14：带硬件 UART、硬件乘法器；

31，32：带液晶驱动；

33：带液晶驱动，带硬件 UART、硬件乘法器；

41：带液晶驱动；

43：带液晶驱动，带硬件 UART；

44：带液晶驱动，带硬件 UART、硬件乘法器。

M_c 表示内存容量，具体如下：

0：1 KB 程序存储区，128 字节数据存储区；

1：2 KB 程序存储区，128 字节数据存储区；

2：4 KB 程序存储区，256 字节数据存储区；

3：8 KB 程序存储区，256 字节数据存储区；

4：12 KB 程序存储区，512 字节数据存储区；

5：16 KB 程序存储区，512 字节数据存储区；

6：24 KB 程序存储区，1 KB 字节数据存储区；

7：32 KB 程序存储区，1 KB 字节数据存储区；

8：48 KB 程序存储区，2 KB 字节数据存储区；

9：60 KB 程序存储区，2 KB 字节数据存储区。

上述命名规则中，并没有把模/数转换、定时器和封装等包括进来，如要选择单片机以满足工程的需要，可登录 TI 官方网站查找各种单片机的精确配置。

1.3　MSP430x16x 硬件结构概述

MSP430 采用了 RISC 结构，主要包含 16 位的 RISC CPU、存储器、外围模块、灵活的时钟系统以及连接它们的数据总线和地址总线，如图 1-1 所示。

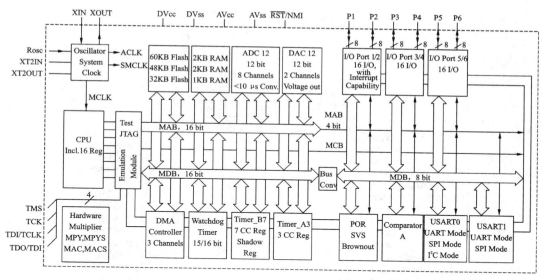

图 1-1　MSP430x16x 硬件结构

1.4　MSP430x16x 的重要特性和外部引脚

1. MSP430x16x 的重要特性

MSP430x16x 的主要特性如下：

★低电压工作范围 1.8～3.6 V，超低功耗。

　——活动模式：在 1 MHz 为 330 μA，2.2 V。

　——待机模式：1.1 μA。

　——掉电模式：(RAM 数据保持)0.2 μA。

★具有五种省电模式。

★从待机到唤醒模式响应时间不超过 6 μs。

★16 位精简指令系统的指令周期为 125 ns。

★有高速晶体(8 MHz)、低速晶体(32 kHz)、数字控制振荡器 DCO。

★有 12 位 200 kS/s 的 A/D 转换器。

★有内部温度传感器。

★有 16 位定时器 Timer_A、Timer_B(各具有 3 个捕获/比较寄存器)。

★两通道串行通信接口可用于异步或同步模式。

★有 6 个 8 位并行端口，且其中 2 个 8 位端口有中断能力。

★自带硬件乘法器。

★能够串行在线系统编程。

★具有保密熔丝的程序代码保护。

2. MSP430x16x 的引脚功能

MSP430x16x 共有 64 个引脚，其引脚分布如图 1-2 所示。

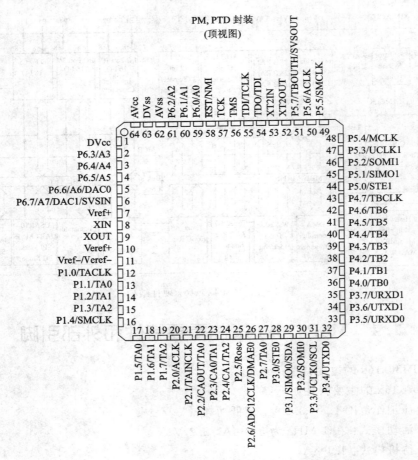

图 1-2　MSP430x16x 系列单片机引脚图

MSP430 单片机片内资源丰富，需要众多的引脚，受芯片引脚数限制，很多引脚具有复用功能。引脚的具体说明如表 1-1 所示。

表 1-1　MSP430x16x 系列单片机引脚说明

引脚名称	引脚序号	I/O	说　明
AVcc	64		模拟供电电源正端，只为 ADC 和 DAC 的模拟部分供电
AVss	62		模拟供电电源负端，只为 ADC 和 DAC 的模拟部分供电
DVcc	1		数字供电电源正端，为所有数字部分供电
DVss	63		数字供电电源负端，为所有数字部分供电
P1.0/TACLK	12	I/O	通用数字 I/O 引脚/定时器 A，时钟信号 TACLK 输入
P1.1/TA0	13	I/O	通用数字 I/O 引脚/定时器 A 捕捉：CCI0A 输入，比较：OUT0 输出
P1.2/TA1	14	I/O	通用数字 I/O 引脚/定时器 A 捕捉：CCI1A 输入，比较：OUT1 输出
P1.3/TA2	15	I/O	通用数字 I/O 引脚/定时器 A 捕捉：CCI2A 输入，比较：OUT2 输出

续表一

引脚名称	引脚序号	I/O	说　明
P1.4/SMCLK	16	I/O	通用数字 I/O 引脚/SMCLK 信号输出
P1.5/TA0	17	I/O	通用数字 I/O 引脚/定时器 A，比较：OUT0 输出
P1.6/TA1	18	I/O	通用数字 I/O 引脚/定时器 A，比较：OUT1 输出
P1.7/TA2	19	I/O	通用数字 I/O 引脚/定时器 A，比较：OUT2 输出
P2.0/ACLK	20	I/O	通用数字 I/O 引脚/ACLK 输出
P2.1/TAINCLK	21	I/O	通用数字 I/O 引脚/定时器 A，INCLK 上的时钟信号
P2.2/CAOUT/TA0	22	I/O	I/O 通用数字 I/O 引脚/定时器 A，捕获：CCI0B 输入/比较器输出
P2.3/CA0/TA1	23	I/O	通用数字 I/O 引脚/定时器 A，比较：OUT1 输出/比较器 A 输入
P2.4/CA1/TA2	24	I/O	通用数字 I/O 引脚/定时器 A，比较：OUT2 输出/比较器 A 输入
P2.5/Rosc	25	I/O	通用数字 I/O 引脚，定义 DCO 标称频率的外部电阻输入
P2.6/ADC12CLK/DMAE0	26	I/O	I/O 通用数字 I/O 引脚，转换时钟——12 位 ADC，DMA 通道 0 外部触发器
P2.7/TA0	27	I/O	通用数字 I/O 引脚/定时器 A 比较：OUT0 输出
P3.0/STE0	28	I/O	通用数字 I/O 引脚/USART0/SPI 模式从设备传输使能端
P3.1/SIMO0/SDA	29	I/O	通用数字 I/O 引脚/USART0/SPI 模式的从入/主出，I²C 数据
P3.2/SOMI0	30	I/O	通用数字 I/O 引脚/USART0/SPI 模式的从出/主入
P3.3/UCLK0/SCL	31	I/O	通用数字 I/O 引脚/USART0/SPI 模式的外部时钟输入，USART0
P3.4/UTXD0	32	I/O	通用数字 I/O 引脚/USART0/UART 模式的传输数据输出
P3.5/URXD0	33	I/O	通用数字 I/O 引脚/USART0/UART 模式的接收数据输入
P3.6/UTXD1	34	I/O	通用数字 I/O 引脚/USI1/UART 模式的发送数据输出
P3.7/URXD1	35	I/O	通用数字 I/O 引脚/USI1/UART 模式的接收数据输入
P4.0/TB0	36	I/O	通用数字 I/O 引脚/捕获 I/P 或者 PWM 输出端口-定时器 B7 CCR0
P4.1/TB1	37	I/O	通用数字 I/O 引脚/捕获 I/P 或者 PWM 输出端口-定时器 B7 CCR1
P4.2/TB2	38	I/O	通用数字 I/O 引脚/捕获 I/P 或者 PWM 输出端口-定时器 B7 CCR2
P4.3/TB3	39	I/O	通用数字 I/O 引脚/捕获 I/P 或者 PWM 输出端口-定时器 B7 CCR3
P4.4/TB4	40	I/O	通用数字 I/O 引脚/捕获 I/P 或者 PWM 输出端口-定时器 B7 CCR4
P4.5/TB5	41	I/O	通用数字 I/O 引脚/捕获 I/P 或者 PWM 输出端口-定时器 B7 CCR5
P4.6/TB6	42	I/O	通用数字 I/O 引脚/捕获 I/P 或者 PWM 输出端口-定时器 B7 CCR6

引脚名称	引脚序号	I/O	说　明
P4.7/TBCLK	43	I/O	通用数字 I/O 引脚/输入时钟 TBCLK-定时器 B7
P5.0/STE1	44	I/O	通用数字 I/O 引脚/USART1/SPI 模式从设备传输使能端
P5.1/SIMO1	45	I/O	通用数字 I/O 引脚/USART1/SPI 模式的从入/主出
P5.2/SOMI1	46	I/O	通用数字 I/O 引脚/USART1/SPI 模式的从出/主入
P5.3/UCLK1	47	I/O	通用数字 I/O 引脚/USART1/SPI 模式的外部时钟输入，USART0/SPI 模式的时钟输出
P5.4/MCLK	48	I/O	通用数字 I/O 引脚/主系统时钟 MCLK 输出
P5.5/SMCLK	49	I/O	通用数字 I/O 引脚/子系统时钟 SMCLK 输出
P5.6/ACLK	50	I/O	通用数字 I/O 引脚/辅助时钟 ACLK 输出
P5.7/TBOUTH/SVSOUT	51	I/O	通用数字 I/O 引脚/将所有 PWM 数字输出端口为高阻态-定时器 B7
P6.0/A0	59	I/O	通用数字 I/O 引脚/模拟量输入 A0～12 位 ADC0
P6.1/A1	60	I/O	通用数字 I/O 引脚/模拟量输入 A1～12 位 ADC1
P6.2/A2	61	I/O	通用数字 I/O 引脚/模拟量输入 A2～12 位 ADC2
P6.3/A3	2	I/O	通用数字 I/O 引脚/模拟量输入 A3～12 位 ADC3
P6.4/A4	3	I/O	通用数字 I/O 引脚/模拟量输入 A4～12 位 ADC4
P6.5/A5	4	I/O	通用数字 I/O 引脚/模拟量输入 A5～12 位 ADC5
P6.6/A6/DAC0	5	I/O	通用数字 I/O 引脚/模拟量输入 A6～12 位 ADC6，DAC.0 输出
P6.7/A7/DAC1/SVSIN	6	I/O	通用数字 I/O 引脚/模拟量输入 A7～12 位 ADC7，DAC.1 输出，SVS 输入
RST/NMI	58	I	复位输入/不可屏蔽中断输入端口或者 Bootstrap Load 启动（FLASH 版本有此功能）
TCK	57	I	测试时钟，TCK 是芯片编程测试和 Bootstrap Loader 启动的时钟输入端口
TDI/TCLK	55	I	测试数据输入，TDI 用作数据输入端口，芯片保护熔丝连接到 TDI
TDO/TDI	54	I/O	测试数据输出端口，TDO/TDI 数据输出或者编程数据输出引脚
TMS	56	I	测试模式选择，TMS 用作芯片编程和测试的输入端口
Veref+	10	I	外部参考电压的输入
Vref+	7	O	参考电压的正输出引脚
Vref-/Veref-	11	I	内部参考电压或者外加参考电压的引脚
XIN	8	I	晶体振荡器 XT1 的输入端口，可连接标准晶振或者钟表晶振
XOUT	9	O	晶体振荡器 XT1 的输出引脚
XT2IN	53	I	晶体振荡器 XT2 的输入端口，只能连接标准晶振
XT2OUT	52	O	晶体振荡器 XT2 的输出引脚

1.5　MSP430x16x 的时钟模块与低功耗

时钟模块对于单片机来说至关重要,它不仅给 CPU 提供正确的时序,还给单片机的外围模块提供工作时序。因此,一个高效稳定的时钟模块是单片机系统能够正常工作的基础。

1. MSP430x16x 系列单片机时钟模块

MSP430x16x 系列单片机的基础时钟模块结构如图 1-3 所示。

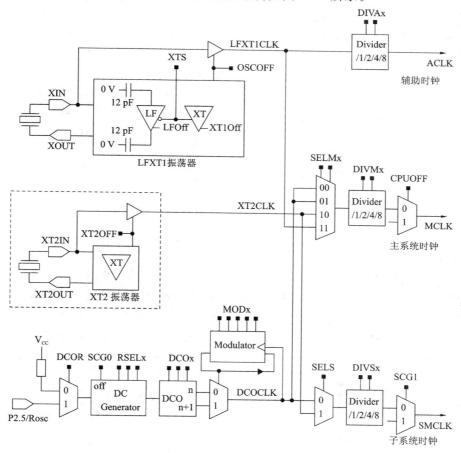

图 1-3　MSP430x16x 系列单片机的基础时钟模块结构

MSP430F169 基本时钟模块有三个时钟输入源 LFXT1CLK(低速为 32 768 Hz,高速为 450 Hz~8 MHz)、XT2CLK(450 Hz~8 MHz)、DCOCLK,可提供以下三种时钟信号:

★ ACLK 辅助时钟:由 LFXT1CLK 信号经 1、2、4、8 分频后得到,可以由软件选择各个外围模块的时钟信号,一般用于低速外设。

★ MCLK 系统主时钟:可由软件选择来自 LFXT1CLK、XT2CLK、DCOCLK 三者之一,然后经 1、2、4、8 分频得到,MCLK 主要用于 CPU 和系统。

★ SMCLK 子系统时钟:可由软件选自 LFXT1CLK 和 DCOCLK 或 XT2CLK 和 DCOCLK,然后经 1、2、4、8 分频得到,SMCLK 主要用于高速外围模块。

系统频率与系统的工作电压密切相关(MSP430 的工作电压为 1.8~3.6 V,编程电压为 2.7～3.6 V)，所以不同的工作电压，需要选择不同的系统时钟。当两个外部振荡器失效时，DCO 振荡器会自动被选作 MCLK 的时钟源。上电复位(Power-Up-Clear，PUC)信号之后，DCOCLK 被自动选作 MCLK 和 SMCLK 的时钟信号，LFXT1CLK 被选作 ACLK 的时钟信号，根据需要 MCLK 和 SMCLK 的时钟源可以另外设置。

2. 低速晶体振荡器

MSP430 系列的单片机的每种产品都会有低速晶体振荡器(LFXT1)，通常外接 32 768 Hz 的手表晶振。LFXT1 振荡器在发生有效的 PUC 后开始工作，一次有效的 PUC 信号可以将 SR 寄存器的 OSCOFF 位复位，即允许 LFXT1 工作。如果 LFXT1CLK 信号没有用作 SMCLK 或 ACLK 信号，则可以用软件将 OSCOFF 位置位，禁止 LFXT1 工作。LFXT1 的控制逻辑如图 1-4 所示。

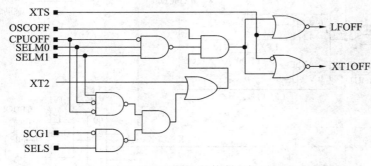

图 1-4　LFXT1 的控制逻辑图

3. 高速晶体振荡器

高速晶体振荡器(XT2)产生的时钟信号为 XT2CLK，它的工作特性与 LFXT1 振荡器工作在高频模式时类似。如果 XT2CLK 没有用作 MCLK、SMCLK 的时钟信号，则可以用 XT2OFF 控制位关闭 XT2；如果 CPUOFF=0，SELM=2，则 XT2CLK 用作 MCLK 时钟；如果 SCG1=0，且 SELS=1，则 XT2CLK 用作 SMCLK 时钟。XT2 振荡器的控制逻辑如图 1-5 所示。

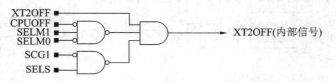

图 1-5　XT2 振荡器控制逻辑图

4. DCO 振荡器

MSP430 系列的单片机外部振荡器产生的时钟信号都可以经 1、2、4、8 分频后用作系统的 MCLK。当上电复位或者振荡器失效的时候，DCO 振荡器会自动被选作 MCLK 的时钟源，频率在 800 kHz 左右。

DCO 的工作可以不要外部器件的支持，因此降低了电路的复杂程度，但是它基于 RC 的工作原理，工作频率不稳定，DCO 振荡器的频率会随着温度和工作电压的变化而变化，而 DCO 频率可通过 DCO、MOD、Rsel 等控制位用软件调节，这又增加了 DCO 振荡器的稳定性。当 DCO 振荡器没有用作 MCLK 和 SMCLK 时钟信号时，可以通过软件关闭直流发生器，直流发生器消耗的电流定义了 DCOCLK 的基本频率。DCO 控制逻辑如图 1-6 所示。

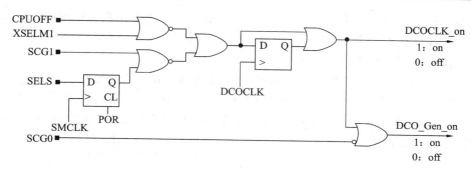

图 1-6　DCO 控制逻辑图

5. 振荡器失效检测

MSP430 内部含有晶体振荡器失效监测电路，用来监测 LFXT1（工作在高频模式）和 XT2 输出的时钟信号。当时钟信号丢失 $50\ \mu s$ 时，监测电路即可捕捉到振荡器失效。如果 MCLK 信号来自 LFXT1 或者 XT2，那么 MSP430 会自动把 MCLK 的信号切换为 DCO，这样可以保证程序继续运行。但 MSP430 不对工作在低频模式的 LFXT1 进行监测。

振荡器失效会导致振荡器失效标志位 OFIFG 置位，如果此时振荡器失效中断允许位（OFIE）置位，则产生非屏蔽中断请求。OFIFG 必须由用户软件来清除。振荡器失效中断逻辑如图 1-7 所示。

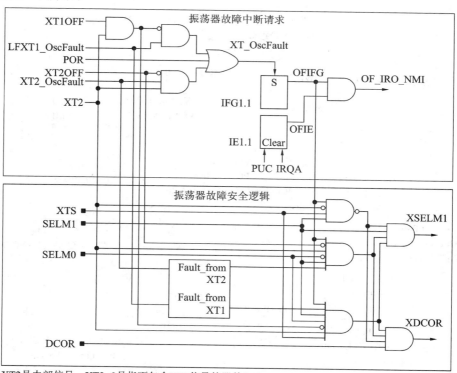

XT2是内部信号。XT2=0是指不包含XT2信号的器件(MSP430x11xx, MSP430x12xx)
XT2=1是指包含XT2信号的器件(MSP430F13x, MSP430F14x, MSP430F15x, MSP430F16x)
IRQA：接受中断请求
LFXT1_OscFault：只适用于LFXT1振荡器工作在高频模式

图 1-7　振荡器失效中断逻辑图

XT2 振荡器的失效信号和 LFXT1 振荡器的失效信号都能引起 OFIFG 中断标志。振荡器失效标志 OFIFG 必须在 LFXT1 和 XT2 的失效信号都为"0"时，才能被软件复位。

6. MSP430x16x 的低功耗结构

MSP430 系列单片机在低功耗方面表现得非常优秀。五种低功耗模式分别为 LPM0～LPM4(Low Power Mode)，CPU 的活动状态称为 AM(Active Mode)模式。其中 AM 耗电最大，LPM4 耗电最省，仅为 $0.1\ \mu A$。另外工作电压对功耗的影响为：电压越低，功耗也越低。低功耗结构如图 1-8 所示。各种模式下消耗电流的情况如图 1-9 所示。

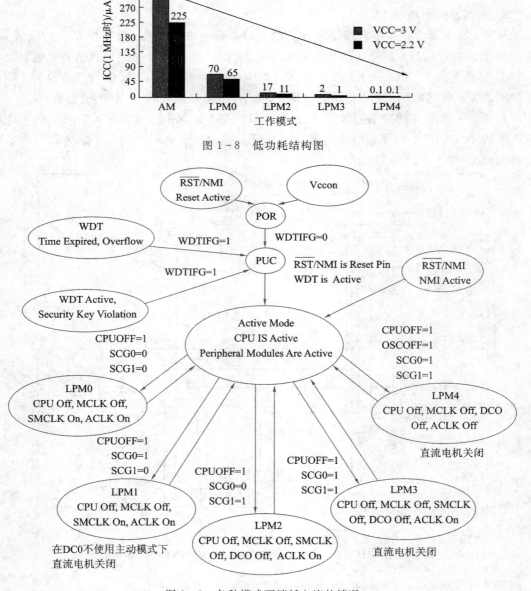

图 1-8　低功耗结构图

图 1-9　各种模式下消耗电流的情况

第二章 MSP430 单片机指令系统与程序设计

2.1 寻 址 模 式

对源操作数的全部 7 种寻址模式和对目的操作数的全部 4 种寻址模式可以访问整个地址空间。由 As 和 Ad 模式位的内容确定，见表 2-1。

表 2-1 寻 址 模 式

As/Ad	寻址模式	语法	说 明
00/0	寄存器寻址模式	Rn	寄存器内容为操作数
01/1	变址寻址模式	X(Rn)	(Rn+X)指向操作数，X 存于后续字中
01/1	符号寻址模式	ADDR	(PC+X)指向操作数，X 存于后续字中，使用了变址的 X(PC)
01/1	绝对寻址模式	&ADDR	指令后续字含绝对地址
10/-	寄存器间接寻址模式	@Rn	Rn 为指针指向操作数
11/-	间接增量寻址模式	@Rn+	Rn 为指针指向操作数，然后 Rn 增加
11/-	立即数寻址模式	♯N	指令后续字含立即数 N，使用了间接增量寻址模式的@PC+

注意：寻址模式将 PC 当作工作寄存器是寻址模式的标准作用。PC 指向当前执行指令后续 ROM 字形成特定寻址模式。

以下用例子详细解说了 7 种寻址模式。大多数例子对源和目的操作数用了相同的寻址模式，但是对于一条指令，任何有效的源和目的操作数的寻址模式组合都是可能的。

2.1.1 寄存器寻址模式

寄存器寻址模式可以直接操作通用寄存器(R4~R15)或特殊功能寄存器，如程序计数器或状态寄存器。就指令速度和代码空间而言，这种模式很高效。

　　　　　　　汇编源程序　　　　ROM 中的内容
　　　　　MOV　R10，R11　　4A0B

长度：1 个或 2 个字。
操作：移动 R10 内容到 R11，R10 不受影响。
备注：对源和目的操作数均有效。
举例：MOV R10，R11。
寄存器模式指令执行前后对照见表 2-2。

表 2 - 2　寄存器模式指令执行前后对照表

执 行 前		执 行 后	
寄存器	值	寄存器	值
R10	0A023h	R10	0A023h
R11	0FA15h	R11	0A023h
PC	PC-old	PC	PC-old+2

注意：因为寄存器中的数据是字数据，任何寄存器—寄存器操作总是字操作，必须用字指令。

2.1.2　变址寻址模式

汇编源程序　　　　　　　　ROM 中的内容
MOV　2(R5)，6(R6)

4596
0002
0006

长度：2 个或 3 个字。

操作：移动源地址内容(R5+2 的内容)到目的地址(R6+6 的内容)。源和目的寄存器 (R5 和 R6)不受影响。变址模式中 PC 自动增加，因此程序继续执行下条指令。

备注：对源和目的操作数均有效。

举例：MOV　2(R5)，6(R6)。

变址模式指令执行前后对照见表 2 - 3。

表 2 - 3　变址模式指令执行前后对照表

执 行 前				执 行 后			
地址空间		寄存器		地址空间		寄存器	
地址	值			地址	值		
					0xxxxh	PC	
0FF16h	00006h	R5	01080h	0FF16h	00006h	R5	01080h
0FF14h	00002h	R6	0108Ch	0FF14h	00002h	R6	0108Ch
0FF12h	04596h	PC		0FF12h	04596h		
			0108Ch				
01094h	0xxxxh		+0006h	01094h	0xxxxh		
01092h	05555h		01092h	01092h	01234h		
01090h	0xxxxh			01090h	0xxxxh		
			01080h				
01084h	0xxxxh		+0002h	01084h	0xxxxh		
01082h	01234h		01082h	01082h	01234h		
01080h	0xxxxh			01080h	0xxxxh		

2.1.3 符号寻址模式

汇编源程序	ROM 中的内容
MOV　RDE，TON1	4090
	F102
	11FE

长度：2 个或 3 个字。

操作：移动源地址 EDE 内容（PC＋X 的内容）到目的地址 TONI（PC＋Y 的内容）。指令的后续字含 PC 与源和目的地址的差。汇编程序自动计算并插入偏移量 X 与 Y。符号模式中 PC 自动增加，因此程序继续执行下条指令。

备注：对源和目的操作数均有效。

举例：MOV　EDE，　TONI　；源地址：EDE＝0F016h
　　　　　　　　　　　　　；目的地址：TONI＝01114h。

符号模式指令执行前后对照见表 2－4。

表 2－4　符号模式指令执行前后对照表

执 行 前					执 行 后		
地址空间					地址空间		
地址	值				地址	值	
						0xxxxh	PC
0FF16h	011FEh				0FF16h	011FEh	
0FF14h	0F102h				0FF14h	0F102h	
0FF12h	04090h	PC			0FF12h	04090h	
		0FF14h					
0F018h	0xxxxh	＋0F102h			0F018h	0xxxxh	
0F016h	0A123h	0F016h			0F016h	0A123h	
0F014h	0xxxxh				0F014h	0xxxxh	
		0FF16h					
01116h	0xxxxh	＋011FEh			01116h	0xxxxh	
01114h	01234h	01114h			01114h	0A123h	
01112h	0xxxxh				01112h	0xxxxh	

2.1.4 绝对寻址模式

汇编源程序	ROM 中的内容
MOV　&EDE，　&TON1	4092
	F016
	1114

长度：2 个或 3 个字。

操作：移动源地址 EDE 内容到目的地址 TONI。指令的后续字含源和目的地址的绝对地址。汇编程序自动计算并插入偏移量 X 与 Y。绝对模式中 PC 自动增加，因此程序继续执行下条指令。

备注：对源和目的操作数均有效。

举例：MOV &EDE, &TONI ；源地址：EDE=0F016h

　　　　　　　　　　　　　　 ；目的地址：TONI=01114h。

绝对模式指令执行前后对照见表 2-5。

表 2-5　绝对模式指令执行前后对照表

执行前			执行后		
地址空间			地址空间		
地址	值		地址	值	
				0xxxxh	PC
0FF16h	01114h		0FF16h	01114h	
0FF14h	0F016h		0FF14h	0F016h	
0FF12h	04092h	PC	0FF12h	04092h	
0F018h	0xxxxh		0F018h	0xxxxh	
0F016h	0A123h		0F016h	0A123h	
0F014h	0xxxxh		0F014h	0xxxxh	
01116h	0xxxxh		01116h	0xxxxh	
01114h	01234h		01114h	0A123h	
01112h	0xxxxh		01112h	0xxxxh	

此寻址模式主要用在定位于绝对的、固定地址的硬件外围模块。对于它们用绝对寻址可保证软件的透明度，如位置独立代码(PIC)编程技术。绝对模式只用于代码段 0。

2.1.5　间接寻址模式

汇编源程序　　　　　　　　ROM 中的内容

MOV @R10, 0(R11)

4AEB
0000

长度：1 个或 2 个字。

操作：移动源地址内容(R10 的内容)到目的地址(R11 的内容)。寄存器不受影响。

备注：仅对源操作数有效。对目的操作数的替代方法是 0(Rd)。

举例：MOV.B @R10, 0(R11)。

简介模式指令执行前后对照见表 2-6。

表 2-6　间接模式指令执行前后对照表

执行前					执行后				
地址空间			寄存器		地址空间			寄存器	
地址	值				地址	值			
	0xxxxh					0xxxxh	PC		
0FF16h	00000h		R10	0FA33h	0FF16h	00000h		R10	0FA33h
0FF14h	04AEBh	PC	R11	002A7h	0FF14h	04AEBh		R11	002A7h
0FF12h	0xxxxh				0FF12h	0xxxxh			
0FA34h	0xxxxh				0FA34h	0xxxxh			
0FA32h	05BC1h				0FA32h	05BC1h			
0FA30h	0xxxxh				0FA30h	0xxxxh			
002A8h	0xxh				002A8h	0xxh			
002A7h	012h				002A7h	05Bh			
002A6h	0xxh				002A6h	0xxh			

2.1.6　间接增量寻址模式

汇编源程序　　　　　　　　　ROM 中的内容

MOV　@R10，0(R11)

4ABB
0000

长度：1 个或 2 个字。

操作：移动源地址内容(R10 的内容)到目的地址(R11 的内容)。R10 取数后增加 1(字节操作)或增加 2(字操作)，不需要额外开销现已指向下一地址，这对于表处理非常有用。

备注：仅对源操作数有效。对目的操作数的替代方法是 0(Rd)，并增加一条指令 INCD Rn。

举例：MOV　@R10＋，0(R11)。

间接增量寻址模式指令执行前后对照见表 2-7。

表 2-7　间接增量寻址模式指令执行前后对照表

执 行 前					执 行 后				
地址空间			寄存器		地址空间			寄存器	
地址	值				地址	值			
0FF18h	0xxxxh		R10	0FA32h	0FF18h	0xxxxh	PC	R10	0FA34h
0FF16h	00000h		R11	010A8h	0FF16h	00000h		R11	010A8h
0FF14h	04ABBh	PC			0FF14h	04ABBh			
0FF12h	0xxxxh				0FF12h	0xxxxh			
0FA34h	0xxxxh				0FA34h	0xxxxh			

续表

执行前				执行后			
地址空间		寄存器		地址空间		寄存器	
地址	值			地址	值		
0FA32h	05BC1h			0FA32h	05BC1h		
0FA30h	0xxxxh			0FA30h	0xxxxh		
010AAh	0xxxxh			010AAh	0xxxxh		
010A8h	01234h			010A8h	05BC1h		
010A6h	0xxxxh			010A6h	0xxxxh		

执行时寄存器的自动增量是在取操作数之后。执行示意图如图 2-1 所示。

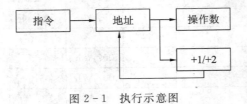

图 2-1　执行示意图

2.1.7　立即数寻址模式

汇编源程序	ROM 中的内容
MOV　♯45h，TONI	40B0
	0045
	1192

长度：2 个或 3 个字。

操作：移动含在后续字中的立即数 45 目的地址 TONI，当取得源操作数时 PC 指向后续字并移动数据到目的地址。

举例：MOV　♯45h，TONI。

立即数寻址模式指令执行前后对照见表 2-8。

表 2-8　立即数寻址模式指令执行前后对照表

执行前				执行后		
地址空间				地址空间		
地址	值			地址	值	
				0FF18h	0xxxxh	PC
0FF16h	01192h			0FF16h	01192h	
0FF14h	00045h			0FF14h	00045h	
0FF12h	040B0h	PC		0FF12h	040B0h	
		0FF16h				
010AAh	0xxxxh	+01192h		010AAh	0xxxxh	
010A8h	01234h	010A8h		010A8h	00045h	
010A6h	0xxxxh			010A6h	0xxxxh	

2.2 汇编指令系统

MSP430 指令集不仅包括 27 种内核指令,还支持 24 种仿真指令。CPU 将内核指令解码成唯一的操作码,汇编器和编译器用来生成仿真指令的助记符。

内核指令格式有 3 种:双操作数,单操作数和程序流控制——跳转。可使用"B"表示字节操作,"W"表示字操作。".A"扩展来访问字节,字和地址指令。如果没有扩展,就把指令解释为字指令。

2.2.1 双操作数指令

双操作数指令格式见表 2-9。

表 2-9 双操作数指令格式

位	名称	简 介
15~12	opcode	操作码
11~8	S-Reg	工作寄存器,用于存储操作数(src)
7	Ad	负责寻址模式的寻址位,用于表示目标操作数(dst)
6	B/W	Byte 或 Word 操作:B/W=0,Word 操作;B/W=1,Byte 操作
5~4	As	负责寻址模式的寻址位,用于表示源操作数(src)
3~0	D-Reg	工作寄存器用于存储目的操作数(dst)

表 2-10 列出了双操作数内核指令。

表 2-10 双操作数内核指令

指令类别	助记符	操 作	简 介
算术指令	ADD(.B or .w)src,dst	src+dst—>dst	源操作数加到目的操作数
	ADDC(.B or .w)src,dst	src+dst+C—>dst	源操作数和进位加到目的操作数
	DADD (.B or .w)src,dst	src+dst+C—>dst(dec)	源操作数和进位按十进制加到目的操作数
	SUB (.B or .w)src,dst	dst+ .not. src+1—>dst	从目的操作数减去源操作数
	SUBC (.B or .w)src,dst	dst+ .not. src+C—>dst	从目的操作数减去源操作数和进位
逻辑和寄存器控制指令	AND(.B or .w)src,dst	src. and. dst—>dst	源操作数与目的操作数进行与运算
	BIC(.B or .w)src,dst	. not. src. and. dst—>dst	清除目的操作数位
	BIS(.B or .w)src,dst	src. or. dst—>dst	设置目的操作数位
	BIT(.B or .w)src,dst	src. and. dst	测试目的操作数位
	XOR(.B or .w)src,dst	src. xor. dst—>dst	源操作数与目的操作数进行异或运算
数据指令	CMP(.B or .w)src,dst	dst-src	源操作数与目的操作数进行比较
	MOV(.B or .w)src,dst	src—>dst	源操作数移动到目的操作数

　　根据双操作数指令的运行结果，状态位会改变。表 2-11 给出了状态位置位和清除的条件。

表 2-11　状态位条件取决于双操作数指令运行结果

指令类别	助记符	状态位			
		V	N	Z	C
算术指令	ADD(.B or.w) src,dst	算术溢出时，为1；否则，为0	结果为负时，为1；结果为正时，为0	结果为0时，为1；否则，为0	结果有进位为1
	ADDC(.B or.w) src,dst	算术溢出时，为1；否则，为0	结果为负时，为1；结果为正时，为0	结果为0时，为1；否则，为0	结果最高位有进位时，为1
	DADD(.B or.w) src,dst	—	MSB=1时，为1；否则，为0	结果为0时，为1；否则，为0	结果>99时，为1
	SUB (.B or.w) src,dst	算术溢出时，为1；否则，为0	结果为负时，为1；结果为正时，为0	结果为0时，为1；否则，为0	没有借位时，为1；否则为0
	SUBC (.B or.w) src,dst	算术溢出时，为1；否则，为0	结果为负时，为1；结果为正时，为0	结果为0时，为1；否则，为0	没有借位时，为1；否则为0
逻辑和寄存器控制指令	AND(.B or.w) src,dst	=0	MSB=1时，为1；否则，为0	结果为0时，为1；否则，为0	结果非0时，为1；否则为0
	BIC(.B or.w) src,dst	—	—	—	—
	BIS(.B or.w) src,dst	—	—	—	—
	BIT (.B or.w) src,dst	=0	MSB=1时，为1；否则，为0	结果为0时，为1；否则，为0	结果非0时，为1；否则为0
	XOR(.B or.w) src,dst	两个操作数全为负时，为1	MSB=1时，为1；否则，为0	结果为0时，为1；否则，为0	结果非0时，为1；否则为0
数据指令	CMP (.B or.w) src,dst	算术溢出时，为1；否则，为0	src≥dst 时，为1；src<dst 时，为0	src=dst 时，为1	从 MSB 结果进位时，为1；否则为0
	MOV(.B or.w) src,dst	—	—	—	—

2.2.2　单操作数指令

　　单操作数指令格式见表 2-12。

表 2-12　单操作数指令格式

位	名称	简　介
15~7	opcode	操作码
6	B/W	Byte 或 Word 操作：B/W=0，Word 操作；B/W=1，Byte 操作
5~4	Ad	负责寻址模式的寻址位，用于表示源操作数(src)
3~0	D/S-Reg	工作寄存器用于存储目的操作数(dst)或源操作数(src)

表2-13和表2-14分别列出了单操作数内核指令的介绍和指令结果对状态位的影响。

表 2-13　单操作数内核指令

指令类别	助记符	操作	简介
逻辑和寄存器控制指令	RRA(.B or .w) dst	MSB—>MSB—>…—>LSB—>C	目的操作数右移
	RRC(.B or .w) dst	c—>MSB—>…—>LSB—>C	目的操作数带进位右移
	SWPB(.B or .w) dst	Swap bytes	目的操作数进行字节交换
	SXT dst	bit7—>bit8—>…—>bit15	目的操作数符号扩展
	PUSH(.B or .w) src	SP—2—>SP,src—>@sp	源操作数压入栈
程序流控制指令	CALL(.B or .w) dst	SP—2—>SP,PC+2—>@SP dst—>PC	子程序调用目的地址
	RETI	TOS—>SR,SP+2—>SP TOS—>PC,SP+2—>SP	中断返回

表 2-14　单操作数指令运行结果对状态位的影响

指令类别	助记符	状态位			
		V	N	Z	C
逻辑和寄存器控制指令	RRA(.B or .w) dst	=0	结果为负时,为1;否则,为0	结果为0时,为1;否则,为0	从最低位(LSB)装入
	RRC(.B or .w) dst	目的操作数为负,且C=1时,为1;否则,为0	结果为负时,为1;否则,为0	结果为0时,为1;否则,为0	从最低位(LSB)装入
	SWPB(.B or .w) dst	—	—	—	—
	SXT dst	=0	结果为负时,为1;否则,为0	结果为0时,为1;否则,为0	结果非0时,为1;否则,为0
	PUSH(.B or .w) src	—	—	—	—
程序流控制指令	CALL(.B or .w) dst	—	—	—	—
	RETI	从堆栈中恢复	从堆栈中恢复	从堆栈中恢复	从堆栈中恢复

2.2.3　程序流控制——跳转

跳转指令格式见表2-15。

表 2-15　跳转指令格式

位		简介
15~13	opcode	操作码
12~10	C	
9~0	PC offset	PCnew=PCold+2+PCoffset×2

表 2-16 列出了程序流控制内核指令（跳转）。

表 2-16　程序流控制指令（跳转）

指令类别	助记符	简　介
	JEQ/JZ label	零标志置位就跳转到标签处
	JNE/JNZ label	零标志不置位就跳转到标签处
	JC label	进位标志置位就跳转到标签处
程序流	JNC label	进位标志不置位就跳转到标签处
控制指令	JN label	求反标志置位就跳转到标签处
	JGE label	大于或等于就跳转到标签处
	JL label	小于就跳转到便签处
	JMP label	无条件跳转

2.2.4　仿真指令

表 2-17 和表 2-18 分别给出了仿真指令介绍和仿真指令运行结果对状态位的影响。

表 2-17　仿真指令

指令类别	助记符	操　作	仿　真	简　介
	ADC(.B or .W) dst	dst+C—＞dst	ADDC(.B or .W)#0,dst	进位加到目的操作数
	DADC(.B or .W) dst	dst+C—＞dst (decimalism)	DADD(.B or .W)#0,dst	进位加到目的操作数（十进制）
	DEC(.B or .W) dst	dst-1—＞dst	SUB(.B or .W)#1,dst	递减目的操作数
算术	DECD(.B or .W) dst	dst-2—＞dst	SUB(.B or .W)#2,dst	连续两次递减目的操作数
指令	INC(.B or .W) dst	dst+1—＞dst	ADD(.B or .W)#1,dst	递增目的操作数
	INCD(.B or .W) dst	dst+2—＞dst	ADD(.B or .W)#2,dst	连续两次递增目的操作数
	SBC(.B or .W) dst	dst+0FFFFh+C—＞dst dst+0FFh—＞dst	SUBC	减去源操作数和借位/不向目的操作数进位
	INV(.B or .W) dst	.NOT.dst—＞dst	XOR	对目的操作数各位取反
逻辑和寄	RLA(.B or .W) dst	C<−MSB<−MSB−1<−…<−<−LSB+1<−LSB<− 0	ADD	算术循环左移
存器控制 指令	RLC(.B or .W) dst	C<−MSB<−MSB−1<−…<−LSB+1<−LSB<−C	ADDC	进位循环左移
	CLR(.B or .W) dst	0—＞dst	MOV(.B or .W)#0,dst	对目的操作数清零
	CLRC	0—＞C	BIC#1,SR	清除进位标志
	CLRN	0—＞N	BIC#4,SR	清除负数标志
	CLRZ	0—＞Z	BIC#2,SR	清除零标志
数据	POP(.B or .W) dst	@SP—＞temp SP+2—＞SP temp—＞dst	MOV(.B or .W)@SP+,dst	从堆栈弹出的字节/字到目的操作数
指令	SETC	1—＞C	BIS#1,SR	置位进位标志
	SETN	1—＞N	BIS#4,SR	置位负数标志
	SETZ	1—＞Z	BIS#2,SR	置位零标志
	TST(.B or .W) dst	dst+0FFFFh+1 dst+0FFh+1	CMP(.B or .W)#0,dst	测试目的操作数

续表

指令类别	助记符	操　作	仿　真	简　介
程序流控制指令	BR dst	dst->PC	MOV dst,PC	跳转到目的地址
	DINT	0->GIE	BIC♯8,SR	禁止(一般)中断
	EINT	1->GIE	BIS♯8,SR	使能(一般)中断
	NOP	none	MOV ♯0,R3	无操作
	RET	@SP->PC SP+2->SP	MOV @SP+,PC	从子程序返回

表 2-18　仿真指令运行结果对状态位的影响

指令类别	助记符	状态位			
		V	N	Z	C
算术指令	ADC(.B or .w) dst	算术溢出时,为1;否则,为0	结果为负时,为1;否则,为0	结果为0时,为1;否则,为0	目的操作数从0FFFFh 变为 0000 时,为1;否则为0
	DADC(.B or .w)dst	—	MSB=1时,为1;否则,为0	dst=0时,为1;否则为0	目的操作数从99变为00时,为1;
	DEC(.B or .W) dst	算术溢出时,为1;否则,为0	结果为负时,为1;否则,为0	目的操作数大于1时,为1;否则为0	目的操作数为0时,为1;否则为0
	DECD(.B or .W) dst	算术溢出时,为1;否则,为0	结果为负时,为1;否则,为0	目的操作数大于2时,为1;否则为0	目的操作数为0或1时,为1;否则,为0
	INC(.B or .w) dst	目的操作数为07(FFE)h时,为1;否则,为0	结果为负时,为1;否则,为0	目的操作数为FFh时,为1;否则为0	目的操作数为FFh时,为1;否则,为0
	INCD(.B or .w) dst	目的操作数为07(FFE)h时,为1;否则,为0	结果为负时,为1;否则,为0	目的操作数为FFh时,为1;否则为0	目的操作数为FF(FF)h 或 FF(FE)h 时,为1;否则,为0
	SBC(.B or .w) dst	算术溢出时,为1;否则,为0	结果为负时,为1;否则,为0	结果为0时,为1;否则为0	没有借位时,为1;否则为0
逻辑和寄存器控制指令	INV(.B or .w) dst	初始目的操作为负时,为1;否则为0	结果为负时,为1;否则,为0	目的操作数为FFh时,为1;否则为0	结果非0时,为1;否则,为0
	RLA(.B or .w) dst	算术溢出时,为1;否则,为0	结果为负时,为1;否则,为0	结果为0时,为1;否则为0	从最高位(MSB)装入
	RLC(.B or .w) dst	算术溢出时,为1;否则,为0	结果为负时,为1;否则,为0	结果为0时,为1;否则为0	从最高位(MSB)装入
数据指令	CLR(.B or .w) dst	—	—	—	—
	CLRC	—	—	—	=0
	CLRN	—	=0	—	—
	CLRZ	—	—	=0	—
	POP(.B or .w) dst	—	—	—	—
	SETC	—	—	—	=1
	SETN	—	=1	—	—
	SETZ	—	—	=1	—
	TST(.B or .w) dst	=0	目的操作数为负时,为1;否则为0	目的操作数为0时,为1;否则为0	=1

指令类别	助记符	状态位			
		V	N	Z	C
程序流控制指令	BR dst	—	—	—	—
	DINT	—	—	—	—
	EINT	—	—	—	—
	NOP	—	—	—	—
	RET	—	—	—	—

2.3　C 语言程序设计

MSP430 程序设计除了可以使用汇编语言外，还可以使用 C 语言。使用 C 语言进行程序设计是当今单片机系统开发和应用的主流，这主要有两个方面的因素：一方面是随着芯片工业的快速发展，单片机能够以较低的成本提供较快的运算速度和更多的存储空间；另外一方面，现在的单片机系统处理的任务越来越复杂，产品更新的周期也越来越短，对开发的进度提出了较高的要求。在这种情况下，使用汇编程序设计已经不能满足要求，而 C 语言由于其可移植性好、硬件控制能力强、表达和运算能力强，能够充分地发挥单片机的丰富功能，提高软件的开发效率，增强其可读性和可移植性。

MSP430 单片机使用的一套应用 C 语言的集成开发环境和调试器是由 IAR 公司提供的。MSP430 C 语言与标准 C 语言的不同之处，主要表现在以下几个方面：

1. 外围模块变量

外围模块变量也被称作特殊功能寄存器变量，其直接位于内部的 RAM 中。

sfrb：用于定义地址范围为 0x00～0xFF 的片内外围模块的功能寄存器以及特殊功能寄存器。例如，P1 端口的输入寄存器地址为 0x0020，则可定义为

sfrb P1IN＝0x20

sfrw：用于定义地址范围为 0x100～0x1FF 的片内外围模块的功能寄存器。例如，ADC12 模块的控制寄存器的地址为 0x01A2，则

sfrw ADC12CTL1＝0x1A2

2. 指针变量

MSP430 C 语言的指针变量包括代码指针和数据指针，都可以指向 0000H～0FFFFH 范围的存储空间。

3. 枚举类型

用 enum 关键字，可以使声明的每一个变量具有适合它的值所需的最短整数类型，包括 char、short、int 或 long。

4. 浮点类型

在标准 IEEE 格式中，浮点使用 4 字节数来表示。低于最小极限的浮点数被看作 0 而溢出。

2.3.1　标识符与关键字

（1）标识符。标识符是指变量、函数、标号以及用户定义对象的名称。标识符由字母、数字和下划线组成，但第一个字符必须是字母或下划线。C 语言中大、小写字母被认为是

不同的字符。例如，at、AT、At 就是 3 种不同的标识符。标识符与保留的关键字都不能与库函数名和自定义的函数名相同。

（2）关键字。关键字是一种已经被编译器定义过的标识符，具有特定的定义，因此也称作保留字，意思是其不可以再被用户定义了。表 2－19 列出了 ANSI C 定义的标准关键字。

表 2－19　ANSI C 标准关键字

auto	变量存储类型	声明变量为局部变量。省略时，变量默认为此类型
break	程序控制语句	退出当前循环体
case	程序控制语句	switch 结构的选择语句
char	数据类型	单字节整型或字符型数据类型
const	变量存储类型	声明变量为只读，内容在程序执行过程中不可更改
continue	程序控制语句	转向下一次循环
default	程序控制语句	switch 结构中默认选择项
do	程序控制语句	构成 do...while 循环结构
double	数据类型	双精度浮点数
else	程序控制语句	构成 if...else 结构
enum	数据类型	枚举
extern	变量存储类型	外部全局变量
float	数据类型	单精度浮点数
for	程序控制语句	构成 for 循环结构
goto	程序控制语句	goto 跳转语句
if	程序控制语句	条件跳转语句
int	数据类型	基本整型数
long	数据类型	长整型数
register	变量存储类型	变量被分配到 CPU 内存寄存器
return	程序控制语句	函数返回语句
short	数据类型	短整型数
signed	数据类型	有符号数
sizeof	运算符	计算表达式或者数据类型的字节数
static	变量存储类型	静态变量
struct	数据类型	结构数据类型
switch	程序控制语句	switch 结构语句
typedef	数据类型	定义新的数据类型
union	数据类型	联合数据类型
unsigned	数据类型	无符号数
void	数据类型	无类型数据
volatile	数据类型	在程序执行中可改变数据类型
while	程序控制语句	条件判断，构成 while 或 do...while 结构

另外，针对不同的微处理器，还有一些扩展的关键字，扩展关键字将在后续章节中介绍。

2.3.2　数据类型

数据类型有基本型、构造型、指针型。

1. 基本型

基本型数据类型如表 2-20 所示。

表 2-20　基本型数据类型

数据类型	位　数	范　围
char	8 bit	0～255
signed char	8 bit	−128～127
unsigned char	8 bit	0～255
short	16 bit	−32 768～32 767
unsigned short	16 bit	0～65 535
int	16 bit	−32 768～32 767
unsigned int	16 bit	0～65 535
long	32 bit	$-2^{31}～2^{31}-1$
unsigned long	16 bit	$0～2^{32}-1$
long long	64 bit	$-2^{63}～2^{63}-1$
unsigned long long	64 bit	$0～2^{64}-1$
float	32 bit	$\pm1.18E-38～\pm3.39E+38$
Double*	32 bit	$\pm1.18E-38～\pm3.39E+38$
Double*	64 bit	$\pm2.23E-308～\pm1.79E+308$

注：* 依赖编译器。

2. 构造型

构造型是由基本数据类型组成的集合体，有数组、结构、联合、枚举 4 种形式。在对单片机的编程中，使用的最多的是数组。枚举用于定义一组常量，增加程序的可读性。由于包含结构的程序运行效率低，因此结构很少使用。联合的应用范围有限，所以也很少用到。

1）数组

数组是同一种数据类型的集合体，如 unsigned char Da[5]，表示 5 个 unsigned char 类型的数据组成了 Moon 数组。

使用时通过下标来存取数组中的数据，如 Da[2]=100 的含义为给数组 Da 中的第三个元素赋值 100。数组的第一个元素的下标为 0，Da[0]为第一个元素。按照数组 Da 的定义，数组 Da 只有 5 个元素，所以，其最后一个元素为 Da[4]。

2）结构

结构是由多种数据类型组成的混合数据集合体。使用时首先定义结构类型，如：

```
struct Moon
{
    unsigned char Data；//无符号 8 位字符类型
    unsigned int Year；//无符号 16 位整数类型
};
```

以上代码定义了结构类型 Moon 和其中 Data 和 Year 的数据类型。struct 为定义结构的关键字。

使用结构类型时首先要定义结构变量。如：

```
Struct Moon Mo；//定义结构体变量 Mo 为 Moon 类型
```

存取结构变量时，通过结构类型中的变量名来进行，结构变量的名称和结构中的变量名中间用"."隔开，如：

```
Mo. Data＝15；//Mo 中的 Data 元素被赋值为 15
Mo. Year＝3；//Mo 中的 Year 元素被赋值为 3
```

3）联合

联合是由多种数据类型组成的混合数据集合体。联合与结构的区别在于放置在内存中的数据的存放方式不同。结构中的每个成员是顺序存放的，都拥有自己的内存单元，结构所占用的内存长度为所有成员占用内存长度的和。联合的内存长度为占用内存最多的成员的长度，所有的成员都放在同一内存地址，每次只能存放成员中的一种，而且有效的只能是最后一次放置的成员。

使用时首先定义联合类型，如：

```
Union Year
{
    unsigned char da0；//无符号 8 位字符类型
    unsigned int da1；//无符号 16 位整数类型
};
```

代码中定义了联合类型 Year，其中 da0 和 da1 的数据类型不同。Union 为定义联合的关键字。

使用联合类型时首先要定义联合变量。如：

```
Union Year Ye；//定义联合变量 Ye 为 Year 类型
```

存取联合变量时，通过联合类型中的变量名来进行，联合变量的名称和联合中的变量名中间用"."隔开，如：

```
Ye. da0＝15；//Ye 中的 da0 元素被赋值为 15
Ye. da1＝3；//Ye 中的 da1 元素被赋值为 3
```

4）枚举

枚举就是列举一个变量所有的取值。这样做的好处是增加程序的可读性。

举例：

```
menu week
```

```
{
    Mon，Tues，Wed，Thurs，Fri，Sta，Sun
};
```

编译器按照顺序为它们取值，Mon＝0，Tues＝1，…，Sun＝6。也可以强制定义枚举的取值。

举例：

```
menu week
{
    Mon，Tues＝5，Wed，Thurs，Fri，Sta，Sun
};
```

程序运行的结果为

Mon＝0，Tues＝5，Wed＝6，Thurs＝7，…

3. 指针型

指针型不仅可以用来存储地址，也可以是变量的地址，还可以是函数的地址。指针的应用非常灵活，能够提高程序的效率。

举例：

```
unsigned char Sun;
unsigned char ＊ Moon＝Sun;
Moon 中存放了变量 Sun 的地址。
```

2.3.3 运算符

运算符是进行基本运算的符号。

1. 赋值运算符

赋值运算符为"＝"，作用是把等号右边的值赋给等号左边的变量。

举例：

Moon＝100；//变量 Moon 的值为 100

除了"＝"，还有复合赋值运算符：＋＝、－＝、＊＝、/＝、％＝、＜＜＝、＞＞＝、&.＝、｜＝、～＝。

举例：

```
q0 ＋＝5；//q0＝q0＋5
q0 －＝5；//q0＝q0－5
q0 ＊＝5；//q0＝q0＊5
q0 /＝5；//q0＝q0/5
q0 ％＝5；//q0＝q0％5
q0＜＜5；//q0＝q0＜＜5
q0 ＞＞＝5；//q0＝q0＞＞5
q0 &.＝5；//q0＝q0&.5
q0 ｜＝5；//q0＝q0｜5
q0 ～＝5；//q0＝q0～5
```

2. 算术运算符

算术运算符有＋、－、＊、/、％、＋＋、－－，下面分别加以解释：

＋：加法运算。

－：减法运算。

＊：乘法运算。

/：除法运算，结果只保留整数，小数部分被舍去。

％：取余运算，要求两个运算对象都为整数，如 9％8，结果为 1。

＋＋：增量运算，自加 1。例如，Moon＋＋等价于 Moon＝Moon＋1。

－－：减量运算，自减 1。例如，Moon－－等价于 Moon＝Moon－1。

3. 关系运算符

关系运算符用于判别两个值之间的关系，判别的结果只有真和假两种结果。判别结果如果为真，则表示为 1，判别结果为假则表示为 0。关系运算符有以下几种：

＞：大于。

＞＝：大于等于。

＜：小于。

＜＝：小于等于。

＝＝：等于。

！＝：不等于。

4. 逻辑运算符

常用的逻辑运算符有以下几种：

＆＆：逻辑与，相与的两个表达式同时为真，则输出为真，否则输出为假。

‖：逻辑或，相或的两个表达式同时为假，则输出为假，否则输出为真。

！：逻辑非，表达式为真，则输出为假，否则输出为真。

5. 位运算符

位运算符应用于字节对字节，或者字对字的操作，不能应用于 float 、double、void 和结构类型。位运算符有以下几种：

＆：按位与。

｜：按位或。

～：按位取反。

＞＞：位右移。

＜＜：位左移。

6. 地址运算符

地址运算符与指针有密切关系。地址运算符有以下几种：

＆：取地址运算符。

＊：取值运算符。

举例：

    unsigned char ＊Moon，Day＝10，See；

    Moon＝＆Day；//指针 Moon 中保存了变量 Day 的地址，＊Moon 的值为 10

    See＝＊Moon；//变量 See 取得了 Moon 中保存的地址中所保存的值，See＝10

7. 条件运算符

条件运算符的一般表达式为

　　表达式 1? 表达式 2：表达式 3

　　运算的含义是：先判断表达式 1 的值，如果是真，则把表达式 2 的值作为运算结果，否则把表达式 3 的值作为运算结果。

8. 逗号运算符

　　逗号运算符是把几个表达式串在一起，各表达式从左往右运算，最后一个表达式的结果作为最终的运算结果。

　　举例：

　　　　Moon＝(Day＝10,Year＝5,Day＋Year)；

　　　　运算结果为 Moon＝15。

9. 强制转换运算符

　　算术运算中不同的数据类型不可避免地会进行混合运算，编译器要求不同的数据类型必须转换为同一种数据类型才能够进行运算，所以运算时不同类型的数据必须转换为同一数据类型。数据转换类型有两种：隐式转换和显式转换。隐式转换是在没有进行强制转换时由编译器进行的自动类型转换。转换遵循以下规则：

　　(1) 所有 char 类型转换成 int 型。

　　(2) 运算符两边的两个不同的数据类型的操作数按照以下规则转换：如果一个操作数为 float 型，则另外一个也转换成 float 型；如果一个操作数为 long 型，则另外一个也转换成 long 型；如果一个操作数为 unsigned 型，则另外一个也转换成 unsigned 型。

　　(3) 对变量赋值时，将"＝"右边表达式的类型换成"＝"左边变量的数据类型。例如：把整型(16 位)的数据赋给字符型(8 位)的变量，整型数据的高 8 位会丢失。把浮点型的数据赋给整型变量，小数部分会丢失。

　　(4) 能够进行隐式转换的只有基本数据类型，即 char、int、long、float。其余的数据类型不能进行隐式转换。

　　如果需要将某种数据类型转换成另一种特定的数据类型，就要进行强制类型转换，即显式转换。例如，从数据存储器中的某个地址通过指针读出数据，表示地址的变量是整数，可以通过强制类型转换把地址变量转换成指针变量。强制转换运算符的一般形式是：

　　　　(数据类型) 表达式

　　括号中的数据类型是要转换成的数据类型。强制转换并不改变变量原来的数据类型，只是输出一个具有新数据类型的值，如：

　　　　float fday；

　　　　unsigned int Moon；

　　　　Moon＝(unsigned int) fday；

　　fday 的数据类型不会改变，仍然是浮点数据类型，Moon 的值为 fday 的整数部分，前提是 fday 的整数部分的值不能超出整数类型的数据范围 0～65 535，否则结果仍然不正确。

　　当多个运算符出现在一个表达式中时，运算符的先后次序按照运算符的优先级来进行。运算符的优先级如表 2 - 21 所示。

表 2－21　运算符优先级

优先级	符　号	含　义	运算对象	结合方向
1	（） [] －> .	圆括号 下标运算符 指向结构成员运算符 结构成员运算符		自左向右
2	! ~ ++ －－ － （类型） * & sizeof	逻辑非运算符 按位取反运算符 自增运算符 自减运算符 负号运算符 类型转换运算符 指针运算符 取地址运算符 长度运算符	单操作数	自右向左
3	* / %	乘法运算符 除法运算符 取余运算符	双操作数	自左向右
4	+ －	加法运算符 减法运算符	双操作数	自左向右
5	<< >>	左移运算符 右移运算符	双操作数	自左向右
6	<、<=、>、>=	关系运算符	双操作数	自左向右
7	== !=	等于运算符 不等于运算符	双操作数	自左向右
8	&	按位与运算符	双操作数	自左向右
9	∧	按位异或运算符	双操作数	自左向右
10	|	按位或运算	双操作数	自左向右
11	&&	逻辑与运算	双操作数	自左向右
12	||	逻辑或运算	双操作数	自左向右
13	？：	条件运算符	三操作数	自右向左
14	=、+=、－=、*=、 /=、%=、<<=、>>=、 &=、|=、∧=、~=	赋值运算符	双操作数	自右向左
15	，	逗号运算符		自左向右

2.3.4　函数

　　函数是具有一定功能的程序模块，一个用 C 语言编写的程序实际上就由多个函数组成。函数的一般形式是：

　　　　返回值数据类型　函数名（参数数据类型　形式参数，…，参数数据类型　形式参数）

　　　　{

　　　变量说明

　　　语句

　　　返回值

　　　}

举例：

```
int addit（int x，int y）//函数定义，x，y为形参
    {
      int z;
      z＝x＋y;
      return z;
    }
    void main（）
{
    int a＝10，b＝30,c;
    c＝addit（a，b）;//函数的调用，a，b为实参
}
```

　　函数必须先定义，然后才可以调用。在定义函数时声明的参数叫作"形式参数"，简称形参。在调用函数时，被调用函数的参数称为"实际参数"，简称实参。实参必须与形参的类型保持一致。

　　函数的参数传递方式分为值传递和地址传递。

　　当参数是基本类型变量时，主调函数传递给被调函数参数值的过程，就是为被调函数重新分配内存，将参数的值复制到内存中。函数执行过程中对参数的任何修改都不会改变主调函数中原来的值。函数调用结束时，函数分配的空间被释放，复制的参数也就不存在了。

　　地址传递时，主调函数同样传递参数的值给被调函数。不过由于参数指向某个内存的地址，此内存不是函数调用时分配的，因此也不会在函数结束时释放。所以，被调函数对此地址指向的内存的数值进行的修改在函数结束后仍然有效。

　　如果定义的函数没有参数，可以没有形式参数表，但圆括号不能省略。

　　返回值数据类型定义了函数结束时返回（return）的值的数据类型。如果没有返回值，那么最后可以没有 return 语句。对应的返回值数据类型要为 void。

　　main 函数是程序的起点，是 C 语言的规定。用户所编写的程序都是从 main 的第一行开始执行的。

2.3.5　数组

　　数组是由同一数据类型组成的集合体。数组在使用前必须先声明，声明的一般形式为

　　　数据类型 数组名［常量表达式］;

　　数据类型说明了数组中的各个元素的类型。数组名代表整个数组。常量表达式说明了数组中元素的个数。

举例：

　　unsigned char Moon［5］;

以上代码的含义为名字叫作 Moon 的数组中保存了 5 个元素，元素的数据类型为 unsigned char。

使用数组的方法是通过下标确定元素，规定数组的下标从 0 开始。如上例中 Moon[0] 代表数组 Moon 的第一个元素，Moon[4]代表最后一个即第 5 个元素。

数组可以是多维的，只要在声明数组时增加[常量表达式]就可以了。如 Moon[5][6] 代表一个 5 行 6 列的矩阵。

数组在声明的时候可以赋初值，也可以不赋值。

举例：

unsigned char Moon[5]={0, 1, 2, 3, 4};

以上代码表示 Moon 中的 5 个元素都被赋了初值。

2.3.6　指针

指针的特点是灵活、高效。指针表示的是一个地址，保存指针的变量称为指针变量。 指针变量的一般形式为

数据类型　*指针变量名；

举例：

unsigned int iq0=0;	//声明一个无符号整数变量 iq0 且赋值为 0
unsigned char Moon0=5;	//声明一个无符号字符变量 Moon0 且赋值为 5
unsigned int Moon1=500;	//声明一个无符号整数变量 Moon1 且赋值为 500
unsigned char * pq0;	//声明一个无符号字符的指针变量 pq0
unsigned int * piq0;	//声明一个无符号整数指针变量 piq0
pq0=&Moon 0;	//pq0 指向变量 Moon0，即取得了 Moon0 的地址
piq0=&Moon1;	//piq0 指向变量 Moon1，即取得了 Moon1 的地址
iq0=* pq0;	//iq0 的值不再是 0，而是 5
iq0=* piq0;	//iq0 的值不再是 5，而是 500
* pq0=100;	//Moon 的值不再是 5，而是 100
* piq0=0;	//Moon1 的值不再是 500，而是 0

这个例子使用了前面提到的地址运算符"*"和"&"。

指针可以进行几种基本运算，以上例的指针为例：

pq0++; //指针+1，由于是 unsigned char 类型指针，所以，pq0 内的值+1

piq0++; //指针+1，由于是 unsigned int 类型指针，所以，piq0 内的值+2

(*pq0)++; //pq0 所指的变量的值+1

*(pq0+1); //pq0 内的值+1，然后再取 pq0 所指变量的值

可以用指针对数组进行操作：

unsigned char Moon[5]；

unsigned char * pq0=Moon；//指针指向数组 Moon

C 语言规定数组的名字为数组第一个元素的地址，上例中下列几种情况左边表达式与右边表达式的值是等价的。

pq0 Moon

* pq0 Moon[0]

　　　　　　＊(pq0＋1) Moon[1]

也可以直接获取数组中某个元素的地址，赋给指针：

　　　　　　pq0＝＆Moon[4]；//pq0 的值是 Moon [4]的地址

　　　　　　pq0－－；　　　　　//pq0 的值是 Moon[3]的地址

指向数组的指针可以超出数组的边界进行运算，而编译器不会提出警告。这需要非常小心，因为有可能破坏程序中其他部分所使用的变量或者读取到错误的值，造成程序运行混乱。这是使用指针不利的一面。

指针同样也可以对结构和联合进行操作。操作方法与数组类似。

举例：

```
struct li //定义结构 li
  {
    unsigned char ka；
    float dae；
  }；
struct li sst ,＊psst；//声明结构 li 的实例 sst 和结构 li 的指针 psst
psst ＝＆sst；　　　　//psst 指向 sst
(＊psst).ka ＝100；//为结构体 sst 中的变量 ka 赋值 100
psst－＞ka ＝100；//为结构体 sst 中的变量 ka 赋值 100
```

(＊psst).ka ＝100 与 psst－＞ka ＝100 的含义完全相同。"－＞"的含义为通过指针获取结构中的变量。

数组、结构和联合的成员也可以是指针。

2.3.7　位运算

位运算通过位运算符来进行。

举例：

```
unsigned char q0＝0x35,q1＝0x47；
q0＝q0＜＜3；//q0 的值左移 3 位
q1＝q1＞＞5；//q1 的值右移 5 位
```

执行结果为：

```
q0＝0x1A8 q1＝0x2
```

有些处理器寄存器中的每一位也有其位地址，所以可以对寄存器中的位单独操作，如MCS51 系列微处理器。MSP430 没有位地址，所以，只能采取位屏蔽的方法对寄存器中某一位进行操作，而避免改变同一寄存器中其他位的内容。如：

```
P1DIR ＝P1DIR | 0x1；
P1OUT＝P1OUT ＆ 0XFE；
```

P1DIR 为 MSP430 的 P1 口的方向寄存器，P1OUT 为 P1 口的输出寄存器。以上代码中第一行语句将 P1 口的最低位(一共 8 位)输入方向改为输出，其他位方向不变。第二行语句是将最低位输出 0，其他位不变。

2.3.8　存储寄存器

变量和函数都有其有效区域，称为作用域。程序如果使用范围之外的变量和函数，则编译会出错。

1. 变量

变量包括局部变量、全局变量、外部变量、静态变量。

局部变量：在函数内部定义的变量称为局部变量，它只在函数内有效，退出函数时所分配的内存将被释放。

全局变量：在程序开始执行的时候就被分配了内存，一直保持到程序结束，可以被任何模块调用。在函数之外定义的变量为全局变量。

外部变量：在其他文件中定义但在本文件中使用的变量，称为外部变量，用 extern 标识。

静态变量：其寿命相当于全局变量，但只允许在定义的函数内使用的变量称为静态变量，静态变量在退出定义的函数时，其值仍然存在，直至下一次进入定义它的函数中，执行程序对它进行修改。

变量的声明形式为

作用域类型 数据类型 变量名；

举例：

extern int Moon；

变量的作用域如表 2-22 所示。

表 2-22 变量作用域

类　　型	作用域和寿命	说　　明
auto	局部变量	变量默认类型为 auto
register	局部变量，只是提示编译器将此变量分配在 CPU 的寄存器中	寄存器中变量的使用速度比较快，但寄存器个数有限，最终还是由编译器决定是否为变量分配寄存器
extern	全局变量	外部变量
static	全局变量	静态变量

2. 函数

函数的存储类型有 static 和 extern 两种。声明形式为

作用域类型 返回数据类型 函数名（参数名）

声明为 static 的函数称为内部函数或者静态函数。静态函数只能在定义此函数的文件中被调用，而不能被其他文件的函数调用。

extern 称为外部函数。除非被声明为静态函数，函数都可以在其他文件中被调用。编译器函数默认为外部函数，因此，extern 通常可以忽略。

2.3.9 预处理

编译器在编译过程之前先进行预处理。预处理包括宏文件、条件编译和文件包含。

1. 宏定义

宏定义的命令为 #define。如：

#define CAR 100

以上代码的含义是定义 CAR 为 100，执行预处理时编译器将有效范围内所有的 CAR 都替换成 100。这样做的好处是增加程序的可读性和可维护性。

也可以使用带参数的宏，例如：

```
#define SUM(x, y) (x+y)
Moon=SUM(1, 2) * 2;
```

以上宏定义在预处理时会将 SUM(1, 2) 替换成(1+2)，成为

```
Moon=(1+2) * 2;
```

注意括号的重要性，如果宏写为

```
#define SUM(x, y) x+y
```

则替换的结果为

```
Moon=1+2 * 2;
```

即运算的顺序发生了变化，所以其结果也会不同。

2. 条件编译

由于某些原因，编译时会想要得到不同的结果。比如某一系列的产品所使用的程序，绝大部分都是相同的，只是由于型号不同需要在某处根据不同的型号做不同的处理，因此就需要条件编译，由编译器根据所选的型号(条件编译的条件)自动选择所需要的程序段。

条件编译器的命令有 #if、#ifdef、#ifndef、#endif。

格式 1：

```
#ifdef 标识符
    程序段 1;
#else
    程序段 2;
#endif
```

判断是否定义了标识符，如果定义了标识符，则选择程序段 1 编译，忽略程序段 2；否则选择程序段 2，忽略程序段 1。

格式 2：

```
#ifndef 标识符
    程序段 1;
#else
    程序段 2;
#endif
```

判断是否定义了标识符，如果定义了标识符，则选择程序段 1 编译，忽略程序段 2；否则选择程序段 2，忽略程序段 1。

格式 3：

```
#if 常量表达式 1
    程序段 1;
#elif 常量表达式 2
    程序段 2;
    …
#else
```

程序段 n；

　　＃endif

　　以上格式的代码顺序判断哪一个常量表达式为真，并编译相应的程序段，忽略其他的程序段。

3. 文件包含

　　由于各种原因，不会将一个程序的所有部分都放置在一个文件中。另外，C 语言和编译也定义了很多常量、数据结构以及函数。编译器在编译时必须要知道一个文件中的程序使用到的这些内容在什么文件中作出了定义，一般编写每一个 c 文件（程序文件以 .c 为后缀）都会编写一个头文件（.h 为后缀），c 文件中用到的常量、数据结构、函数都需要在头文件中声明。需要调用此 c 文件的内容的文件只需要用＃include＜＊＊＊.h＞或者＃include"＊＊＊.h"语句调用就可以了。＜＞与""的作用一样，不过习惯上在包含编译器定义的库时用＜＞，包含用户自己定义的文件时用""。

　　在头文件中，往往还会看到一种宏指令，如在 msp430x14x.h 中有：

　　　　＃ifndef_msp430x14x

　　　　＃define_msp430x14x

　　　　…

　　　　＃endif

其中 msp430x14x 是这个头文件的文件名，含义是如果未定义 _msp430x14x，则定义 _msp430x14x，并编译随后的内容。以后编译器遇到其他的文件也包含此头文件时，由于 _msp430x14x已经被定义过了，不符合＃ifndef_msp430x14x 条件，所以不会再次编译头文件的内容。它的作用是防止同一个头文件被重复包含，从而避免头文件中的内容重复定义。编译器会对重复定义提出警告或者报错。

2.3.10　程序的基本结构

　　程序有 4 种基本的结构：顺序结构、选择结构、循环结构和跳转结构。

1. 顺序结构

在顺序结构中语句依次顺序执行。顺序结构是程序的基本结构。

2. 选择结构

选择结构由判断和分支两部分组成，选择结构有两种：if 结构和 switch 结构。

（1）if 有 3 种形式：

① 形式为

　　　　if(表达式)

　　　　{

　　　　　程序段

　　　　}

如果表达式为真则执行程序段，否则跳过程序段执行本选择结构之后的程序。

② 形式为

　　　　if(表达式)

　　　　{

　　　　　程序段 1

```
        }
    else
    {
        程序段 2
    }
```

如果表达式为真则执行程序段 1，否则执行程序段 2。

③ 形式为

```
    if(表达式 1)
    {
        程序段 1
    }
    else if(表达式 2)
    {
        程序段 2
    }
    ...
    else
    {
        程序段 n
    }
```

如果表达式 1 为真则执行程序段 1，然后执行本选择结构之后的程序；如果表达式 2 为真，则执行程序段 2，然后执行本结构之后的程序。如此依次判断表达式是否为真，如果为真则执行相应的程序段，然后再执行本结构后的程序。

（2）switch 形式为

```
    switch(表达式)
    {
        case 常量 1：
                程序段 1
        break；
        case 常量 2：
                程序段 2
        break；
        ...
        default：
                程序段 default
    }
```

计算表达式的值，判断与哪一个常量相等，则执行哪一段程序，然后执行本结构后的程序。如果没有一个值与表达式相等，则执行程序段 default。break 指令的含义为跳出选择体，如果省去，则在执行完某程序段后就不会跳出来，而是继续进行下面的判断。在多个不同的常量都使表达式执行同一段程序时可以写为

```
    case 常量 1：
```

```
    case 常量 2；
            程序段
    break；
```

3. 循环结构

（1）for 形式为

```
for（初值设定表达式；循环条件表达式；更新表达式）
{
    程序段
}
```

执行过程如图 2-2 所示。

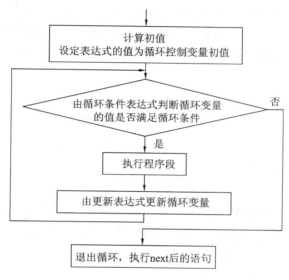

图 2-2　for 循环

（2）while 形式为

```
while（条件表达式）
{
    程序段
}
```

执行过程如图 2-3 所示。

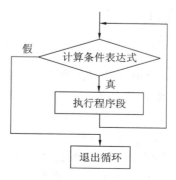

图 2-3　while 循环

（3）do...while 形式为

```
do
{
    程序段
}
while(条件表达式);
```

执行过程如图 2-4 所示。

4. 跳转结构

（1）goto 形式为

```
goto 语句标号：
```

语句标号是一个带冒号"："的标识符。执行 goto 语句要将程序无条件跳转到语句标号标示的那一句程序。goto 语句可以从循环结构中跳出来，但不能跳入循环结构。结构化编程不推荐此语句，但在某些情况下，使用它可以使程序表现得更为简洁。

举例：

```
tt:
    x=1;
    …
    goto :tt;
```

（2）continue 形式为

```
continue;
```

一般用在循环结构中，该语句的功能是忽略循环结构中本语句之后尚未执行的程序，直接进入下一个循环周期。是否退出循环仍需由循环条件来确定。

举例：

```
for (q0=0; q0<100; q0++)
{
    if (q1[q0]==50)
        continue;
    else
        q1[q0]=0;
}
```

结果：依次判断数组 q1 中下标从 0～99 的元素的值，如果值等于 50，则忽略（continue），否则这些元素被赋值为 0。

（3）break 形式为

```
break;
```

在前面遇到过此语句。break 语句一般用在循环结构中，其作用就是无条件跳出循环结构。在 switch 结构中的 break 即是此含义。

（4）return 形式为

```
return（表达式）；或：return；
```

return 语句的作用为中止函数的执行，程序返回到调用函数的位置的下一句执行。对于需要返回值的函数返回一个值，所以 return 后要跟表达式；对于不需要返回值的函数，

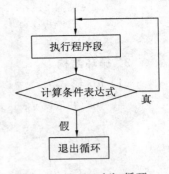

图 2-4　do…while 循环

使用 return 即可。

2.4　MSP430 C 语言扩展特性

MSP430 系列单片机问世不久，就有很多家公司为它实现了 C 语言程序设计的编译器和调试工具。MSP430 的 C 语言在兼容标准 C 语言的基础上还增加了一些其他特性。与一般 C 语言相比，MSP430 的 C 语言主要表现在反映 MSP430 系列的硬件特性和适应嵌入式系统的软件特点方面。下面就具体的扩展特性进行详细介绍。

2.4.1　MSP430 C 语言的扩展特性

MSP430 的 C 语言在标准 C 语言的基础上主要在关键字、♯pragma 编译命令、预定义符号、本征函数及其他扩展特性等方面进行了扩展。下面就各个部分加以简要说明。

1. 关键字

在默认情况下，MSP430 的 C 语言编译器遵守 C 语言规范，MSP430 的 C 语言扩展关键字都不能使用。但是编译器选项"－e"能使扩展关键字可以使用。同时，它们也就不能用作变量名了。扩展关键字有以下几类：

（1）与 I/O 访问有关的关键字：sfrb、sfrw。

（2）非易失 RAM 关键字：no_init。

（3）函数类型关键字：interrupt、monitor。

2. ♯pragma 编译命令

♯pragma 编译命令控制编译器的存储器分配，控制是否允许用扩展关键字，以及是否输出警告消息。它提供符合标准语法的扩展特性。

♯pragma 编译命令是否可用与"－e"选项无关。

♯pragma 编译命令主要分为以下几类：

（1）位域取向：

♯pragma bitfields＝default

♯pragma bitfields＝reversed

（2）代码段：

♯pragma codeseg(段名)

（3）扩展控制：

♯pragma language＝default

♯pragma language＝extended

（4）函数属性：

♯pragma function＝default

♯pragma function＝ interrupt

♯pragma function＝ monitor

（5）存储器用法：

♯pragma memory＝default

♯pragma memory＝constseg

#pragma memory=dataseg

#pragma memory=no_init

（6）警告消息控制：

#pragma warnings=default

#pragma warnings=off

#pragma warnings=on

3. 预定义符号

MSP430 C 语言中的预定义符号允许检查编译时的环境，注意它们都用双下划线字符表示。

DATE：格式为 MM dd yyyy 格式的当前日期。

FILE：当前源文件名。

_IAR_SYSTEMS_ICC：IAR C 编译器的标识符。

LINE：当前源程序行号。

STDC：ANSI—C 编译器的标识符。

TID：目前标识符。

TIME：格式为 hh:mm:ss 的当前时间。

VER：返回整型版本号。

4. 本征函数

本征函数允许对 MSP430 作底层的控制。为了使它们能在 C 语言程序中使用，程序文件应该包含头文件（In430.h）。经编译后，本征函数成为内嵌代码，可能是单个指令，也可能是一段指令序列。

关于本征函数的功能细节，可以参看具体的芯片技术文档。下面给出一些本征函数。

_args$：返回参数数组给函数。

_argt$：返回参数类型。

_NOP：空操作指令。

_EINT：允许中断。

_DINT：禁止中断。

_BIS_SR：对状态寄存器中某一位置位。

_BIC_SR：对状态寄存器中某一位复位。

_OPC：插入 DW 常数说明伪指令。

5. 其他扩展特性

为了与 DEC 公司的 VMS—C 兼容，将 $ 字符加入到有效字符集中，编译时用 SIZEOF 取消限制，SIZEOF 运算符不能用在 #if 和 #elif 表达式内。

2.4.2　MSP430 C 语言扩展关键字

通过前面的概述部分知道 MSP430 C 语言的扩展关键字，下面具体对各个关键字进行介绍。

1. interrupt

该关键字用于中断函数。中断函数的定义如下：

语法：

　　interrupt void 函数名()或者

　　interrupt[中断向量]void 函数名()

参数：中断函数没有参数。

　　　　中断函数可能需要指定中断向量。

返回：中断函数一般是 void，没有返回。

说明：interrupt 关键字声明了在处理器发生中断时调用。函数的参数必须为空，如果说明了中断向量，函数地址将插入该向量；如果未说明中断向量，用户必须在向量表中为中断函数提供适当的入口，最好在 cstartup 模块中提供。

下面举例说明：#include ＜msp430x14x.h＞

//初始化定时器模块

```
    void Init_TimerB(void)
    {
        TBCTL＝TBSSEL0＋TBCLR；
        TBCCTL0＝CCIE；
        TBCCR0＝32768；

        TBCTL |＝MC0；
        //初始化端口
        P1DIR＝0；
        P1SEL＝0；
        P1DIR |＝BIT0；
        return；
    }
    //定时器中断
    interrupt [TIMERB0_VECTOR]void TimerB_ISR(void)
    {
        int i；
        //翻转 P1.0 管脚
        if (P1OUT&BIT0)P1OUT&＝～(BIT0)；
        else P1OUT |＝BIT0；
        for (i＝100；i＞0；i——)；
    }
```

上面的例子说明了 interrupt 定义的中断函数的使用。

2. monitor

该关键字用于使函数进入原型(atomic)操作状态。

语法：

　　monitor 函数类型 函数名(参数表)

参数：该函数可以有参数，也可以没有参数。

返回：函数可以有返回，也可以没有返回。

说明：monitor 关键字使得在函数执行期间禁止中断，使函数执行不可中断。在其他所有方面，有 monitor 声明的函数与普通函数相同。

下面举例说明 monitor 关键字的用法。下面的例子演示在测试标志时禁止中断。如果标志没有设置，函数将设置，当退出函数时，中断状态恢复到原先的状态。

```
char print_flag;
monitor int GetFlag(char pFlag)
{
        if ( * pFlag ==0)
        {
            * pFlag =1;
        }
        else
        {
            * pFlag =0;
        }
        return;
}
void Test ()
{
        if (GetFlag(&print_flag))
        {
            …
        }
}
```

上面的例子演示了 monitor 的用法。

3. no_init

该关键字是非易失变量的类型修正符。

语法：

```
no_init 变量声明
```

说明：在默认情况下，MSP430 的 C 语言编译器将变量存放于主 RAM 中，并在启动时对其进行初始化。no_init 类型修正符使编译器把变量放在非易失 RAM 区中（如 EEP-ROM、FLASH 等），在启动时也不对它们作初始化。在 no_init 变量的声明中，不能含有初始化。如果用了非易失 RAM，连接时要安排在非易失 RAM 区，地址范围为 0x0000～0xFFFF，而实际可用范围是 0x200～0xFFDF。下面举例说明。

```
no_init int A[20];
no_init n;
```

通过上面的例子可知道 no_init 的使用方法。

4. sfrb

该关键字用于声明单字节 I/O 数据类型对象。

语法：

```
sfrb 标识符＝常数表达式
```

说明：sfrb 表示一个 I/O 寄存器，具有以下特点：

（1）它等价于无符号字符。

（2）它只能直接寻址。

（3）它驻留在地址范围 0x00～0xFF 之内。

下面举例说明：

　　　　sfrb P1OUT ＝0x0021；

上面的例子定义了 P1 口的输出寄存器。

5. sfrw

该关键字用于声明双字节 I/O 数据类型对象。

语法：

　　　　sfrw 标识符＝常量表达式

说明：sfrw 表示一个 I/O 寄存器，具有以下特点：

（1）它等价于无符号字符。

（2）它只能直接寻址。

（3）它驻留在地址范围 0x100～0x1FF 之内。

下面举例说明：

　　　　sfrw WDTCTL ＝0x0021；

上面的例子定义了看门狗的寄存器。

2.4.3　MSP430 ♯pragma 编译命令

♯pragma 编译命令是给 MSP430 的 C 编译器的指令，使 MSP430 的 C 编译器完成特定的编译功能。下面具体介绍各个 ♯pragma 编译命令。

1. bitfields＝default

作用：恢复默认的位域存储次序。

语法：

　　　　♯ pragma bitfields＝default

说明：使编译器按照正常次序分配位域。

2. bitfields＝reversed

作用：翻转位域的存储次序。

语法：

　　　　♯ pragma bitfields＝reversed

说明：使编译器从域的最高有效位开始分配位域，而非从最低有效位开始。

标准 C 语言允许存储顺序与执行相关，用此关键字可避免移植性问题。

例如，结构类型在存储器中的默认存储顺序如下：

```
struct
{
    short N0：3；
    short N1：5；
    short N2：4；
    short N3：4；
```

　　} bits

实际结构如图 2-5 所示。

15　　　　　12	11　　　　　8	7　　　　　3	2　　　　0
N3:4	N2:4	N1:5	N0:3

图 2-5　默认存储顺序

下面为翻转位域的存储顺序：

```
# pragma bitfields = reversed
struct
{
    short N0:3;
    short N1:5;
    short N2:4;
    short N3:4;
} bits
```

如图 2-6 所示为翻转位域的存储顺序。

15　　　　　12	11　　　　　8	7　　　　　3	2　　　　0
N0:3	N1:5	N2:4	N3:4

图 2-6　翻转位域的存储顺序

通过图 2-4 和图 2-5 的比较可以理解默认存储顺序和翻转存储顺序。

3. codeseg

作用：设置代码段名。

语法：

　　# pragma codeseg（段名）

其中，段名一定不能与数据段发生冲突。

　　说明：此编译命令将后续代码放在命名的段内。它等价于使用"-e"选项。此编译命令只能被编译器执行一次。

　　例如，把代码段定义为 ROM：

　　# pragma codeseg(ROM)

4. function＝default

作用：将函数定义恢复为默认类型。

语法：

　　# pragma function＝default

说明：取消 function＝interrupt 和 function＝monitor 编译命令。

例如，声明外部函数 fun 1 为中断函数，fun 2 为普通函数：

　　# pragma function＝ interrupt

　　extern void fun 1( ) ;

　　# pragma function＝default

　　extern void fun 2( ) ;

5. function ＝ interrupt

作用：将函数定义为 interrupt。

语法：

　　＃pragma function＝ interrupt

说明：此编译命令使后续函数定义为中断类型。这是说明函数属性为中断的另一种形式，但是该编译命令不提供矢量选项。

例如，下面为中断函数，函数的地址必须放入中断向量表中。

　　＃pragma function＝ interrupt

　　void Timer_ISR()

　　{

　　　　…

　　}

　　＃pragma function＝ default

上面的例子演示了中断函数的定义。

6. function＝monitor

作用：将函数定义为不可中断（atomic）状态。

语法：

　　＃pragma function＝monitor

说明：使后续函数定义为 monitor 类型，这是说明函数属性为 monitor 的另一种形式。

例如，下面函数执行期间，暂时禁止中断。

　　＃pragma function＝monitor

　　void fun ()

　　{

　　　　…

　　}

　　＃pragma function＝ default

上面的例子表明在定义完了 monitor 函数后需要恢复函数为一般属性。

7. language＝default

作用：将可用的关键字设置恢复为默认状态。

语法：

　　＃pragma language＝default

说明：将 C 编译器"－e"选项设置的扩展关键字可用状态恢复到默认状态。

8. language＝extended

作用：设置扩展关键字为可用状态。

语法：

　　＃pragma language＝extended

说明：使扩展关键字可用，与 C 编译器的"－e"选项无关。

例如：将扩展关键字设置为可用。

　　＃pragma language＝extended

　　no_init int user_info;

　　＃pragma language＝default

　　int flag;

上面的例子演示了♯pragma language＝extended 的作用。

9．memory＝constseg

作用：在默认情况下，将常量放入所命名的段中。

语法：

　　　♯pragma memory＝constseg(段名)

说明：在默认情况下，将常数放入所命名的段中。后续声明隐含取得 const 存储类。可用关键字 no_init 和 const 跨越此设置。另外，段名一定不能是编译器保留的段名之一。

例如，将常量数组 const_a 放入 ROM 段的 TABLE 中。

　　　♯pragma memory＝constseg(TABLE)

　　　char const_a [ ]＝{1,2,3,4,5,6,7,8,9};

　　　♯pragma memory＝default

上面的例子演示了♯pragma memory＝constseg(段名)的使用。

10．memory ＝ dataseg

作用：在默认情况下，将变量放入所命名的段中。

语法：

　　　♯pragma memory ＝ dataseg(段名)

说明：在默认情况下，将变量放入所命名的段中。可用关键字 no_init 和 const 跨越此设置。如果省略，变量将放入 UDATA0(非初始化变量)或 IDATA0(初始化变量)中。在变量定义中不提供初始化值。在模块中预备有 10 个不同的数据段，用户可以在程序中的任何位置切换到任意一个已经定义的数据段。

例如，下面将 5 个变量放入名为 UART 的读/写区域。

　　　♯pragma memory ＝ dataseg(UART)

　　　char TX_LEN;

　　　char RX_LEN;

　　　char TX_FLAG;

　　　char RX_FLAG;

　　　int Rate;

　　　♯pragma memory ＝ default

上面的例子演示了♯pragma memory ＝ dataseg(段名)的使用。

11．memory＝default

作用：将存储器的分配恢复到默认区域。

语法：

　　　♯pragma memory ＝ default

说明：将对象的存储器分配到默认区域。后续非初始化数据分配到 UDATA0,初始化数据分配到 IDATA0 中。

12．memory＝no_init

作用：在默认情况下，将变量放入 no_init 段。

语法：

　　　♯pragma memory ＝ no_init

说明：将变量放入 no_init 段，因此将不作初始化，并将驻留在非易失 RAM 中。这是存储器属性 no_init 的另一种形式。用关键字 const 可以跨越默认情况。no_init 段必须连接到非易失 RAM 的物理地址。

例如，将变量 buf 放到未初始化存储区，变量 n 和 m 放入 DATA 区。

```
＃pragma memory ＝ no_init
char buf [100];
＃pragma memory ＝ default
int n;
int m;
```

上面的例子演示了 ＃pragma memory ＝ no_init 的使用。

局部变量和参数不能驻留在它们默认段及堆栈之外的任何其他段中。如果因为存储器编译命令使函数声明中用了非默认存储器段，将产生错误信息。

13. warnings＝default

作用：将编译器警告消息输出恢复到默认状态。

语法：

```
＃pragma warnings＝default
```

说明：使编译器警告消息的输出恢复到 C 编译器"－w"选项设置的默认状态。

14. warnings＝off

作用：关闭编译器警告消息的输出。

语法：

```
＃pragma warnings＝off
```

说明：关闭编译器警告消息的输出，与 MSP430 的 C 编译器的"－w"选项状态无关。

15. warnings＝on

作用：打开编译器警告消息的输出。

语法：

```
＃pragma warnings＝on
```

说明：打开编译器警告消息的输出，与 MSP430 的 C 编译器的"－w"选项状态无关。

2.4.4　MSP430 的预定义符号

在前面给出了 MSP430 的 C 语言的预定义符号，下面就各个符号进行具体的介绍。

1. _DATE_

_DATE_为当前日期。

语法：_DATE_

说明：以 MM dd yyyy 形式返回编译的日期。

2. _FILE_

_FILE_为当前源文件名。

语法：_FILE_

说明：返回当前正在编译的文件名。

3. _IAR_SYSTEMS_ICC

_IAR_SYSTEMS_ICC 为 IAR C 编译器标识符。

语法：_IAR_SYSTEMS_ICC

说明：返回 1。可用 #ifdef... #else... #endif 进行测试，以便检验是否由 IAR 的 C 编译器进行编译。

4. _LINE_

LINE 为当前源程序行号。

语法：_LINE_

说明：返回当前在编译的源程序中的行号。

5. _STDC_

STDC 为标准 C 编译器标识符。

语法：_STDC_

说明：返回 1。可用 #ifdef... #else... #endif 进行测试，以便检验是否由标准 C 编译器进行编译。

6. _TID_

TID 为目标标识符。

语法：_TID_

说明：目标标识符含有 IAR 的 MSP430 的 C 编译器本征标识、目标标识、—v 选项值及—m 选项值。具体的分配如图 2-7 所示。

31　　　　16	15	14　　　　8	7　　　　4	3　　　　0
未用	本征标识	目标标识	—v 选项值	—m 选项值

图 2-7　目标标识符

由图 2-7 可以看出标识符的内容。

7. _TIME_

TIME 为当前时间。

语法：_TIME_

说明：以 hh:mm:ss 形式返回编译时间。

8. _VER_

VER 为返回编译器版本号。

语法：_VER_

说明：返回编译器的版本号。版本号为整数。

例如，测试版本号是否为 3.33。

```
#if _VER_ ==3.33
#message"compiler version is 3.33"
#endif
```

2.4.5　MSP430 的本征函数

前面列出了 MSP430 的一些本征函数，下面对这些函数进行具体介绍。

1. _args $

该本征函数返回参数数组。

语法：_args $

说明：_args＄是保留字，它返回字符数组。该数组包含当前函数的形式参数的说明列表。具体内容参见表 2 - 23。

表 2 - 23　返回字符数组

偏移量	内　　容
0	参数 1，类型按照_args＄格式
1	参数 1 字节数
2	参数 2，类型按照_args＄格式
3	参数 2 字节数
4	参数 3，类型按照_args＄格式
5	参数 3 字节数
…	…
2n－2	参数 n－1，类型按照_args＄格式
2n－1	参数 n－1 字节数
2n	\0

通过表 2 - 23 可以理解_args＄返回的数组的内容。如果参数字节大于 127，则最大取 127。_args＄只能在定义的函数内使用。如果说明了可变长度参数列表，那么参数表的结束是最后一个显示参数，因此用户无法简单地判断可选参数的类型和大小。

2．_argt＄

该本征函数可以返回参数的类型。

语法：_argt＄（v）

说明：该函数可以返回多种类型。具体的类型参看表 2 - 24。

表 2 - 24　返回参数类型

返回值	类型	返回值	类型
1	unsigned char	8	long
2	char	9	float
3	unsigned short	10	double
4	short	11	long double
5	unsigned int	12	pointer/address
6	int	13	union
7	unsigned long	14	struct

通过表 2 - 24 可以知道函数返回了哪些类型的参数。

下面的例子可用来判断返回的类型。

```
switch (_argt＄)
{
case 1：
    printf（"unsigned char \n"）；
    break；
```

```
    case 2:
        printf ( " char \n" );
        break;
    case 3:
        printf ( "unsigned short \n" );
        break;
    case 4:
        printf ( "short \n" );
        break;
    case 5:
        printf ( "unsigned int \n" );
        break;
        ...
    default: break;
    }
```

3. _BIC_SR

该本征函数可以为状态寄存器屏蔽复位。

语法: unsigned short _BIC_SR (unsigned short mask)

说明: 该函数用来屏蔽状态寄存器的某个位。

例如,

```
    //关中断
    old_SR = _BIC_SR(0x08)
    //恢复中断
    _BIS_SR (old_SR)
```

4. _BIS_SR

该本征函数可以为状态寄存器屏蔽置位。

语法: unsigned short _BIS_SR (unsigned short mask)

说明: 该函数用来对状态寄存器的某个位进行置位。

例如,

```
    //进入低功耗 LPM3 模式
    _BIS_SR (0xC0);
```

5. _DINT

该本征函数禁止中断。

语法: _DINT ();

说明: 该函数禁止中断。

6. _EINT

该本征函数为打开中断。

语法: _EINT ();

说明: 该函数打开中断。

例如,

```
    _DINT ();//关闭中断
```

//硬件初始化
...
　　_EINT（）；//打开中断

7. _NOP

该本征函数为执行空操作。

语法：_NOP（）；

说明：该函数执行空操作。

例如，延迟一点时间。

　　　　for（int n ＝0；n＜10；n＋＋）
　　　　_NOP（）；

8. _OPC

该本征函数为执行 DW 常数说明伪指令。

语法：_OPC（const unsigned char）

说明：插入 DW 常数说明。

2.4.6　MSP430 的段定义

MSP430 系列芯片的存储空间分为不同的段。MSP430 的 C 语言编译器程序和数据放到不同的段里。

1. 存储器分布与段定义

MSP430 的 C 语言编译器将代码和数据放入各个命名的段中，并由连接器实现连接。段定义的细节对于汇编语言程序模块的编程和解释编译器的汇编语言输出都是必需的。一般来说，MSP430 系列芯片的存储器的段分配如图 2－8 所示。

图 2－8 只是一个示意图，具体的地址分配则需要根据芯片型号来确定。通过图 2－8 可以对存储器的分段有一个宏观的认识，下面就具体的各个段加以说明。

图 2－8　存储器段的分配示意图

2. CCSTR 段

CCSTR 段作为字符串清单。

类型：只读。

说明：汇编语言可以访问。保存 C 语言程序字符串清单。启动时，段的内容被复制到 ECSTR。

3. CDATA0 段

CDATA0 段由 CSTARTUP 实现将段中常数对 IDATA0 段中变量作初始化。

类型：只读。

说明：汇编语言可访问。CSTARTUP 将初始化值从该段复制到 IDATA0 段。

4. CODE 段

CODE 段为程序代码。

类型：只读。

说明：汇编语言可访问。保持用户程序代码和各种库子程序。用 C 语言调用汇编语言程序，必须符合使用中的存储器模块的调用规则。

5. CONST 段

CONST 段为常量段。

类型：只读。

说明：汇编语言可访问。该段用于存放常量，也可用于汇编语言程序中声明常量。

6. CSTACK 段

CSTACK 段为堆栈。

类型：读/写。

说明：汇编语言可访问。该段作为堆栈使用。

7. CSTR 段

CSTR 段为字符串清单。

类型：只读。

说明：汇编语言可访问。如果 MSP430 的 C 语言编译器未用"－y"选项（默认情况），则保存 C 程序字符串清单。

8. ECSTR 段

ECSTR 段为字符串清单的可写、复制。

类型：读/写。

说明：汇编语言可访问。保存 C 程序字符串清单。

9. IDATA0 段

IDATA0 段可以保存变量的初始化静态数据。

类型：读/写。

说明：汇编语言可访问。保存内部数据存储器中的静态变量。

10. INTVEC 段

INTVEC 段为中断向量段。

类型：只读。

说明：汇编语言可访问。保存用 interrupt 扩展关键字产生的中断向量表，也可以是用户编写的中断向量表的入口。该段的地址空间是固定的，必须是 0xFFE0～0XFFFF。

11. NO_INIT 段

NO_INIT 段可以保存非易失变量。

类型：读/写。

说明：汇编语言可访问。保存存放到非易失存储器中的变量。这些变量可以声明 no_init 类型由编译器分配，也可以用 ♯pragma 编译命令来创建 no_init，还可以用汇编语言程序人工创建。

12. UDATA0 段

UDATA0 段可以保存非初始化静态变量。

类型：读/写。

说明：汇编语言可以访问，该段保存存储器变量。该段不作显示初始化，而是由 CST-ARTUP 隐式地初始化为 0。

2.5　MSP430 开发工具简介

MSP430 开发需要硬件和软件两方面环境。硬件环境非常简单，只需要一台 PC、一个 JTAG 仿真器和开发板。软件开发环境常用 IAR 公司的 IAR Embedded Workbench 嵌入式平台。

2.5.1　IAR Embedded Workbench 的安装

IAR systems 是全球领先的嵌入式系统开发工具和服务的供应商，国内普及的 MSP430 开发软件主要有 IAR 公司的 Embedded Workbench for MSP430，简称 EW430。该软件提供了工程管理、程序编辑、代码下载、调试等功能。本书以 v5.4 版来进行讲述。

1. 软件的下载

IAR EW430 可以在 IAR 官网上下载，在 google 网站上也很容易找到下载链接。

2. 软件的安装

① 运行 EW430-EV-web-5403.exe，系统将弹出如图 2-9 所示的页面。

② 点击 Next 按钮，系统将弹出如图 2-10 所示的页面。

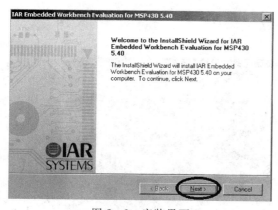

图 2-9　安装界面 1

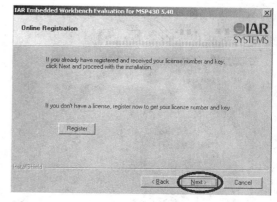

图 2-10　安装界面 2

③ 点击 Next 按钮，系统弹出如图 2-11 所示页面。

④ 点击 I accept the terms of the license agreement 之后再点击 Next 按钮，系统弹出

如图2-12所示页面。

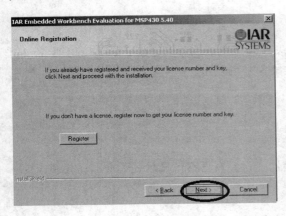

图 2-11　安装界面 3

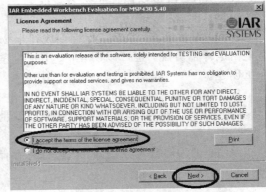

图 2-12　安装界面 4

⑤ 点击 Next 按钮，系统将弹出如图 2-13 所示的页面。

⑥ 点击 Next 按钮，系统将弹出如图 2-14 所示的页面。

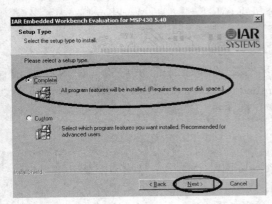

图 2-13　安装界面 5

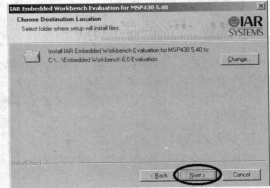

图 2-14　安装界面 6

安装路径的选择，可以根据个人需求设置。

⑦ 点击 Next 按钮，系统将弹出如图 2-15 所示页面。

⑧ 点击 Install 按钮，系统将弹出如图 2-16 所示页面。

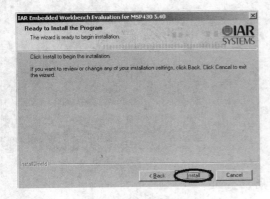

图 2-15　安装界面 7

图 2-16　安装界面 8

出现如图 2-17 所示界面，点击 Finish 按钮，完成安装。

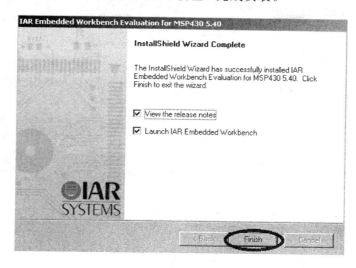

图 2-17　安装界面 9

2.5.2　IAR Embedded Workbench 的使用方法

MSP430 的 IAR 最新版本软件按照默认安装之后，双击桌面上的 IAR Embedded Workbench 可以进入 IAR 的 MSP430 开发环境，如图 2-18 所示。

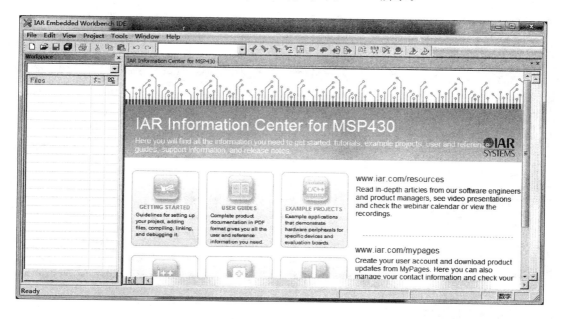

图 2-18　IAR 开发环境的界面

1. 创建新工作站

单击"File"→"New"→"Workspace"命令，如图 2-19 所示。

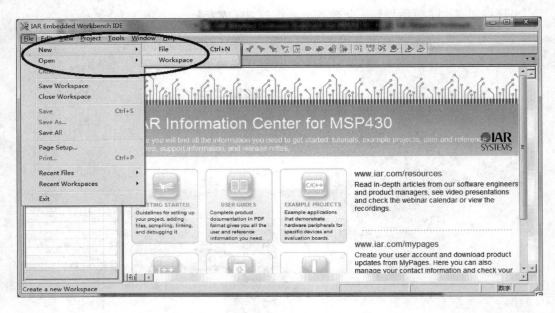

图 2 - 19 创建新的工作站

2. 创建并保存工程

单击"Project"→"Creat New Project"命令后出现如图 2 - 20 所示的对话框，选择工程类型（Empty project、asm、C、C++或 Externally built executable），若选择的工程类型为 Empty project，单击 OK 按钮，出现如图 2 -21 所示的对话框，选择保存路径，同时输入工程文件名，单击"保存"按钮，一个工程就建立完成了。

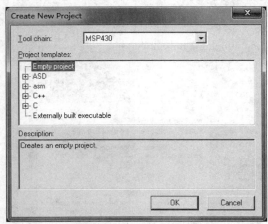

图 2 - 20 创建新的工程

图 2 - 21 选择保存路径

3. 创建或加载源文件

单击"File"→"New"→"File"命令来创建源程序。源程序编辑好后，保存源文件。单击"File"→"Save"命令即可出现如图 2 -22 所示的界面。注意不要忘记写上文件名后缀.c 或者.s43。s43 是 430 汇编语言的源文件扩展名，c 是 430 C 语言的源文件扩展名。

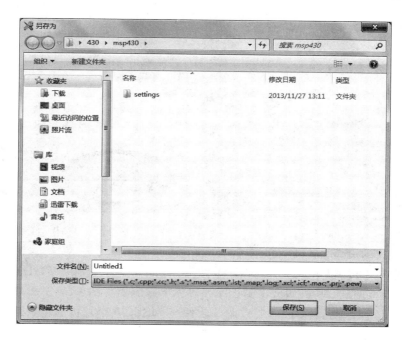

图 2 - 22　保存源文件

4. 加载源文件

单击"Project"→"Add Files"命令即可出现加载源文件界面。选择所要加载的源文件，单击"打开"按钮。添加完成后工作框如图 2 - 23 所示。

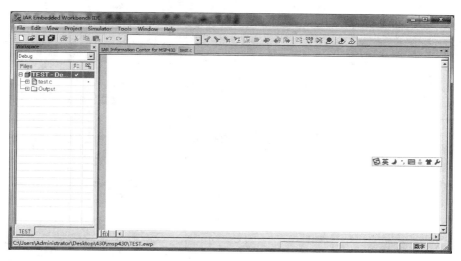

图 2 - 23　创建工程并添加源文件后界面

5. 编译环境的设置

点击 Options 操作，进入详细的操作界面。首先要确定工程项目需要使用什么芯片，在图 2 - 24 所示的界面可以解决这个问题。如图 2 - 25 所示，选择 MSP430F169 芯片。此界面还可以选择是否使用硬件乘法器，在项目中是否只使用汇编，浮点数据是使用 32 位还是使用 64 位等，以上这些是此操作界面的最常用选项，其他可以使用默认设置。

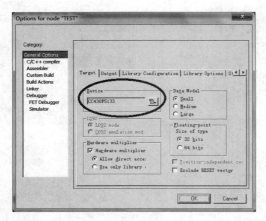

图 2 - 24　options 操作界面　　　　　　　　　图 2 - 25　操作芯片选择

6. 调试方式的设置

调试方式有模拟方式和联机方式两种。如图 2 - 26 所示，选择 FET Debugger 为联机调试，否则为模拟调试。联机调试将源程序代码先下载到器件的 FLASHROM 中，然后实时在 MSP430 单片机中运行，同时通过调试软件与 MSP430 单片机通信，将 MCU 中的全部信息回传到调试计算机，为最实时的调试方法。

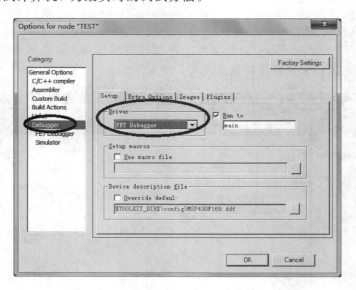

图 2 - 26　选择调试方式

调试环境已经设置完毕。下面将进入 MSP430 内部。点击调试按钮 ⏻，或者在菜单中选择调试，或者使用快捷键 Ctrl＋D 进入调试状态（注意进入调试状态之前确认目标系统通过仿真器与调试计算机连接可靠）。如果联机可靠，则点击调试，进入如图 2 - 27 所示的调试界面，这里可以清楚地看到 MSP430F169 内部的所有情况。调试的目的也就是查看设计程序是否按照设计要求运行。可以通过全速运行直接查看，也可以通过一步一步的运行或者运行一段程序，再查看 MSP430 的内部情况。

进入调试环境后，显示如图 2 - 27 所示的界面，从右至左依次为寄存器窗口（可以查看

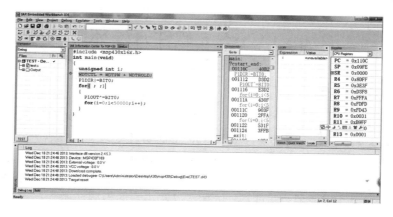

图 2-27　调试界面

CPU内部寄存器以及片内外围设备所涉及的寄存器内容)、变量观察窗口(变量i的详细情况可以通过这里了解)、反汇编窗口(能看到C语言通过编译之后,在机器中的程序存储器中的什么位置存放了什么样的机器能执行的代码)、代码区等。还有其他窗口都可以通过View下拉菜单选择打开。

运行程序如图2-28所示,有复位、程序单步运行等选择按钮。

图 2-28　程序运行按钮

7. 导出 ∗.txt 的设置

点击Options操作,进入详细的操作界面。如图2-29所示,选择Linker选项,进入Output标签,勾选Override default选项,更改文件后缀名为txt,并选择勾选Other选项。重新编译后在相应的工程文件夹下的\Debug\Exe目录下即可找到相应的txt文件。该文件可用其他单片机下载软件,进行程序下载,如MspFet、SF_BSL430等。

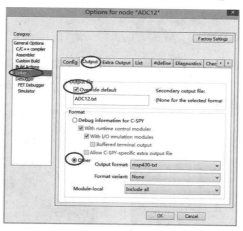

图 2-29　Options操作界面

2.6　CCSv5.5 软件开发环境

2.6.1　CCSv5.5 概述

　　Code Composer Studio IDE 是德州仪器(TI)嵌入式处理器系列主要的集成开发环境，本节介绍 CCSv5.5 版本，该版本包含 MSP430 超低功耗处理器。该软件可以在 Windows 和 Linux 系统上运行，本书只介绍 Code Composer Studio IDE 在 Windows 系统上的使用。该软件拥有一整套用于开发和调试嵌入式应用的工具，包含适用于 TI 器件系列的项目构建环境、源码编辑器、编译器、调试器、仿真器以及丰富的模版演示程序等功能。

　　这部分讲述 CCSv5.5 软件的安装，并对如何创建工程，运行演示程序进行详细的说明。

2.6.2　CCSv5.5 的安装

　　针对 USB JTAG 仿真器(MSP-FET430UIF，eZ-FET 和 eZ430 系列产品)的硬件驱动程序在安装 CCS 时自动安装。CCSv5.5 不支持之前的并口 FET(MSP-FET430PIF)调试接口。建议的计算机配置如表 2-25 所示。

表 2-25　计 算 机 配 置

	建议系统要求
操作系统	已安装 SP2 以上的 Windows XP(32 或 64 位)或者 Windows 7(32 或 64 位)
处理器	双核
RAM	2 GB
空闲硬盘空间	2 GB

　　安装步骤如下：

　　(1) 运行下载的安装程序 setup_CCS_x.x.x.x.exe。如图 2-30 所示，选择"I accept the terms of license agreement"，点击"Next"按钮。

　　(2) 选择安装路径，如图 2-31 所示，点击"Next"按钮。

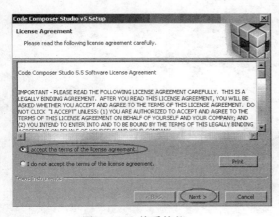
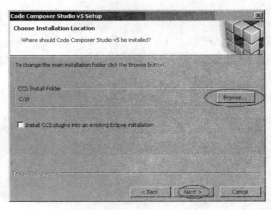

图 2-30　接受协议　　　　　　　　图 2-31　选择安装路径

（3）选择安装模式，如图 2-32 所示。为节省空间，在此选择自定义安装，选择"Custom"，点击"Next"按钮。

（4）选择处理器架构，如图 2-33 所示。在此选择"MSP430 Ultra Low Power MCUs"，点击"Next"按钮。

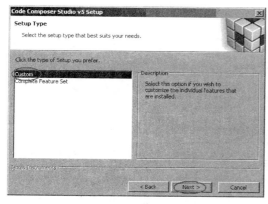

图 2-32　选择安装模式

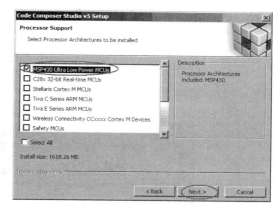

图 2-33　选择处理器架构

（5）选择组件、编译器工具和设备的软件，如图 2-34 所示。图 2-34 所示界面上显示了所需硬盘空间大小。点击"Next"按钮。

（6）选择模拟器，如图 2-35 所示。点击"Next"按钮。

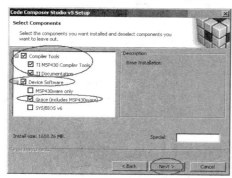

图 2-34　选择组件

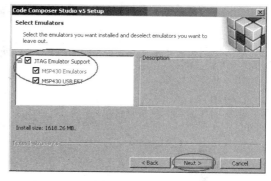

图 2-35　选择模拟器

（7）开始安装，如图 2-36 所示。直至安装完成，单击"Finish"按钮。

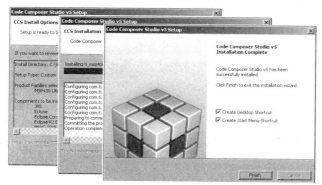

图 2-36　安装过程

2.6.3　启动 CCSv5.5

从开始菜单中启动 CCSv5.5，如图 2－37 所示。首次打开 CCSv5.5 时系统会弹出设置工作区文件夹的界面（Workspace Launcher），如图 2－38 所示。为方便工程管理，用户需要将同类工程放在同一个工作区下。点击"OK"按钮。

图 2－37　开始菜单中启动 CCSv5.5

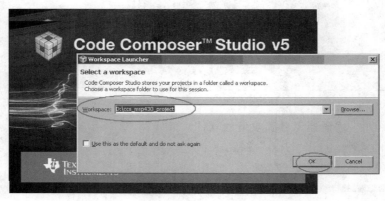

图 2－38　启动后的界面

设置工作区后，首次运行还需要设置软件许可。对于学生用户，建议选择（CODE SIZE LIMITED）选项，CCS 免费开放 16 KB 程序空间，对初学者已够用，也可以选择软件试用。如果用户有软件许可，可以进行软件许可的认证。单击"OK"按钮，即可进入 CCS 软件开发集成环境，如图 2－39 所示。

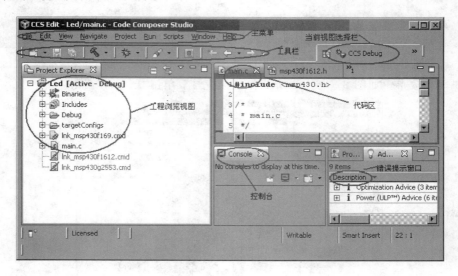

图 2－39　CCS 工作区窗口界面

更多功能模块窗口可通过菜单栏中的 View 选择。工作区支持同时打开多个工程，但当前活跃工程只有一个，因此在编译前应激活该工程。右击工程，选择 Properties 命令，系统将弹出属性对话框，该对话框提供工程编译、链接和调试等过程属性配置。工程编译后，可在 Console 窗口显示编译工程结果，编译成功生成.out 文件，如果编译过程出现错误，系统会在 Console 窗口提示错误，在 Problems 窗口显示详细的警告和错误信息。

2.6.4　CCSv5.5 工程开发

这部分介绍如何从零开始一步步地创建一个 C 语言项目的指令以及在 MSP430 上下载和运行此应用。

（1）打开 CCSv5.5，并确定工作区，然后选择 File→New→CCS Project 命令，如图 2-40 所示。新建 CCS 工程对话框，如图 2-41 所示。输入项目名称，并为 MSP430 设定器件系列，在此选择 MSP430F169。Connection 保持默认选择 TI MSP430 USB 1[Default]连接方式。

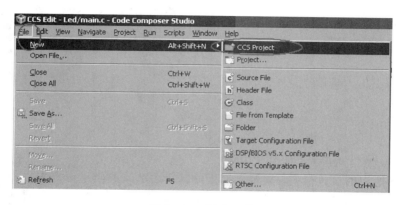

图 2-40　创建工程

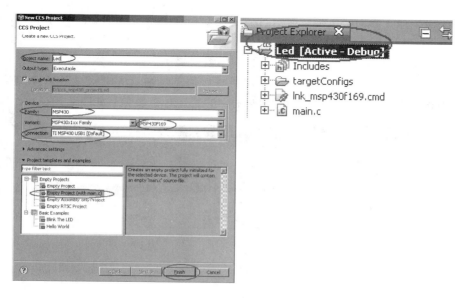

图 2-41　新建 CCS 工程对话框

（2）将程序文本输入到文件。

```
#include <msp430.h>


/*
 * main.c
 */
int main(void) {
    WDTCTL = WDTPW | WDTHOLD;    // 关闭看门狗
    P1DIR |= 0xff;                          // 设置 P1.0 为输出模式

    for (;;)
    {
        volatile unsigned int i;

        P1OUT ^= 0x01;                      // 用位运算把 P1.0 口置高

        i = 50000;                          // 延时
        do (i－－);
        while (i ! = 0);
    }
    return 0;
}
```

（3）建立工程（Project→Build Project）。

配置 CCS 所需的设置很多。大多数工程可以使用默认的出厂设置来进行编译和调试。对于已激活的工程，通过点击 Project→Properties 命令可访问项目设置。具体设置可以参照数据手册。

在第一次编译工程时，系统会提示自动创建 rts30xl. lib 库文件。编译完成后，若提示已生成. out 文件，表示编译没有错误产生，可以下载调试。如果程序存在错误，会在 Problems 窗口显示，修改程序，并重新编译，直到无错误提示。

（4）调试应用程序（Run→Debug）。这样将启动调试器，从而获得对器件的控制，擦除目标方内存，使用应用程序编辑目标方内存，并将目标方复位，如图 2-42 所示。

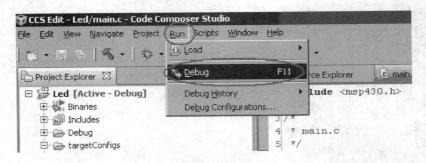

图 2-42 启动调试器

（5）点击运行 Run→Resume 命令即可启动应用程序。在程序调试的过程中，可通过设置断点调试程序。在程序调试过程中，可以通过 CCS 查看变量、寄存器或 Memory 等的信息显示出程序运行的结果，与预期结果比较，从而方便调试程序。

（6）点击 Run→Terminate 命令即可停止应用程序并退出调试器。CCS 自动返回至 C/C++视图（代码编辑器）。

注意：工程浏览器中显示了所有打开的工程，但是一个工作区不能被多个运行的 CCS 实例共享，即在同一时刻，只能有一个 CCS 实例处于 Active 状态。

（7）点击 File→Exit 命令即可退出 CCS。

2.6.5　CCSv5.5 资源管理器介绍

CCSv5.5 拥有丰富的内部资源，利用其内部资源来进行 MSP430 单片机开发会非常方便。下面演示 CCSv5.5 资源管理器的应用，选择"Help→Welcome to CCS"命令，打开 CCSv5.5 的欢迎界面，如图 2-43、图 2-44 所示。

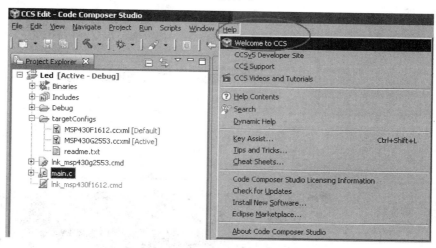

图 2-43　打开欢迎界面

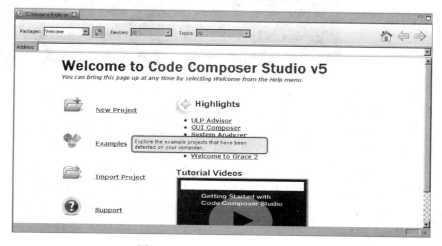

图 2-44　CCSv5.5 的欢迎界面

通过欢迎界面,用户可以快速链接到创建新工程、打开实例工程、获取技术支持等相应功能。

2.6.6　MSP430ware 使用指南

MSP430ware 将所有的 MSP430 MCU 器件的代码示例等设计资源整合成一个便于使用的程序包,在其中可以找到 MSP430 所有系列器件的数据手册、用户指南以及参考例程,还包含 MSP430 驱动库。以下简单介绍 MSP430ware 的使用步骤:

(1) 在欢迎界面中的 Packages 下拉列表框选择 All 选项,进入资源管理器,如图 2 - 45 所示。在左列资源浏览器中点击 MSP430ware,界面如图 2 - 46 所示。

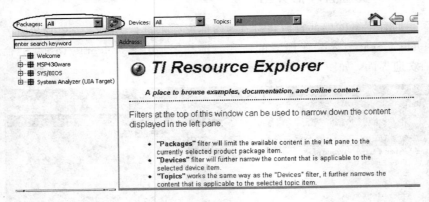

图 2 - 45　TI 资源管理器

图 2 - 46　MSP430war 界面

(2) MSP430ware 有三个子目录:器件(Devices)、开发工具资源(Development Tools)、资源库(Libraries)。展开 Devices,找到当前正在使用的型号,如 MSP430F16x,单击后可看到 MSP430F16x 系列的用户指南(User's Guide)、数据手册(Datasheets)、勘误表(Erratasheets)、示例代码(Code Examples),如图 2 - 47 所示,示例代码界面如图 2 - 48 所示。为了更好地帮助用户了解 MSP430 的外设,MSP430ware 中提供了基于所有内部外设的参考例程,从例程名称可以看出该例程涉及的外设,同时在窗口可以看到关于该例程的简单描述。

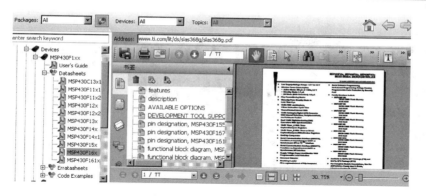

图 2-47　单片机管理界面

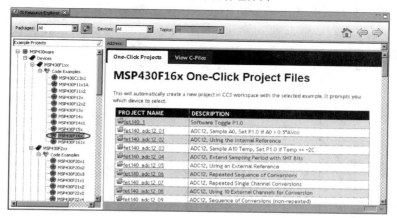

图 2-48　MSP430F16x 示例代码界面

第三章　MSP430 单片机片内及片外模块

3.1　通用 I/O 端口

　　端口是单片机最常用的外设模块，MSP430 系列单片机有着非常丰富的端口资源，这也使得 MSP430 系列单片机系统设计方便灵活。在 MSP430 系统中，没有专门的输入/输出指令，输入/输出操作都是通过数据传送指令来完成的。本书所使用的芯片为MSP430F169，该芯片端口有 P0、P1、P2、P3、P4、P5 和 P6，其中 P1、P2 端口具有中断能力。端口低电平和高电平输出特性分别如图 3-1 和图 3-2 所示。

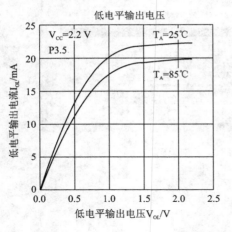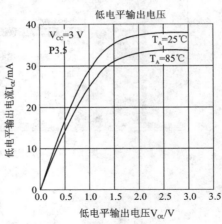

图 3-1　MSP430 端口低电平输出特性

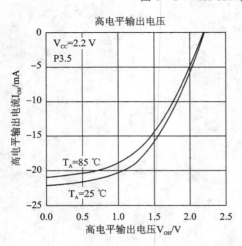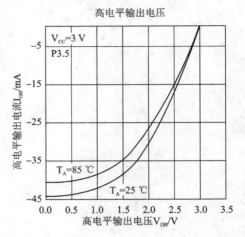

图 3-2　MSP430 端口高电平输出特性

3.1.1 端口 P1 和 P2

端口 P1 和 P2 具有输入/输出、中断和外部模块功能，这些功能可以通过各自 7 个控制寄存器的设置来实现。

1. 输入/输出方向寄存器 PxDIR

PxDIR 寄存器中的每一位选择相应管脚的输入/输出方向。当管脚被设置为其他功能时，方向寄存器中对应的值应被设置为该管脚所实现功能要求的方向值。

Bit = 0：管脚为输入方向。

Bit = 1：管脚为输出方向。

2. 输入寄存器 PxIN

PxIN 寄存器中的每一位反映当前 I/O 口的信号的输入值，当 I/O 管脚被配置为普通 I/O 口功能时，对应的这些寄存器只能被读。

Bit = 0：输入为低。

Bit = 1：输入为高。

3. 输出寄存器 PxOUT

当 I/O 管脚被配置为普通 I/O 口并且为输出方向时，PxOUT 寄存器中的每一位就对应着相应管脚的电平输出状态。

Bit = 0：输出为低。

Bit = 1：输出为高。

4. 中断使能寄存器 PxIE

PxIE 寄存器的每一位使能与对应的引脚相联系。

Bit = 0：Px 口中断关闭。

Bit = 1：Px 口中断使能。

5. 中断触发沿选择寄存器 PxIES

如果允许 Px 口的某个引脚中断，还需定义该引脚的中断触发沿。

Bit = 0：上升沿使相应标志位置位。

Bit = 1：下降沿使相应标志位置位。

6. 中断标志寄存器 PxIFG

该寄存器有 8 个标志位，它们含有相应引脚是否有待处理的中断信息，即相应引脚是否有中断请求。

Bit = 0：没有中断请求。

Bit = 1：有中断请求。

7. 功能选择寄存器 PxSEL

PxSEL 寄存器中的每一位选择对应管脚的功能——普通 I/O 功能或者外围模块功能。

Bit = 0：普通 I/O 口功能。

Bit = 1：外围模块功能。

3.1.2 端口 P3、P4、P5 和 P6

这些端口无中断能力，其余功能与 P1 和 P2 口一样，能实现输入/输出功能和外围模块功能。每个端口有 4 个寄存器供用户使用。用户可通过这 4 个寄存器对它们进行访问和控制。每个端口的 4 个寄存器分别为：功能选择寄存器 PxSEL、输入/输出方向寄存器 PxDIR、输入寄存器 PxIN、输出寄存器 PxOUT。具体用法同 P1、P2 端口。

3.1.3　端口应用

端口是单片机中最常用的外设资源。一般在程序的初始化阶段对端口进行配置，配置时，先配置功能选择寄存器 PxSEL；若为 I/O 端口功能，则继续配置方向寄存器 PxDIR；若为输入，则继续配置中断使能寄存器 PxIE；若允许中断，则继续配置中断触发沿选择寄存器 PxIES。

3.2　中　断　系　统

中断是 MSP430 微处理器的一大特色，有效地利用中断可以简化程序和提高执行效率。MSP430 的几乎每个外围模块都能够产生中断，为 MSP430 针对事件（即外围模块产生的中断）进行的编程打下基础。MSP430 在没有事件发生时进入低功耗模式，事件发生时，通过中断唤醒 CPU，事件处理完毕后，CPU 再次进入低功耗状态。由于 CPU 的运算速度和退出低功耗的速度很快，所以在应用中，CPU 大部分时间都处于低功耗状态。这是 MSP430 能够如此节省电能的重要原因之一。

3.2.1　中断分类

MSP430 的中断分为 3 种：系统复位、不可屏蔽中断、可屏蔽中断。系统复位指向中断向量表（见表 3-1）的最高地址 0xFFFEh。非屏蔽中断和可屏蔽中断根据能否被 SR 寄存器中的全局中断使能位 GIE 禁用来区分，非屏蔽中断不受 GIE 的控制，具备独立的中断使能；可屏蔽中断除了受本身的中断使能控制外，还接受 GIE 控制。

表 3-1　MSP430F15x、MSP430F16x、MSP430F161x 系列中断向量表

中断源	中断标志	系统中断	中断向量	优先级
上电 外部复位 看门狗 FLASH 口令	WDTIFG KEYV	复位	0xFFFEh	15 最高
NMI 晶体振荡器故障 FLASH 存储器非法访问	NMIIFG OFIFG ACCVIFG	不可屏蔽中断	0xFFFCh	14
Timer_B7	TBCCR0 CCIFG	可屏蔽中断	0xFFFAh	13
Timer_B7	TBCCR1 to TBCCR6 CCIFGs，TBIFG	可屏蔽中断	0xFFF8h	12
比较器 A	CAIFG	可屏蔽中断	0xFFF6h	11
看门狗定时器	WDTIFG	可屏蔽中断	0xFFF4h	10
USART0 接收	URXIFG0	可屏蔽中断	0xFFF2h	9

中断源	中断标志	系统中断	中断向量	优先级
USART0 发送 I²C 发送/接收	UTXIFG0 I²CIFG	可屏蔽中断	0xFFF0h	8
ADC12	ADC12IFG	可屏蔽中断	0xFFEEh	7
Timer_A3	TACCR0 CCIFG	可屏蔽中断	0xFFECh	6
Timer_A3	TACCR1 and TACCR2 CCIFGs，TAIFG	可屏蔽中断	0xFFEAh	5
I/O 端口 P1	P1IFG. 0 to P1IFG. 7	可屏蔽中断	0xFFE8h	4
USART1 接收	URXIFG1	可屏蔽中断	0xFFE6h	3
USART1 发送	UTXIFG1	可屏蔽中断	0xFFE4h	2
I/O 端口 P2	P2IFG. 0-P2IFG . 7	可屏蔽中断	0xFFE2h	1
DAC12 DMA	DAC12_0IFG DAC12_1IFG DMA0IFG DMA1IFG DMA2IFG	可屏蔽中断	0xFFE0h	0 最低

（1）系统复位也称不可屏蔽中断（Nonmaskable interrupts）——不能被总控位 GIE 和其分控位 IE 位屏蔽的中断，其中断向量为 0xFFFEH。

（2）不可屏蔽中断 NMI——不能被总控位 GIE 屏蔽，但能被自己的分控位 IE 位屏蔽的中断。

不可屏蔽的中断源有以下三种：

① 当配置为 NMI 模式时，$\overline{RST}$/NMI 引脚的一个边沿。上电时，$\overline{RST}$/NMI 引脚配置为复位模式。在看门狗控制寄存器 WDTCTL 中选择 $\overline{RST}$/NMI 引脚的功能。如果 $\overline{RST}$/NMI 引脚被设置为复位功能，$\overline{RST}$/NMI 引脚处于低电平时 CPU 将一直保持复位状态。当转为高电平时，CPU 从存储在复位向量 OFFFEH 中的地址开始运行，RSTIFG 将被置位。$\overline{RST}$/NMI 引脚被用户软件配置为不可屏蔽中断，且 NMIIE 位被置位时，由 WDT-NMIES 选择的信号边沿到来产生 NMI 中断。$\overline{RST}$/NMI 的标志位 NMIIFG 将会被置为 1。

② 振荡器失效。振荡器错误信号对晶振失效的情形发出警告。置位 OFIE 将能够使振荡器发生错误时产生一个 NMI 中断。NMI 中断服务程序可以检查 OFIF 位来判断 NMI 中断是否由振荡器引起。

③ FLASH 存储器的非法访问中断允许时，对 FLASH 存储器进行了非法访问。当发生 FLASH 存取冲突时，ACCVIFG 位将会被置为 1。置 ACCVIE 位为 1 时，就产生一个 NMI 中断。NMI 中断服务程序可以检查 ACCVIFG 位来判断 NMI 中断是否由 FLASH 存取冲突引起。

不可屏蔽中断的中断向量为 0xFFFCh。不可屏蔽中断不能被总中断使能位（GIE）所屏蔽，而由单独的中断使能位（NMIIE、ACCVIE、OFIE）来控制。响应不可屏蔽中断时，硬件自动将 OFIE、NMIIE、ACCVIE 复位。软件首先判断中断源并复位中断标志，接着执行用户代码。退出中断之前需要置位 OFIE、NMIIE、ACCVIE，以便能够再次响应中断。需要特别注意的是：置位 OFIE、NMIIE、ACCVIE 后，必须立即退出中断响应程序，否则会再次触发中断，导致中断嵌套，从而导致堆栈溢出，致使程序执行结果无法预料。

当多个中断请求发生时，响应最高优先级中断。响应中断时，MSP430 会将不可屏蔽中断控制位 SR. GIE 复位。因此，一旦响应了中断，即使有优先级更高的不可屏蔽中断出现，也不会中断当前正在响应的中断，去响应另外的中断。但 SR. GIE 复位不影响不可屏蔽中断，所以仍可以接受不可屏蔽中断的中断请求。

图 3-3 所示为不可屏蔽中断的响应流程图。

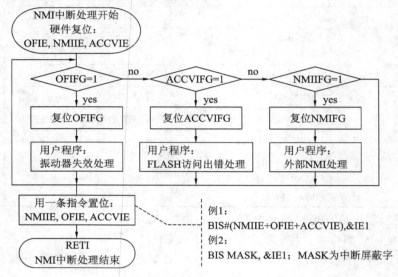

图 3-3　不可屏蔽中断响应流程

　　（3）可屏蔽中断——是能被总控 GIE 位和自己的分控 IE 位屏蔽的中断。MSP430 具备大量的可屏蔽中断，由具有中断能力的外设所产生，比如：定时器、ADC、DMA、UART、WDT、I/O、比较器等都具备中断功能，每一个可屏蔽中断源可以通过中断使能位单独禁止，也可以通过状态寄存器（SR）中的总中断使能（General Interrupt Enable，GIE）位禁止。

　　多个中断请求发生时，MSP430 选择拥有最高优先级的中断响应。响应中断时，MSP430 会将可屏蔽中断控制位 SR. GIE 复位，因此，一旦响应了中断，即使有优先级更高的可屏蔽中断出现，MSP430 也不会中断当前响应的中断，去响应另外的中断。SR. GIE 复位不影响不可屏蔽中断，所以仍可以接收不可屏蔽中断的中断请求。GIE 在状态寄存器 SR（Status Register）中的位置及设置规则见表 3-2。

表 3-2　GIE 在状态寄存器 SR（Status Register）中的位置及设置规则

15～9	8	7	6	5	4	3	2	1	0
保留	V	SCG1	SCG0	OSCOFF	CPUOFF	GIE	N	Z	C

　　置位 1：允许所有可屏蔽中断。

　　复位 0：禁止所有可屏蔽中断。

3.2.2　中断向量表

　　每个中断向量在中断向量表里面占据一个 2Byte 空间的表项，这个 2Byte 的空间用来存储对应中断服务函数的首地址，CPU 根据中断向量表里的地址跳转到中断服务函数。仔细观察中断向量表可以看到，一些中断向量对应于多个中断源。例如，地址为 0xFFEAh

的 Timer_A3 中断，当 TACCR1 中断标志位 CCIFGs 置位或者 TAIFG 置位时都会跳转到该向量。又如，具备中断功能的 P1 和 P2 端口，端口中的任意一个管脚发生中断都会跳转到对应的中断向量，这种中断就叫作多源中断。对于多源中断，中断源中任意一个中断发生都会跳转到公用的中断向量表，这时需要通过中断标志位区别具体的中断源。

表 3 - 1 为 MSP430F15x、MSP430F16x、MSP430F161x 系列中断向量表。

3.2.3　中断相关寄存器的设置

如 3.1.1 节所述，MSP430F169 端口 P1 和 P2 的全部 8 位都可实现外部事件的中断处理。每一个 I/O 位都可独立编程。P1 与 P2 完全相同，对 P1 和 P2 模块分配一个单独向量。引脚 P1.0 至 P1.7 和 P2.0 至 P2.7 可用作中断源，向量包含因中断事件引发装入 PC 的存储器地址。

P1 和 P2 口分别有 7 个寄存器用于控制 I/O 引脚：

（1）输入寄存器（PxIN）。
（2）输出寄存器（PxOUT）。
（3）方向寄存器（PxDIR）。
（4）中断标志寄存器（PxIFG）。
（5）中断触发沿选择寄存器（PxIES）。
（6）中断使能寄存器（PxIE）。
（7）功能选择寄存器（PxSEL）。

在进行中断操作时，不仅需要设置功能选择寄存器 PxSEL 和方向选择寄存器 PxDIR，还需要设置其中 3 个与中断相关的寄存器。

1. 中断标志寄存器 PxIFG

中断标志是指每个中断源在中断标志寄存器中具有自己的中断标志位。硬件系统在每个时钟周期都会检测（接收）外部（内部）中断源的中断条件，一旦中断条件满足，硬件就会将相应的中断标志位置 1，表示向 MCU 提出中断请求。中断标志位一般在 MCU 响应中断时由硬件自动清除，或在中断服务程序中通过读/写专门数据寄存器的方式清除。中断标志位除了由硬件自动清除外，也可以使用软件指令清除。当中断被禁止或 MCU 不能马上响应中断时，该中断标志将会一直保持，直到中断允许并得到响应为止。已建立的中断标志，实际就是一个中断的请求信号，如果暂时不能被响应，则该中断标志会一直保留（除非被用户软件清除掉），此时该中断被"挂起"。如果多个中断被挂起，一旦中断允许后，各个被挂起的中断将按优先级依次得到中断响应服务。中断标志的置"1"并保持是为了确保需要响应的中断能被响应，中断标志在响应后及时清"0"是为了防止同一次中断请求被重复响应。

中断标志寄存器有 8 个标志位，它们表示相应引脚是否有待处理的中断信息，即相应引脚是否有中断请求，见表 3 - 3。

表 3 - 3　中断标志寄存器的标志位及相应信息

位	7	6	5	4	3	2	1	0
R/$\overline{\text{W}}$	PxIFG.7	PxIFG.6	PxIFG.5	PxIFG.4	PxIFG.3	PxIFG.2	PxIFG.1	PxIFG.0
初始值	0	0	0	0	0	0	0	0

PxIFG.y = 0：y 引脚无中断申请。

PxIFG. y ＝ 1：y 引脚有中断申请。

2. 中断触发沿选择寄存器 PxIES

有些中断不设置中断标志，这类中断只要中断条件满足(边沿到达)，就会一直向 MCU 发出中断申请。这种中断有其特殊性，不产生中断标志，因此不能被"挂起"。如果由于等待的时间过长而得不到响应，则可能会因为中断条件结束(边沿取消)而失去一次服务机会。

如果允许 Px 口的某个引脚中断，还需定义该引脚的中断触发沿，见表 3－4。

表 3－4　中断触发沿选择寄存器的标志位及相应信息

位	7	6	5	4	3	2	1	0
R/$\overline{W}$	PxIES. 7	PxIES. 6	PxIES. 5	PxIES. 4	PxIES. 3	PxIES. 2	PxIES. 1	PxIES. 0
初始值	0	0	0	0	0	0	0	0

PxIES. y ＝ 0：y 引脚上升沿作为中断申请。

PxIES. y ＝ 1：y 引脚下降沿作为中断申请。

3. 中断使能寄存器 PxIE

PxIE 寄存器的每一位使能与对应的引脚相联系，见表 3－5。中断允许使能寄存器清"0"是为了防止未开通使用的中断源由于意外情况向 CPU 申请中断。

表 3－5　中断使能寄存器的标志位及相应信息

位	7	6	5	4	3	2	1	0
R/$\overline{W}$	PxIE. 7	PxIE. 6	PxIE. 5	PxIE. 4	PxIE. 3	PxIE. 2	PxIE. 1	PxIE. 0
初始值	0	0	0	0	0	0	0	0

PxIE. y ＝ 0：禁止响应 y 引脚上的中断。

PxIE. y ＝ 1：允许响应 y 引脚上的中断。

综上所述，作为外部中断申请的端口 P1 和 P2 引脚，应设置下列相应寄存器：

(1) 设置功能选择寄存器 PxSEL. y 对应位为 0(基本 I/O 功能)。

(2) 设置方向选择寄存器 PxDIR. y 对应位为 0(输入)。

(3) 设置 PxIES. y 选择中断源有效信号类型是上升沿还是下降沿。

(4) 设置 PxIE. y 打开分中断允许位。

(5) 设置 GIE＝1 打开总中断允许位。

注意：在中断程序中，由于端口的 8 个引脚共用一个中断向量，当有多个引脚做中断源时，需利用 PxIFG 判断产生中断的中断源引脚；在中断子程序中应清除 PxIFG 相应的中断标志位。

还有一些特殊功能的寄存器用来设置内部中断：中断使能寄存器 1 和 2、中断标志寄存器 1 和 2。寄存器各位的含义如下：

1) 中断使能寄存器 1 和 2

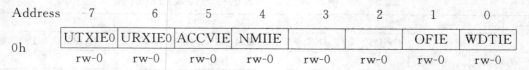

Address	7	6	5	4	3	2	1	0
0h	UTXIE0	URXIE0	ACCVIE	NMIIE			OFIE	WDTIE
	rw-0	rw-0	rw-0	rw-0	rw-0	rw-0	rw-0	rw-0

WDTIE：看门狗定时器中断使能。

OFIE：振荡器默认中断使能。

NMIIE：不可屏蔽中断使能。

ACCVIE：Flash 存储器访问违规中断使能。

URXIE0 是串口 0 和 SPI 接收中断使能。

URXIE0：USART0 和 SPI 接收中断使能。

UTXIE0：USART0 和 SPI 发送中断使能。

Address	7	6	5	4	3	2	1	0
01h			UTXIE1	URXIE1				
			rw-0	rw-0				

URXIE1：USART1 和 SPI 接收中断使能。

UTXIE1：USART1 和 SPI 发送中断使能。

2）中断标志寄存器 1 和 2

Address	7	6	5	4	3	2	1	0
02h	UTXFG0	URXIFG0		NMIIFG			OFIFG	WDTIFG
	rw-0	rw-0	rw-0	rw-0	rw-0	rw-0	rw-0	rw-0

WDTIFG：设置看门狗定时器属性（设置看门狗定时器溢出（看门狗模式）或者违反安全密钥重置电源，或 RST/NMI 引脚复位模式复位条件）。

OFIFG：振荡器故障标志设置。

NMIIFG：设置 RST/NMI 引脚。

URXIFG0：USART0 和 SPI 接收标志。

UTXIFG0：USART0 和 SPI 发送标志。

Address	7	6	5	4	3	2	1	0
03h			UTXIFG1	URXIFG1				
			rw-0	rw-0				

URXIFG1：USART1 和 SPI 接收标志。

UTXIFG1：USART1 和 SPI 发送标志。

3.2.4　中断的优先级别

不同的中断请求表示不同的事件，因此 CPU 对不同中断请求的响应也应有轻重缓急之分。在计算机中，给每个中断源指定（固定的或可通过程序设置的）一个优先权，称为中断优先权（优先级）。

在 MSP430 中，不同的中断有各自固定的中断优先级。当有多个中断同时请求时，MSP430 CPU 将响应优先级最高的中断请求。

在 MSP430 中，中断优先级仅用于裁决同时产生的中断请求。如果在某一中断服务子程中置位 GIE（即允许嵌套），则任何中断请求均将中断正在执行的中断服务子程（中断嵌套），而不管中断的优先级如何，即在允许嵌套的情况下，低优先级的中断请求可以中断高优先级的中断服务子程序的运行，同级的中断也可以相互嵌套。如图 3-4 所示，越靠近 CPU/NMIRS，中断优先级越高。

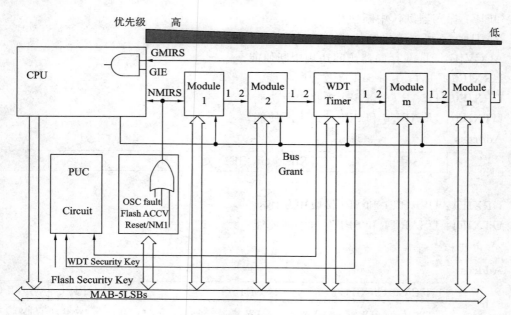

图 3 - 4　中断优先级排列顺序图

3.2.5　中断的处理过程

　　微控制器在使用过程中一些突发的程序跑飞问题，很多时候都是由于没有正确地处理中断造成的。中断发生的先决条件是对中断使能位使能，非屏蔽中断要求其独立的中断使能开启；可屏蔽中断要求全局中断使能和自身中断使能同时启用。

　　当中断请求到达时，CPU 从接收中断请求到开始执行中断服务函数的第一条指令需要 5～6 个 CPU 周期。前面介绍过的 MSP430 有两种 CPU，分别是 CPU 和 CPUX。其中 CPU 处理过程耗费 6 个 CPU 周期，而 CPUX 处理过程耗费 5 个 CPU 周期。中断请求接收后，会按照以下顺序处理：

　　（1）CPU 执行完当前指令。中断和 CPU 一般不是同步的或者 CPU 正在执行的指令不是单周期指令，所以 CPU 先处理完当前指令。

　　（2）指向下一条 CPU 指令的 PC 被压栈。

　　（3）状态寄存器 SR 压栈。

　　步骤（2）和步骤（3）的目的是保护现场，为中断服务函数执行完之后恢复之前运行状态做准备。

　　（4）选择最高优先级的中断进行服务，中断优先级在这个时候就会发挥作用。

　　（5）单源中断标志位会被自动清零，多源中断标志位需要软件清零，因为具备 I/O 中断功能的 P1、P2 端口中断标志位属于多源中断标志位，其中断标志位不会自动清零，需要在代码中手动清零。

　　（6）状态寄存器 SR 被清零，将会终止任何低功耗状态，并且全局中断使能（GIE）被关闭。MSP430 在接收了中断后由于 SR 的清零操作自动关闭全局中断使能，也就是说默认状态下是不允许中断嵌套的，若用到中断嵌套的话需要在中断服务函数，打开全局中断。

　　（7）中断向量中存储的中断服务函数地址被装载到 PC 中开始执行中断服务函数。

中断服务函数的最后一条汇编指令是 RETI，表示从中断服务函数中返回。中断返回过程如图 3-5(b)所示。MSP430 的返回过程比进入过程要快一些，主要是因为返回过程的时候 CPU 指令已经执行完。返回过程对于 CPU 需要 5 个 CPU 周期，对于 CPUX 需要 3 个 CPU 周期。按照下面的顺序执行返回操作：

（1）状态寄存器 SR 出栈，SR 的设置会立即生效。如果响应中断前 CPU 处于低功耗模式，则仍然恢复低功耗模式。

（2）PC 指针出栈，接着执行中断前的代码。

如果 CPU 不处于低功耗模式，则从此地址继续执行程序。从中断响应和返回的过程中可以看出，如果希望在中断程序执行时仍然可以响应新的中断请求，则可以进入中断程序后将 SR.GIE 置位。这样新的中断请求出现时，MSP430 会中断当前的执行程序，响应最高优先级的中断请求，甚至包括刚被中断执行的中断程序的中断请求也可以再次被响应。但这样做一定要非常小心，对于 C 语言来说，如果不能把握中断嵌套的层次，则容易发生堆栈溢出，程序的执行必定会混乱，而 C 语言编译器是不对堆栈溢出进行检查的。

响应中断时，单中断源中断请求的中断请求标志位自动复位。多中断源标志位则需要软件进行复位。

在使用中断时，如果某个中断开启，则一定要写中断服务函数，即使中断服务函数为空操作。这个过程是对中断向量赋值，以避免中断发生后，程序跑飞。中断处理过程如图 3-5(a)所示。

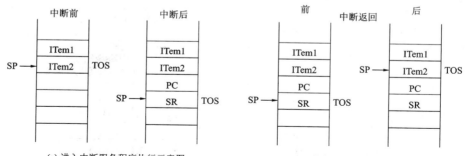

(a) 进入中断服务程序执行示意图　　　　(b) 从中断返回执行顺序示意图

图 3-5　中断处理过程

注意：

（1）若有多个中断同时请求，CPU 先响应优先级最高的中断请求。

（2）当中断发生时，MSP430 内部对应有一个标志被置位，中断程序之后，应确保该标志的值已清零，否则被当成又一次的中断申请。

（3）对于单一中断标志的中断请求，CPU 会自动清零该中断标志。

（4）对于有多个中断标志的中断源请求，用户在中断子程序中用这些标志判断产生的具体子中断源，中断标志的清零由用户在使用完后编程清零。

3.2.6　可屏蔽中断程序设计

1. 编程步骤

编程前应了解可屏蔽硬中断的响应过程，了解相关的寄存器和引脚与中断响应过程的关系。

★主程序——做好相关设置，即中断源发出中断申请时 CPU 能够响应的准备工作。主程序流程如图 3-6 所示。

★中断程序——处理与中断源有关的关键任务。中断服务子程序流程如图 3-7 所示。C 语言中断程序结构：

```
_interrupt void intName(void)
{
    …
    …
}
```

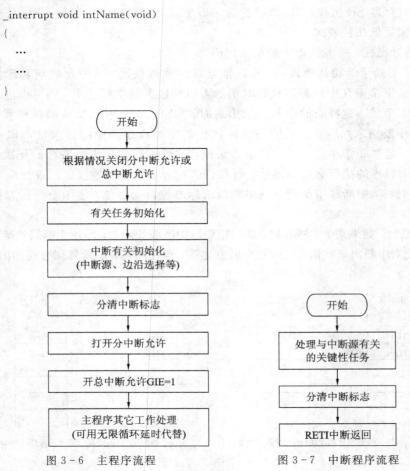

图 3-6　主程序流程　　　　图 3-7　中断程序流程

●定义了一个函数名为 intName 的中断程序。

●结构上与普通函数的区别是：使用了关键字_interrupt；反汇编中断程序返回的语句是 RETI，而不是 RET。

★设置中断向量——根据中断源在中断向量表的相应位置，设置中断向量。

根据中断源确定中断类型号 N，将中断程序的入口地址放在中断向量表 0FFE0H＋N＊2 处，可参考表 3-1。

C 语言程序设置中断向量的方法为：在中断程序前使用 ♯ prama vetor＝偏址语句，将中断程序的入口地址放到 0xFFE0H＋偏址的中断向量表中。

```
♯ pragma vector＝N＊2 //使用中断类型号计算偏址
_interrupt void intName(void)
{
    …
```

```
    }
    # pragma vector＝PORT1_VECTOR //使用符号表示的中断偏址
    _interrupt void intName(void)
    {
        ...
    }
```

2. 中断程序举例

下面以 P1.0 上的中断为例介绍中断程序，用 C 语言编写程序。

```
    //P1.3 接入外部信号，触发中断后驱动 P1.0
    # include ＜msp430.h＞
    int main(void)
    {
        WDTCTL ＝ WDTPW + WDTHOLD;
        P1DIR |＝ BIT0;                          // 设置 P1.0 口为输出口
        P1IE |＝ BIT3;                           // P1.3 中断使能
        P1IES |＝ BIT3;                          // P1.3 高低电平触发
        P1REN |＝ BIT3;                          // 使能 P1.3 内部上拉电阻
        P1IFG &＝ ～BIT3;                        // 清除 P1.3 口的中断标志寄存器
        _bis_SR_register(LPM4_bits + GIE);       // 进入低功耗模式
    }
    // 端口 P1 的中断服务程序
    # pragma vector＝PORT1_VECTOR
    _interrupt void Port_1(void)
    {
        P1OUT ^＝ BIT0;                          // 驱动 P1.0
        P1IFG &＝ ～BIT3;                        // 清除 P1.3 口的中断标志寄存器
    }
```

3.3 定 时 器

定时器是单片机中非常重要的资源，可以用来实现定时控制、延迟、频率测量、脉宽测量、信号产生，作为串行通信接口的可编程波特率发生器，在多任务系统中也可以用来作为中断信号实现程序切换。MSP430 系列单片机的定时器资源非常丰富，包括看门狗定时器、定时器 A 和定时器 B 等。器件因系列不同可能包含这些模块的全部或者部分。

3.3.1 看门狗定时器

WDT 的主要功能是当程序发生异常时使系统重启。如果所选择的定时时间到了，则产生系统复位。在应用中如不需要此功能，可配置成通用定时器并且当到达预定时间时可产生中断。

WDT 特性包括：

（1）8 种软件可选的定时时间。

（2）看门狗工作模式。

（3）定时器工作模式。

（4）带密码保护的 WDT 控制寄存器。

（5）可选择时钟源。

（6）允许关闭以降低功耗。

（7）时钟故障保护。

看门狗定时器原理图如图 3-8 所示。

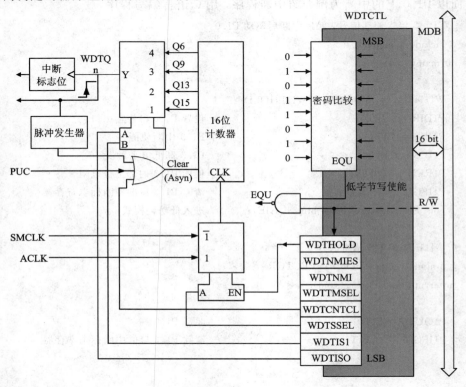

图 3-8 看门狗定时器原理图

WDT 模块可以通过 WDTCTL 寄存器配置成看门狗或普通定时器。WDTCTL 是一个带密码保护的 16 位可读可写寄存器。只能用字操作指令对该寄存器操作。对于写操作，必须在高字节写入口令 0x05AH。除此之外的任何其他值作为安全码都将触发一个 PUC 系统复位。而读 WDTCTL 操作，得到的高字节总是 0x069H。读 WDTCTL 的高字节或低字节部分都将得到其低字节的值。向 DTCTL 的高字节或低字节进行写操作时将产生 PUC（上电清除）。

WDTCNT 是一个不能由软件直接访问的 16 位增计数器。WDTCNT 的定时时间可以通过看门狗定时器的控制寄存器（WDTCNT）来选择配置。

在 PUC 后，WDT 模块自动配置成看门狗模式并被初始化成以 SMCLK 为时钟源的 32 ms 复位时间间隔。用户必须根据需要重新设置、停止或清除 WDT，否则将有可能会产生 PUC。当 WDT 被设置成看门狗模式时，任何对 WDTCTL 写入错误的口令或在选定的实践间隔内没有清除计数器都将触发 PUC。PUC 后，WDT 进入默认模式。

例 1：使用看门狗定时功能产生一个方波。

```
#include <msp430x16x.h>
void main(void)
{
    WDTCTL = WDT_MDLY_32；
    IE1 |= WDTIE；
    P1DIR |=0x01；
    _EINT()；
    for(；；)
    {
    _BIS_SR(CPUOff)；
    _NOP()；
    }
}
#pragma vector = WDT_VECTOR
_interrupt void watchdog_timer(void)
{
    P1OUT ^= 0x01；
}
```

例 2：看门狗模式。

```
#include <msp430x16x.h>
void main(void)
{
    P3DIR=0XFF；             //P3 输出
    WDTCTL=WDT_MRST_32；     //WDTPW+WDTCNTCL 看门狗 32 毫秒
    int i；
    for(i=0；i<5000；i++)
    _NOP()；
    P3OUT ^=0X02；           // P3.1 灯亮或灭
for(；；)
    {
    WDTCTL =WDT_MRST_32；    //喂狗，看门狗计数器清零
    for(i=0；i<=5000；i++)
    _NOP()；
    P3OUT ^=0x0c；           // P3.2、P3.3 灯亮或灭
    }
}
```

3.3.2　16 位定时器 A

Timer_A 是一个 16 位的定时/计数器，同时复合了多路捕获/比较器。本节主要介绍 Timer_A。Timer_A 存在于所有 MSP430x1xx 系列中。

Timer_A 是一个 16 位的定时/计数器，有 3 个捕获/比较寄存器。Timer_A 支持多路

捕获/比较、PWM 输出以及定时功能。Timer_A 也有扩展向量功能。中断可以来自定时器溢出或者任意的捕获/比较寄存器。

Timer_A 的特征包括：① 有 4 种模式的异步 16 位定时/计数器；② 可选择配置的时钟源；③ 有多达 7 个可配置的捕获/比较寄存器；④ 有可配置的 PWM 输出功能；⑤ 异步输入和同步锁存；⑥ 有对所有 Timer_A 中断快速响应的中断向量寄存器。

Timer_A 的框图如图 3-9 所示。

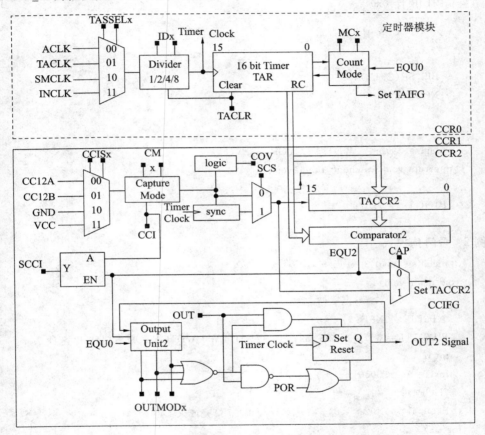

图 3-9 Timer_A 框图

如图 3-9 所示，定时器 A 主要包含的模块如下：

1. 16 位定时/计数器

16 位定时/计数寄存器，TAR 随着每个时钟信号的上升沿增或者减（取决于操作模式）。TAR 可以被软件读或者写。此外，当定时器在溢出时，将产生中断。TAR 可以被 TACLK 位清除。当计数器工作在增/减计数模式时，置位 TACLK 也可以清除时钟分频器和计数方向。

2. 时钟源

定时器的时钟 TACLK 可以选择 ACLK、SMCLK 或者来自外部的 TACLK。时钟源由 TASSELx 位来选择。选择的时钟源可以直接得到，或者通过 IDx 位经过 2、4、8 分频得到。当 TACLK 置位时，分频器复位。

3. 定时器

定时器的模式控制如下：

MCx	模式	说明
00	停止模式	定时器停止
01	增计数模式	定时器重复地从 0 计数到 TACCR0
10	连续计数模式	定时器重复地从 0 计数到 0x0FFFFh
11	增减计数模式	定时器重复地从 0 增计数到 TACCR0，减计数到 0

1）增计数模式

增计数模式用于计数周期不是 0x0FFFFh 的情况。定时器重复计数到寄存器 TACCR0 的值，而 TACCR0 取决于计数周期，如图 3-10所示。定时器的计数周期为 TACCR0 ＋1。当定时器的值与 TACCR0 相等时，定时器重新从零开始计数。当定时器 TAR 的值大于 TACCR0 时，再选择增计数模式，定时器 TAR 立即重新从 0 开始计数。

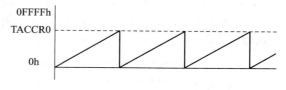

图 3-10　增计数模式下计数过程

当定时器计数到 TACCR0 时，中断标志 TACCR0 CCIFG 置位。当计数器由 TACCR0 计数到 0 时，中断标志 TAIFG 置位。图 3-11 表示了标志位的置位情况。

当定时器正在运行时改变 TACCR0，如果新的计数周期大于或者等于旧的计数周期，定时器将一直计数到新的计数周期。如果新的计数周期小于旧的计数周期，那么定时器 TAR 即复位回归到 0。但是，在定时器回到 0 之前会多计数一步。

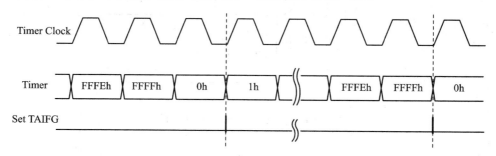

图 3-11　增计数模式下中断标志位

2）连续计数模式

在连续计数模式中，定时器重复地计数到 0x0FFFFh，然后从 0 开始重新计数，如图 3-12 所示。其他捕获/比较寄存器和捕获/比较寄存器 TACCR0 的工作方式一样。当定时器从 0FFFFh 计数到 0 时，中断标志 TAIFG 置位。图 3-13 表示了标志位的置位情况。

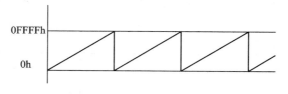

图 3-12　连续计数模式计数器

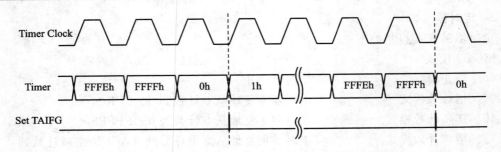

图 3-13 连续计数模式标志位的置位情况

连续计数模式可用来产生独立的时间间隔和输出频率。每个时间间隔完成时,会产生一个中断。在中断服务子程序里,将下一个时间间隔的值写入 TACCRx 寄存器。图 3-14 显示了两个独立的时间间隔 t0 和 t1 写入各自的捕获/比较寄存器的情况。在此应用中,时间间隔由硬件控制,而不是软件,同时也不受中断延时的影响。使用捕获/比较寄存器,最多可以产生 7 个独立的时间间隔或者输出频率。

时间间隔也可以由其他模式产生,此时 TACCR0 作为计数周期寄存器。由于旧的 TACCRx 与新的定时周期之和比 TACCR0 的值大,因此它们的处理会复杂得多。当以前的 TACCRx 值加上 tx 比 TACCR0 值大时,必须减去 TACCR0 的值以获取正确的时间间隔。

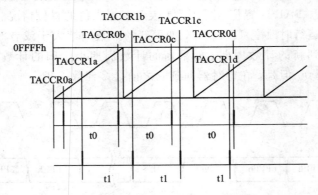

图 3-14 连续计数模式的时间间隔

3) 增减计数模式

增减计数模式在定时周期不是 0x0FFFFh 且需要产生对称脉冲的情况下使用。在该模式下,定时器重复地增计数到寄存器 TACCR0 的值,然后反向减计数到 0,如图 3-15 所示。计数周期是 TACCR0 值的 2 倍。

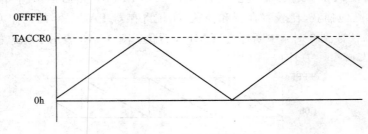

图 3-15 增减计数模式

计数方向是固定的。这就使定时器停止后重新启动,定时器将按照停止时计数器的计数方向重新计数。如果不需要这样，TACLR 位必须置位，以清除计数方向。同时 TACLR 位也将清除 TAR 的值和 TACLK 分频器。

在增减计数模式下，中断标志 TACCR0 CCIFG 和 TAIFG 在一个周期内仅置位一次，且相隔 1/2 个计数周期。当定时器 TAR 的值从 TACCR0-1 增计数到 TACCR0 时，中断标志 TACCR0 CCIFG 置位，当定时器从 0x0001H 减计数到 0x0000h 时，中断标志 TAIFG 置位。图 3-16 表示标志位的置位情况。

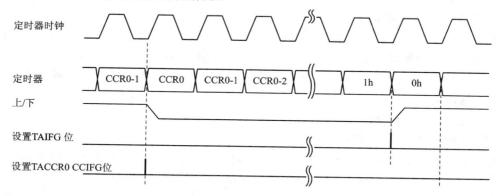

图 3-16　增减计数模式标志位的置位

当计数器正在运行时，改变 TACCR0 的值，如果定时器正在减计数，则定时器将会继续减到 0，定时器减到 0 后，新的周期才有效。当定时器正在增计数，新的计数周期大于或者等于原来的计数周期，或者比当前的计数值大时，定时器会增计数到新的计数周期，再反向计数。当计数器正在增计数，新的计数周期小于当前的计数值时，定时器立即开始减计数。但是，在定时器减计数之前有一个额外的计数。

4）增减计数模式的使用

增减计数模式支持在输出信号之间有死区时间的应用（见 Timer_A 输出章节）。例如，为了避免过载情况，驱动一个 H 桥的两路输出不能同时为高。图 3-17 展示了本例的 tdead 为：

$$tdead = ttimer \times (TACCR1 - TACCR2)$$

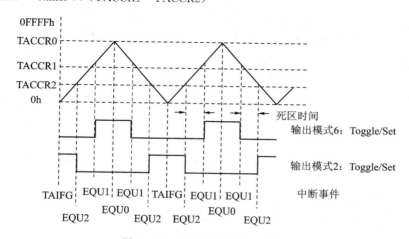

图 3-17　自动模式的输出单元

其中：Tdead 为两路同时输出时没有反映的时间；Ttimer 为定时器的时钟周期；TACCRx 为捕获/比较寄存器 x 的值。

TACCRx 寄存器没有缓冲，写入时立即更新。因此，任何需要的死区时间都不会自动保持。

4. 捕获/比较模块

在目前的 Timer_A 中，有三个相同的捕获/比较模块。每个模块都可用于捕获定时器的数据或者产生定时间隔。

当 CAP＝1 时，捕获模式被选择。捕获模式用来记录事件发生的时间。它可用于速度的计算或者时间的测量。捕获输入 CCIxA 和 CCIxB 由 CCISx 位选择是与外部的引脚相连还是为来自内部的信号。CMx 位选择捕获输出信号的触发沿，即上升沿、下降沿或者两者都捕获。在所选择的输入信号的触发沿，一次捕获发生。如果一次捕获发生，则

(1) 定时器的值被复制到 TACCRx 寄存器。

(2) 中断标志 CCIFG 置位。

输入信号的电平可以通过 CCI 位在任意时刻读取。MSP430x1xx 系列设备可能由不同的信号连接 CCIxA 和 CCIxB，也可以通过设置器件的 datasheet 连接这些信号。

捕获信号和定时器时钟可能是异步的，这将会引起时间竞争。置位 SCS 位将会在以下定时器时钟内使捕获与定时器时钟同步。建议置位 SCS 位使捕获信号和定时器时钟同步，图 3 - 18 中说明了这一点。

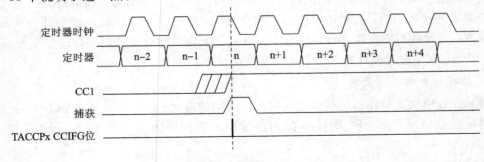

图 3 - 18　捕获信号（SCS＝1）

在任一捕获/比较寄存器中，当在第一次捕获的值读出之前，第二次捕获发生，将会产生一个溢出逻辑。当这种情况发生时，COV 位被置位，如图 3 - 19 所示。COV 位必须通过软件清除。

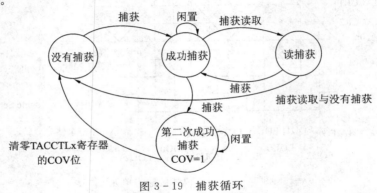

图 3 - 19　捕获循环

5. 输出单元

每个捕获/比较模块都包含一个输出单元。输出单元产生的输出信号为 PWM 信号。每个输出单元有 8 个工作模式，可以产生基于 EQU0 和 EQUx 的各种信号。

输出模式取决于 OUTMODx 位，如表 3-6 所述。除模式 0 外，其他的输出都在定时器时钟上升沿发生变化。输出模式 2、3、6 和 7 不适合输出单元 0，因为 EQUx=EQU0。

表 3-6　输　出　模　式

OUTMODx	Mode	Description
000	输出	输出信号取决于寄存器 CCTLx 中的 OUTx 位。当 OUTx 更新时输出信号立即更新
001	置位	输出信号在定时器计数到 TACCRx 时置位，并保持置位直到定时器复位或者另外的输出模式被选择并影响输出为止
010	翻转/复位	输出在定时器计数到 TACCRx 时翻转，在定时器计数到 TACCR0时复位
011	置位/复位	输出在定时器计数到 TACCRx 时置位，在定时器计数到 TACCR0时复位
100	翻转	输出在定时器计数到 TACCRx 时翻转，输出周期是定时器周期的两倍
101	复位	输出在定时器计数到 TACCRx 时复位，并保持复位直到另外的输出模式被选择并影响输出为止
110	翻转/置位	输出在定时器计数到 TACCRx 时翻转，在定时器计数到 TACCR0时置位
111	复位/置位	输出在定时器计数到 TACCRx 时复位，在定时器计数到 TACCR0时置位

输出举例 1：定时器处于增计数模式。

当定时器计数到 TACCRx 或者从 TACCR0 计数到 0 时，OUTx 按选定的输出模式发生变化。图 3-20 所示的例子使用了 TACCR0 和 TACCR1。

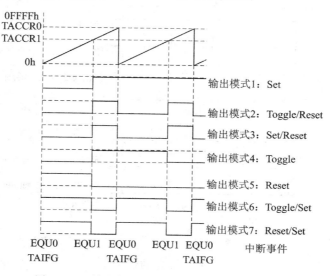

图 3-20　输出举例——定时器处于增计数模式

输出举例 2：定时器处于连续计数模式。

当定时器计数到 TACCRx 和 TACCR0 时，OUTx 按选定的输出模式发生变化。图 3-21 所示的例子使用了 TACCR0 和 TACCR1。

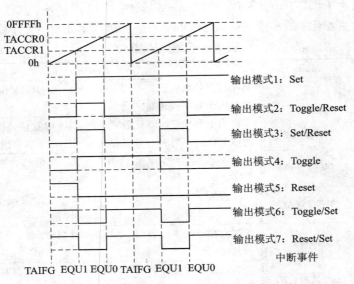

图 3-21　输出举例——定时器处于连续计数模式

输出举例 3：定时器处于增减计数模式。

当定时器在任意计数方向上等于 TACCRx 和 TACCR0 时，OUTx 按选定的输出模式发生变化。图 3-22 所示的例子使用了 TACCR0 和 TACCR1。

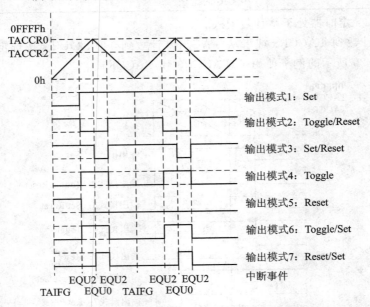

图 3-22　输出举例——定时器处于增减计数模式

TACCR0 CCIFG 拥有 Timer_A 中断最高的优先级，并且有一个专用的中断向量，如图 3-23 所示。当进入 TACCR0 中断服务程序时，TACCR0 CCIFG 标志自动复位。

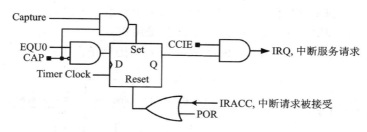

图 3 - 23　捕获/比较 TACCR0 中断标志

TACCR1 CCIFG、TACCR2 CCIFG 和 TAIFG 按照优先次序结合共用一个中断向量。中断向量寄存器用于确定哪个标志申请中断。最高优先级使能中断在 TAIV 寄存器中产生一个数字偏移量。这个偏移量可以用于与程序计数器自动相加，从而使系统进入相应的中断服务程序。关闭 Timer_A 中断不影响 TAIV 的值。任何对 TAIV 的读或者写的访问都会自动复位挂起的最高优先级的中断标志。如果另外的一个中断标志置位，则在结束原来的中断响应后，该中断立即发生。例如，当中断服务子程序访问 TAIV 寄存器时，如果 TACCR1 和 TACCR2 的 CCIFG 标志都置位，则 TACCR1 的 CCIFG 标志自动复位。在中断服务子程序的 RETI 指令执行完后，TACCR2 的 CCIFG 标志将会产生另外一个中断。

3.4　通用串行通信模块

3.4.1　通信系统简介

现代基于单片机的系统的重要指标就是其通信能力，即和周围环境中其他系统交换信息的能力。通信接口可以更新固件或加载本地参数，还可以在分布处理中交换应用程序的信息。数字设备之间的通信分为并行通信和串行通信。

在并行通信系统中，发送的数值的每位都具有独立的信号线，多条线上的逻辑电平共同形成了要发送的信息的值，如图 3 - 24 所示。

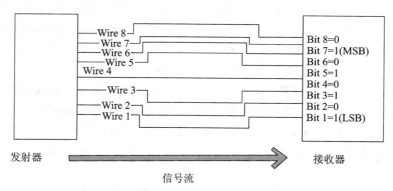

图 3 - 24　ASCII 字符 W 并行传输

在串行通信系统中，物理发送介质只需要一条信号线。发送器根据发送器和接收器之间指定的速率发送比特序列。要使通信双方同步，还需要一些额外的信息。

（1）起始位：加到要发送信息的开头，以识别一个新数据的开始。

（2）停止位：加到要发送信息的尾部，表示传输结束。

图 3-25 所示给出了一个 ASCII 字符 W 串行传输的例子。

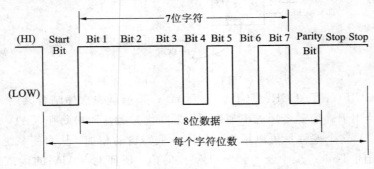

图 3-25　ASCII 字符 W 串行传输

两种传输模式的一般特征如表 3-7 所示。串行通信比并行通信应用广泛，尤其是目前串行通信的传输速率已大幅提升，更适合大多数应用，因此本章重点介绍串行通信模块。

表 3-7　串行传输和并行传输的优缺点

特　征	并　行	串　行
总线	每位一条线	一条线
序列	一个字的所有位同步传输序列	位序列
传输率	高	低
总线长度	短距离	长、短距离皆可
花费	高	低
重要特征	要求不同位同步传输	同步传输需要起始位和停止位，异步通信需要其他位用来同步

两种典型的串行传输模式如下：

（1）异步：发送器确定传输速率（波特率），接收器必须知道该速率，并在检测到起始位后立即和发送器同步。

异步通信只需要一个发送器、一个接收器和一根线，是实现串行通信最简单、廉价的方式。异步通信中通信设备之间的时钟是相互独立的，因此，即使两个时钟在某一时刻同步了，也不能保证过一些周期之后，它们还是同步的。

（2）同步：接收器和发送器之间有一个同步时钟信号。

在同步通信中，有一个设备为主设备，其他设备作为从设备。主设备产生时钟信号，其他设备根据这个时钟加载/卸载发送和接收寄存器。在这种通信模式下，能够实现同时发送和接收。在同步通信中，发送者和接收者通过时钟信号或数据流中的编码信号进行同步。

3.4.2　MSP430 单片机的串行通信功能

串口是系统与外界联系的重要手段，在嵌入式系统开发和应用中，经常需要使用上位机实现系统调试及现场数据的采集与控制。一般使用上位机本身配置的串行口，通过串行通信技术和嵌入式系统进行通信连接。

MSP430 系列单片机的每一种型号都能实现串行通信功能，实现方式有以下两种：

（1）通过串行通信硬件直接实现，即由串行同步/异步通信模块（USART）直接实现，通过配置相应的寄存器，由硬件自动实现数据的移入和移出，完成串行通信的功能。采用这种方式完成串口通信具有系统稳定可靠、不需要占用 CPU 时间的优点。

（2）通过定时器软件实现，即通过定时器模块的支持实现串口通信功能。采用这种方式的优势是成本低，实时性好，但是需要占用一定的 CPU 时间。

MSP430 系列单片机实现串行通信的硬件包括 USART 和 USCI。根据系列产品不同，可分别包括 USART 或 USCI，部分产品内还同时具有 USART 和 USCI。由于系列不同，片内可以包含一个 USART 模块（USART0），还可以包含两个 USART 模块（USART0 和 USART1）。所有 USART0 和 USART1 都可以实现两种通信方式：UART 异步通信和 SPI 同步通信。另外，部分系列单片机的 USART0 还可以实现 I^2C（包含集成电路协议）通信。其中，UART 异步通信和 SPI 同步通信的硬件是通用的，经过适当的软件设置，这两种通信方式可以交替使用。USCI 模块能够配置成 UART、SPI 及 I^2C 模式。当配置为 UART 时，该模块提供异步数据传输；当配置成 SPI 和 I^2C 模式时，该模块可以支持同步数据传输。此外，一些 MSP430 系列还具有 USB 模块，它完全兼容 USB 2.0 全速规范，更加扩展了 MSP430 的应用领域。

USCI 模块和 USART 模块的主要区别如表 3-8 所示。

表 3-8 USCI 模块和 USART 模块的区别

模 式	USCI	USART
UART	两个独立的模块	单一模块
	自动波特率检测，Lin 支持	N/A
	完整的 IrDA 编码、解码	N/A
	USCI_A/USCI_B 可同时工作	N/A
SPI	2 组 SPI：USCI_A/USCI_B	只有一组 SPI
I^2C	简单，便于使用	操作复杂

3.4.3 USART 模块

异步通信在不发送数据时，数据信号线上总是呈现高电平状态，称为空闲状态（又称 MARK 状态）。当有数据发送时，信号线变成低电平，并持续一位的时间，用于表示发送字符的开始，该位称为起始位，也称 SPACE 状态。起始位之后，在信号线上依次出现待发送的每一位字符数据，并且按照先低位后高位的顺序逐位发送。采用不同的字符编码方案，待发送的每个字符的位数不同，在 5、6、7 或 8 位之间选择。数据位的后面可以加上一位奇偶校验位，也可以不加，由编程指定。最后传送的是停止位，一般选择 1 位、1.5 位或 2 位。MSP430 串行异步通信模式通过两个引脚，即接收引脚 URXD 和发送引脚 UTXD 与外界相连。

模块主要包含四个部分，如图 3-26 所示。

（1）用来控制串行通信数据接收和发送速率的波特率部分。

（2）用来接收串行输入的接收部分。在接收时，当移位寄存器将接收来的数据流组合满一个字节后，就保存到接收缓存 URXBUF 中。

（3）用来发送串行输出数据的发送部分。在发送时，将发送缓存 UTXBUF 内的数据逐位送到发送端口。

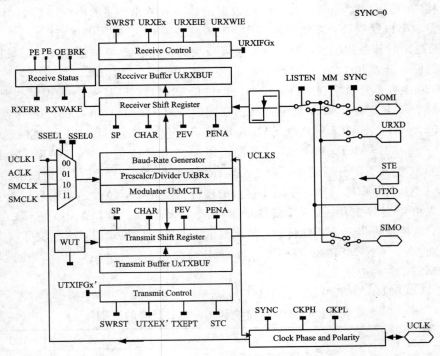

图 3-26　MSP430 USART 模块配置为异步模式时的结构

发送和接收两个移位寄存器的移位时钟都是波特率发生器产生的时钟信号 BITCLK。

（4）用来完成并/串转换和串/并转换的接口部分。

1. 寄存器列表

1）UxCLT 控制寄存器

UxCLT 控制寄存器如图 3-27 所示。

7	6	5	4	3	2	1	0
PENA	PEV	SPB	CHAR	LISTEN	SYNC	MM	SWRST

图 3-27　UxCTL 控制寄存器

（1）PENA：校验允许位。允许校验，接收端接收校验，发送端发送校验。在地址位多机模式中，地址位包含校验操作。

0：禁止校验，发送时不产生校验位；

1：允许校验，发送时产生校验位。

（2）PEV：奇偶校验选择，该位在校验允许时有效。

0：奇校验；

1：偶校验。

（3）SPB：停止位位数选择，决定发送的停止位位数。

0：1 位停止位；

1：2 位停止位。

（4）CHAR：字符长度选择位，选择字符以 7 位或 8 位发送。

0：7 位，发送或接收缓存的最高位补 0；

1：8 位。

(5) LISTEN：反馈选择位，选择是否将发送数据由内部反馈给接收器。

0：无反馈；

1：有反馈，发送信号由内部反馈给接收器，自己发送的数据同时被自己接收，也称为自环模式。

(6) SYNC：USART 模块的模式选择位。

0：UART 模式（异步）；

1：SPI 模式（同步）。

(7) MM：多机模式选择位。

0：线路空闲多机协议；

1：地址位多机协议。

(8) SWRST：软件复位控制位。该位的状态影响其他一些控制位和状态位的状态。一次正确的 USART 模块初始化的顺序是：在 SWRST＝1 的情况下设置串口；然后设置 SWRST＝0；最后如果需要中断，则设置相应的中断使能。

0：USART 模块被允许；

1：USART 逻辑保持在复位状态。

2) UxTCTL 发送控制寄存器

UxTCTL 发送控制寄存器如图 3 - 28 所示。

7	6	5	4	3	2	1	0
Unused	CKPL	SSELx		URXSE	TXWAKE	Unused	TXEPT

图 3 - 28　UxTCTL 发送控制寄存器

(1) CKPL：时钟极性控制位，该位控制 UCLKI 信号的极性。

0：UCLKI 信号与 UCLK 信号极性相同；

1：UCLKI 信号与 UCLK 信号极性相反。

(2) SSEL1，SSEL0：时钟源选择位，该两位确定波特率发生器的时钟源。

0：选择外部时钟 UCLKI；

1：选择辅助时钟 ACLK；

2：选择子系统时钟 SMCLK；

3：选择系统主时钟 SMCLK。

(3) URXSE：UART 接收启动触发沿控制位。

0：UART 没有接收启动触发沿检测；

1：UART 接收启动触发沿检测，请求接收中断服务。

(4) TXWAKE：传输唤醒控制位。装入 UTXBUF 后开始一次发送操作，使用该位的状态来初始化地址鉴别特性。硬件能自动清除，SWRST 也能清除它。

0：下一个要传输的帧为数据；

1：下一个要传输的帧为地址。

(5) TXEPT：发送器空标志位，异步模式与同步模式时不一样。

0：表示正在传输数据或发送缓冲器 UTxBUF 有数据；

1：表示发送移位寄存器和 UTxBUF 空，或者 SWRST＝1。

3）UxRCTL 接收控制寄存器

UxRCTL 接收控制寄存器如图 3-29 所示。

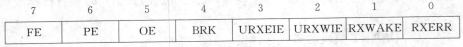

7	6	5	4	3	2	1	0
FE	PE	OE	BRK	URXEIE	URXWIE	RXWAKE	RXERR

图 3-29　UxRCTL 接收控制寄存器

该寄存器保存了由最新写入接收缓存 URXBUF 的字符引起的出错状况和唤醒条件。一旦有 PE、FE、OE、BRK、RXERR 和 RXWAKE 等位的任何一位被置位，都不能通过接收到下一个字符来复位。它们的复位要通过访问接收缓存、串行口的软件复位、系统复位或直接用指令修改。

（1）FE：帧错误标志位。

0：没有帧错误；

1：帧错误，接收到不是停止位的字符。

（2）PE：奇偶校验错误标志位。

0：校验正确；

1：校验错误。

（3）OE：溢出标志位。

0：无溢出；

1：有溢出，当一个字符写入接收缓存 URXBUF 时，前一个字符还没有被读出，这时前一个字符因被覆盖而丢失，OE 置位。

（4）BRK：打断检测位。

0：检测位没有被打断；

1：检测位被打断。

（5）URXEIE：接收出错中断允许位。

0：不允许中断，不接收出错字符并且不改变 URXIFG 标志位；

1：允许中断，接收出错字符并且不改变 URXIFG 标志位。

（6）URXWIE：接收唤醒中断允许位。

0：接收到的每个字符都能够置位标志位 URXIFG；

1：只有接收到有效的地址字符才能置位标志位 URXIFG。

（7）RXWAKE：接收唤醒标志位。

0：接收到的字符是数据；

1：接收到的字符是地址。

地址为多机模式，接收字符地址位置位时，该位被唤醒，RXWAKE＝1；在线路空闲多机模式，在接收到字符前检测到 URXD 线路空闲时，该机被唤醒，RXWAKE＝1。

（8）RXERR：接收错误标志位。

0：没有接收错误；

1：有接收错误，表明有一个或多个出错标志（FE，PE，OE 和 BRK 等）被置位。当

UxRxBUF 被读时，RxERR 自动清零。

4）UxBR0、UxBR1 波特率选择寄存器 0 和 1

UxBR0、UxBR1 波特率选择寄存器 0 和 1，如图 3－30 所示。

7	6	5	4	3	2	1	0
2^7	2^6	2^5	2^4	2^3	2^2	2^1	2^0

图 3－30　UxBR0、UxBR1 波特率选择寄存器 0 和 1

寄存器 UxBR0 和 UxBR1 用于存放波特率发生器的分频器分频因子的整数部分，其中 UxBR0 为低字节，UxBR1 为高字节。两字节合起来为一个 16 位字，称为 UBR。在异步通信时，UBR 的允许值不小于 3，如果 UBR 小于 3，则发送和接收有可能产生不可预料的结果。

5）UxMCTL 波特率调整控制寄存器

UxMCTL 波特率调整控制寄存器如图 3－31 所示。

7	6	5	4	3	2	1	0
2^{15}	2^{14}	2^{13}	2^{12}	2^{11}	2^{10}	2^9	2^8

图 3－31　UxMCTL 波特率调整控制寄存器

波特率控制寄存器 UxMCTL 中的 8 位分别对应 8 次分频。如果波特率发生器的输入频率 BRCLK 为所需频率的整数倍，则这个倍率就是分频因子，将它写入 UBR 寄存器即可。但如果波特率发生器的输入频率 BRCLK 不是所需波特率的整数倍，而是带有小数，则整数部分写入 UBR 寄存器，小数部分由调整控制寄存器 UxMCTL 的内容反映。波特率由以下公式计算：

$$波特率 = \frac{BRCLK}{UBR + (M7 + M6 + M5 + M4 + M3 + M2 + M1 + M0)/8}$$

其中，M0，M1，…，M7 为 UxMCTL 中的各位。

6）UxRXBUF 接收数据缓存

UxRXBUF 接收数据缓存如图 3－32 所示。

7	6	5	4	3	2	1	0
m7	m6	m5	m4	m3	m2	m1	m0

图 3－32　UxRXBUF 接收数据缓存

接收缓存存放从接收移位寄存器最后接收的字符，可由用户访问。读接收缓存可以复位接收时产生的各种错误标志、RXWAKE 位和 URXIFGx 位。如果传输 7 位数据，则接收缓存内容右对齐，最高位为 0。

7）UxTXBUF 发送数据缓存

UxTXBUF 发送数据缓存如图 3－33 所示。

7	6	5	4	3	2	1	0
2^7	2^6	2^5	2^4	2^3	2^2	2^1	2^0

图 3－33　UxTXBUF 发送数据缓存

当前要发送的数据保存在发送数据缓存（UxTXBUF）中，UxTXBUF 中内容可以发送至发送移位寄存器，然后由 UTXDx 传输，对发送缓存进行写操作可以复位 UTXIFG。如果传输 7 位数据，则发送缓冲内容最高位为 0。

2. 异步操作

1）异步通信格式

异步通信的特点是：一个字符一个字符地传输，每个字符一位一位地传输，并且传输一个字符时，总是从"起始位"开始，以"停止位"结束，字符之间没有固定的时间间隔要求。每一个字符的前面都有一位起始位（低电平，逻辑值），字符本身由 5～7 位数据位组成，接着字符后面是一位校验位（也可以没有校验位），最后是一位、一位半或二位停止位，停止位后面是不定长的空闲位。停止位和空闲位都规定为高电平（逻辑值 1），这样就保证起始位开始处一定有一个下跳沿。如图 3 - 34 所示，这种格式是靠起始位和停止位来实现字符的界定或同步的，故称为起止式协议。通信中每一位的周期由选定的时钟周期和波特率寄存器来决定。

接收操作以收到有效起始位开始。起始位由检测 URXD 端口的下降沿开始，然后以 3 次采样多数表决的方法取值。如果 3 次采样至少两次是 0，则表明是下降沿，然后开始接收初始化操作，这一过程实现错误起始位的拒收和帧中各数据的中心定位功能。MSP430 可以处于低功耗模式，通过上述过程识别正确起始位之后，MSP430 可以被唤醒，然后按照通用串行接口控制寄存器中设定的数据格式，开始接收数据，直到本帧采集完毕。在异步模式下，传送数据是以字符为单位来传送的。因为每个字符在起始位处可以通过起始位判别重新定位，所以传送时多个字符可以一个接一个地连续传送，也可以断续传送。同步时钟脉冲不传送到接收方，收发双方各自用自己的时钟源来控制接收和发送。

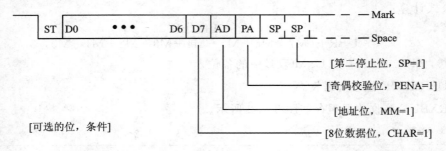

图 3 - 34　异步通信格式

2）波特率产生

所谓波特率，是指单位时间内传送的二进制数据位数，以位/秒为单位，是衡量串行数据传送速度快慢的重要指标和参数。在异步串行通信时，波特率的产生是必需的。MSP430 单片机的波特率产生部分如图 3 - 35 所示，由时钟源输入选择与分频、波特率发生器、调整器和波特率寄存器等构成。其中，整个模块的时钟源输入通过控制寄存器 UxTCTL 中的 SSEL1 和 SSEL0 悬在来自内部的 3 个时钟或外部输入时钟，以决定最终进入模块的时钟信号 BRCLK 的频率。时钟信号 BRCLK 进入一个 15 位分频器，通过一系列的硬件控制，当计数器的计数值减到 0 时，输出触发器翻转，最终输出两个移位寄存器使用的移位时钟 BITCLK 信号，所以 BITCLK 信号周期的一半就是定时器，即分频计数器的定时时间。

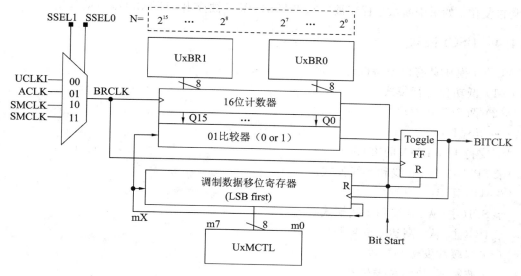

图 3-35　波特率发生器结构图

MSP430 的波特率发生器首先使用一个 16 位计数器和一个比较器，当发送和接收数据时，计数器装载着 INT(N/2)，其中 N 是 UxBR1 和 UxBR0 存储值。计数器重新装载为半周期的计数值 INT(N/2)，给出一个总的 N BRCLKs 位周期。对于给定的 BRCLK 时钟源，分频因子 N 由送到分频计数器的时钟频率(BRCLK)和所需的波特率来决定，即 N＝BRCLK/波特率。

3) USART 初始化和复位

PUC 或者 SWRST 置位都可以使 USART 复位。在一个有效的 PUC 之后，SWRST位自动置位，USART 保持在复位状态。此时，URXIEx、UTXIEx、URIFGx、RXWAKE、TXWAKE、RXERR、BRK、PE、OE 和 FE 位都被复位，UTXIFGx 和 TXEPT 位被置位。接收和发送使能标志(URXEx、UTXEx)不会被 SWRST 改变。清除 SWRST 位可以使能USART 操作。

初始化或者重新配置 USART 模块必须按照以下顺序，否则可能会产生不可预料的结果。

(1) SWRST 置位(BIS.B ♯SWRST，&UxCTL)。

(2) 在 SWRST＝1 的条件下初始化所有 USART 寄存器，包括 UxCTL。

(3) 通过置位特殊功能寄存器中 MEx 的 URXEx 和 UTXEx 位使能 USART 接收和发送模块。

(4) 通过软件复位 SWRST 位(BIC.B ♯SWRST，&UxCTL)。

(5) 通过置位特殊功能寄存器中 IEx 的 URXIEx 和 UTXIEx 位来使能 USART 接收和发送中断。① USART 发送中断。当 UxTXBUF 准备好接收新的数据时，UTXIFGx 中断标志被置位，如果总中断允许 GIE 和 USART 发送中断均被允许则会产生中断请求。当中断请求被响应或者有新的数据写入 UxTXBUF 时，UTXIFGx 被自动复位。当发生 PUC 或SWRST＝1 时，UTXIFGx 被置位，UTXIEx 被复位。② USART 接收中断。当有数据被收到并且装入到 UxRXBUF 中时，USART 接收中断标志位被置位。如果总中断允许 GIE 和 US-ART 发送中断均被允许则会产生中断请求。URXIFGx 和 URXIEx 在发生 PUC 和SWRST＝1

后均被复位。如果中断服务程序被启动或 UxRXBUF 被读出，URXIFGx 自动复位。

3.4.4　USCI 模块

USCI 模块具有以下特性。

(1) 低功耗运行模式。

(2) 两个独立模块。

① USCI_A：

☆支持 Lin/IrDA 的 UART。

☆SPI(主/从、3 线和 4 线模式)。

② USCI_B：

☆SPI(主/从、3 线和 4 线模式)。

☆I^2C(主/从、高达 400 kHz)。

(3) 双缓冲发送和接收。

(4) 波特率/位时钟发生器。

① 自动波特率检测。

② 灵活的时钟源。

(5) 接收干扰抑制。

(6) 使能 DMA。

(7) 错误检测。

图 3-36 所示为 USCI 模块框图。

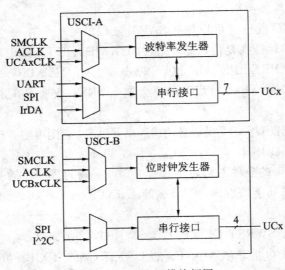

图 3-36　USCI 模块框图

1. 初始化序列

在使用 USCI 模块之前，采用以下步骤初始化或重新配置 USCI 模块。

(1) 置位 UCAxCTL1 的 UCSWRST。

(2) 初始化 USCI 寄存器。

(3) 配置相应引脚端口。

（4）软件清零 UCSWRST。

（5）使能 UCxRXIE 和/或 UCxTXIE 中断。

2. 波特率生成

如图 3－37 所示为 USCI 模块中波特率生成器的框图。

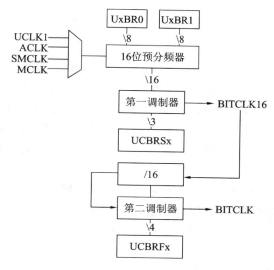

图 3－37　波特率生成器框图

对于特定的时钟源频率，分频值由下列公式给出：

$$N = \frac{f(BRCLK)}{波特率}$$

通常情况下 N 不是整数，所以波特率由分频器和调制器生成。

USCI 波特率生成器可以由非标准时钟源产生标准波特率，由位 UCOS16 选择两种操作模式：低频波特率产生器和过采样波特率产生器。外部时钟源 UCAxCLK、内部时钟 ACLK 或 SMCLK 产生 BRCLK，波特率由 BRCLK 产生。

1）低频波特率生成

当 UCOS16 ＝ 0 时，选择为低频波特率生成模式，该模式使用低频时钟信号（32768 kHz晶振），适合低功耗使用。

波特率是从分频器和调制器中获得的。

分频因子的整数部分通过预分频器实现：UCBRx＝INT(N)。

小数部分由带有下面公式的调制器实现：UCBRSx＝round((N－INT(N))×8)。

2）过采样波特率生成

当 UCOS16＝1 时，选择为过采样波特率生成模式，该模式具有精确的位时序，它需要的时钟源比所需要的波特率高 16 倍。

通过以下两步可以产生波特率：

（1）将时钟源 16 分频，再供给第一个调制器，产生 BITCLK16。

（2）将 BITCLK16 通过 16 分频后作为第二个调制器的输入来产生 BITCLK。

寄存器将通过下面公式得出的值来进行配置：

$$UCBRx = INT(N/16)$$
$$UCBRFx = round(((N/16) - int(N/16)) \times 16)$$

3.5　串行外设接口协议 SPI 模式

3.5.1　SPI 概述

串行外围设备接口(Serial Peripheral Interface ,SPI)总线技术是一种同步串行接口,其硬件功能很强,与 SPI 有关的软件相当简单,CPU 有更多的时间处理其他事务。SPI 总线上可以连接多个可作为主机的 MCU(微控制器)、装有 SPI 接口的输出设备和输入设备,如液晶驱动、A/D 转换等外设,也可以简单连接到单个 TTL 移位寄存器的芯片。总线上允许连接多个设备,但在任一瞬间只允许一个设备作为主机。典型的结构如图 3 - 38 所示(3 线模式)。

SPI 总线的时钟线由主机控制,另外还有数据线,即主机输入/从机输出线和主机输出/从机输入线。主机和哪台从机通信,通过各从机的选通线进行选择。

应用 SPI 的系统可以简单,也可以复杂,主要有以下 3 种形式:
(1)一台主机 MCU 和若干台从机 MCU。
(2)多台 MCU 互相连接成一个多主机系统。
(3)一台主机 MCU 和若干台从机外围设备。

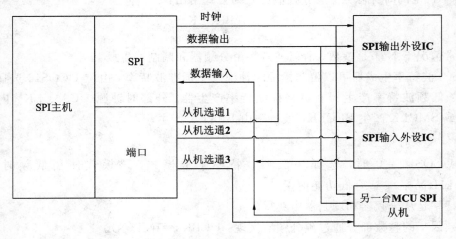

图 3 - 38　SPI 典型结构

3.5.2　SPI 模式操作

当 MSP430 USCI 模块控制寄存器 UCTL 的 UCSYNC 置位且 UCMODEx 为 0001 或 10 时,串行模块工作在 SPI 模式,通过 4 线(SOMI、SIMO 、SCLK 及 STE)或者 3 线(SOMI、SIMO 及 SCLK)与外界通信。MSP430 的 SPI 模块有如下特点:
(1)支持 3 线或 4 线 SPI 操作。
(2)支持 7 位或 8 位数据格式。

（3）接收和发送有单独的移位寄存器。

（4）接收和发送有独立的缓存器。

（5）接收和发送有独立的中断能力。

（6）时钟的极性和相位可编程。

（7）主模式的时钟频率可编程。

（8）传输速率可编程。

（9）支持连续收发操作。

（10）支持主从方式。

1. SPI 模式的引脚信息

引脚 SOMI、SIMO、SCLK 和 STE 用于 SPI 模式，其中 SOMI、SIMO、SCLK 在主机模式和从机模式下存在差异，如表 3-9 所示。

STE 是从机模式发送、接收允许控制引脚，控制多主从系统中的多个从机。该引脚不用于 3 线 SPI 操作，可以在 4 线 SPI 操作中使多主机共享总线，避免发生冲突。

表 3-9 SOMI、SIMO、SCLK 的含义

引　脚	含　义	主机模式	从机模式
SIMO	从入主出	数据输出引脚	数据输入引脚
SOMI	从出主入	数据输入引脚	数据输出引脚
SCLK	USCI 时钟	输出时钟	输入时钟

4 线 SPI 操作主模式中，STE 的含义如下：

（1）0：SIMO 和 SCLK 被强制进入输入状态。

（2）1：SIMO 和 SCLK 正常操作。

4 线 SPI 操作从模式中，STE 的含义如下：

（1）0：允许从机发送、接收数据，SIMO 正常工作。

（2）1：从机发送、接收数据，SIMO 被强制进入输入状态。

2. SPI 的操作方式

SPI 是双全工的，即主机在发送的同时也在接收数据，传送的速率由主机编程决定；主机提供时钟与数据，从机利用这一时钟接收数据，或在这一时钟下送出数据。时钟的极性和相位也是可以选择的，具体的约定由设计人员根据总线上各设备接口的功能来决定。

1）SPI 的主机模式

图 3-39 所示是 3 线制或 4 线制主机-从机连接方式应用示意图，MSP430 单片机作为主机，与另一 SPI 从机设备连接。

当控制寄存器 UCAxCTL0/UCBxCTL0 中 UCMST 置位时，MSP430 USCI 工作在主机模式。在 SPI 同步串行通信主机-从机连接模式下，同步时钟由主机发出，从机的所有动作由同步时钟协调。主机的 UCxSIMO 与从机的 SIMO 连接，主机的 UCxCLK 与从机的 SCLK 连接。USCI 模块通过在 SCLK 引脚上的时钟信号控制串行通信。在第一个 SCLK 周期，数据由 SIMO 引脚移出，并在相应的 SCLK 周期的中间在 SOMI 引脚锁存数据。当移位寄存器为空时，已写入发送缓存器 UCxTXBUF 的数据移入移位寄存器，并启动在 SIMO 引脚的数据发送，先发送 MSB 还是 LSB，取决于是否置位 UCMSB 位。接收到的数据移入移位寄存器，当移完选定位数后，接收移位寄存器中的数据移入接收缓存 UCxRXBUF，并设置中断标志 UCRXIFG，表明接收到一个数据。在接收过程中，最先收到的数据为最高有效位，数据以右对齐的方式存入接收缓存器。

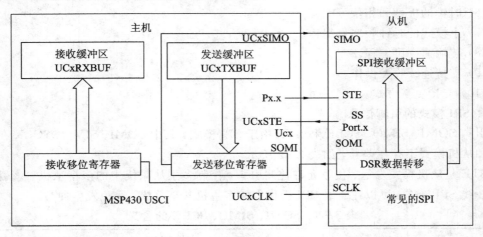

图 3 - 39　USCI 模块为主机在同步模块下与其他设备相连

如果是 4 线制连接方式，激活的主机 STE 信号防止与别的主机发生总线冲突。表 3 - 10 说明了主从机模式选择。

表 3 - 10　主从机选择模式

UCMODEx	UCxSTE 活动状态	UCxSTE	从机	主机
01	高	0	不活跃	活跃
		1	活跃	不活跃
10	低	0	活跃	不活跃
		1	不活跃	活跃

UCxSTE 与从机的片选端 SS 相连，主机的 UCxSTE 用作选中从机，在发起传送过程之前，首先是 UCxSTE 有效（由 UCMODE 决定）来激活从机，然后进行数据传送。

2) SPI 的从机模式

图 3 - 40 所示是 3 线制或 4 线制主机和从机应用连接示意图，USCI 模块为从机，与另一主机设备相连。

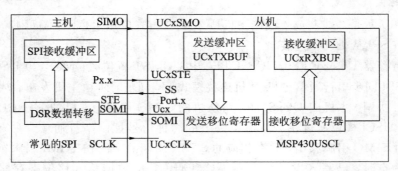

图 3 - 40　USCI 模块为从机在同步模式下与其他设备相连

主机的 SIMO 与从机的 UCxSIMO 相连，主机的 SOMI 与从机的 UCxSOMI 相连，主机的 SCLK 与从机的 UCxCLK 连接。如果是 4 线制，则主机的 STE 与从机的片选端 SS 相连接。如图 3 - 40 所示，MSP430 单片机作为从机，UCxCLK 接收主机的时钟信号 SCLK，作为从机的内部时钟发生器停止工作，数据的传输速率取决于 SCLK。

3）同步操作原理

上电或者 UCSWRST＝1 都能使 SPI 同步串行通信模块进入复位状态。上电后，UCSWRST 被自动置位，并一直保持这种状态，直到对其操作为止。当 UCSWRST＝1 时，将会导致 UCRXIE、UCTXIE、UCRXIFG、UCOE、UCFE 复位，导致 UCTXIFG 置位。所有对 SPI 的配置都必须在 UCSWRST＝1 期间进行，只有当 UCSWRST＝0 时，SPI 才能按照配置从事正常数据传输工作。

SPI 同步串行通信可以由 UC7BIT 控制选 7 位或 8 位，当 UC7BIT＝0 时，数据位数是 8 位；当 UC7BIT＝1 时，数据位是 7 位，数据的最高位总是 0。UCMSB 决定发送数据的次序，当 UCMSB＝0 时，从最低位开始发送；当 UCMSB＝1 时，从最高位开始发送。

在数据传输过程中，无论是发送还是接收，BUSY 一直为 1，表示处于忙碌状态。在主模式下，向发送缓冲寄存器写入发送的数据，将激活时钟发生器，并开始传送数据。

无论何种连接方式，SPI 同步串行通信时，接收与发送总是同时进行的。在通信过程中，如果出现错误，将会导致 UCFE 或 UCOE 置位，并引起中断请求。如果接收一个数据或者一次发送完成，就会相应地置位 UCRXIFG 或 UCTXIFG。管理中断的有 UCTXIE 和 UCRXIE，它们分别决定是否允许发送中断和接收中断。向数据缓冲器 TXBUF 写入数据，会自动清除 UCTXIFG 和 UCTXIE，读取数据缓冲期 RXBUF，会自动清除 UCRXIFG 和 UCRXIE。

4）串行时钟控制

UCxCLK 相位和极性是独立的，由 UCCKPL 和 UCCKPH 配置，同步串行通信时序如图 3 - 41 所示。

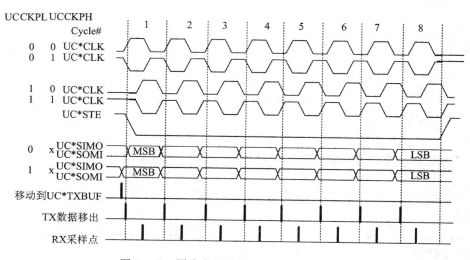

图 3 - 41 同步串行通信时序（UCMSB＝1）

3.5.3 SPI 模块寄存器

同步通信和异步通信寄存器资源一样，但具体寄存器的不同位之间存在差异，使用时不要混淆。

1. USCI_Ax/USCI_Bx 控制寄存器 0(UCAxCTL0/UCBxCTL0)

各位的定义如下：

7	6	5	4	3	2	1	0
UCCKPH	UCCKPL	UCMSB	UC7BIT	UCMST	UCMODEx		UCSYNC=1

(1) UCCKPH：Bit 7，时钟相位选择位。

0：数据在第一个 UCLK 沿改变，数据在上升沿捕获；

1：数据在第一个 UCLK 沿捕获，数据在上升沿改变。

(2) UCCKPL：Bit 6，时钟相位选择位。

0：非活动状态位为低；

1：活动状态位为高。

(3) UCMSB：Bit 5，最高有效位选择位，用于控制接收和发送方向移位的方向。

0：LSB 优先；

1：MSB 优先。

(4) UC7BIT：Bit 4，字符长度。选择 7 位或 8 位字符长度。

0：8 位数据；

1：7 位数据。

(5) UCMST：Bit 3，主机模式选择。

0：从机模式；

1：主机模式。

(6) UCMODEx：Bit 2~1，USCI 模式。当 UCSYNC=1 时，UCMODEx 位选择同步模式。

00：3 线 SPI；

01：4 线 SPI，UCxSTE 为高，当 UCxSTE=1 时从机使能；

10：4 线 SPI，UCxSTE 为低，当 UCxSTE=0 时从机使能。

(7) UCSYNC：Bit 0，同步模式使能。

0：异步模式；

1：同步模式。

2. USCI_Ax/USCI_Bx 控制寄存器 1(UCAxCTL1/UCBxCTL1)

各位的定义如下：

7~6	5~1	0
UCSSELx	Unused	UCSWRST

(1) UCSSELx：Bit 7~6，USCI 时钟源选择。

00：NA；

01：ACLK；

10：SMCLK；

11：MCLK。

（2）UCSWRST：Bit 0，软件复位使能。

0：禁止，USCI 复位释放；

1：使能，USCI 保持在复位状态下。

3. USCI_Ax/USCI_Bx 波特率控制寄存器 0（UCAxCTL0/UCBxCTL0）

各位的定义如下：

7～0
UCBRx_低位

4. USCI_Ax/USCI_Bx 波特率控制寄存器 1（UCAxCTL1/UCBxCTL1）

各位的定义如下：

7～0
UCBRx_高位

UCBRx：位时钟预分频值为 UCxxBR0＋UCxxBR1。

5. UCAxSTAT/UCBxSTAT 状态寄存器（UCAxSTAT）

各位的定义如下：

7	6	5	4～1	0
UCLISTEN	UCFE	UCOE	Unused	USBUSY

（1）UCLISTEN：Bit 7，选择是否将发送数据由内部反馈给接收器。

0：无反馈；

1：有反馈，发送信号由内部反馈给接收器，将自己发送的数据同时被自己接收，通常被称为自环模式。

（2）UCFE：Bit 6，帧错标志。此位表示 4 线主机模式下总线冲突。UCFE 不在 3 线主机或者任意从机模式下使用。

0：没有帧错；

1：帧错。

（3）UCOE：Bit 5，溢出标志位。

0：无溢出；

1：有溢出。

（4）USBUSY：Bit 0，USCI 忙。此位表示正在进行发送或接收数据。

0：USCI 不活跃；

1：USCI 正在发送或接收数据。

6. USCI_Ax/USCI_Bx 接收缓存寄存器（UCAxRXBUF/UCBxRXBUF）

各位的定义如下：

7～0
UCRXBUFx

UCRXBUFx：用户可访问接收缓存器，它包含了从接收移位寄存器接收到的最后一个

字符。UCRXBUFx 复位会接收错误位和 UCRXIFG。在 7 位数据模式下，UCRXBUFx 是最低位对齐，MSB 总是复位。

7. USCI_Ax/USCI_Bx 发送缓冲寄存器（UCAxTXBUF/UCBxTXBUF）

各位的定义如下：

7～0
UCTXBUFx

UCTXBUFx：用户可访问发送缓冲寄存器，它锁存了欲发送到发送移位寄存器的数据。写发送数据缓冲会清零 UCTXIFG。UCTXBUFx 的最高有效位不用于 7 位数据模式。

8. USCI_Ax/USCI_Bx 中断使能寄存器（UCAxIE/UCBxIE）

各位的定义如下：

7～2	1	0
Reserved	UCTXIE	UCRXIE

（1）UCTXIE：Bit 1，发送中断使能。

0：中断禁止；

1：中断使能。

（2）UCRXIE：Bit 0，接收中断使能。

0：中断禁止；

1：中断使能。

9. USCI_Ax/USCI_Bx 中断标志寄存器（UCAxIFG/UCBxIFG）

各位的定义如下：

7～2	1	0
Reserved	UCTXIFG	UCRXIFG

（1）UCTXIFG：Bit 1，发送中断使能。

0：无中断；

1：产生中断。

（2）UCRXIFG：Bit 0，接收中断使能。

0：无中断；

1：产生中断。

3.6　内部集成电路协议 I^2C 模式

3.6.1　I^2C 概述

在现代电子系统中，有众多的 IC 需要进行互相之间的通信以及与外界通信。为了提高硬件效率和简化电路设计，广泛使用 Inter_IC。I^2C 总线是一种用于内部 IC 控制的具有多端控制能力的双线双向串行数据总线系统。它能够用于替代标准的并行总线，连接各种集成电路和功能模块。I²C器件的应用能够减少电路间连线，减小电路尺寸，降低硬件成本，并提高系统可靠性。

I²C总线具有以下特点：

（1）只需要两条总线线路：一条串行数据线SDA，一条串行时钟线SCL。

（2）每个链接到总线的器件都可以通过唯一的地址和一直存在的简单主机/从机关系软件设定地址，主机能作为主机发送器或主机接收器。

（3）是真正的多主机总线，如果两个或更多主机同时初始化，数据传输可以通过冲突检测和仲裁防止数据被破坏。

（4）串行的8位双向数据传输位速率在标准模式下可达100 kb/s，快速模式下可达400 kb/s，高速模式下可达3.4 Mb/s。

I²C中关于设备的基本概念如下：

（1）发送设备：发送数据到总线上的设备。

（2）接收设备：从总线上接收数据的设备。

（3）主设备：启动数据传输并产生时钟信号的设备。

（4）从设备：被主器件寻址的设备。

I²C是一个多主总线，它由多个互接的器件控制，所以任何一个设备都能像主控器一样工作，并控制总线。支持I²C的设备有微控制器、A/D转换器、D/A转换器、存储器、LCD控制器、LED驱动器、I/O端口扩展器以及实时时钟。在互连系统中，每个设备都有唯一地址，可以作为发送设备（LCD驱动器）或接收设备，或同时具有发送和接收功能（存储器）。根据设备是否必须启动数据传输还是仅仅被寻址的情况，发送设备或接收设备可以工作于主模式或从模式。

MSP430和有关设备的互连如图3-42所示。

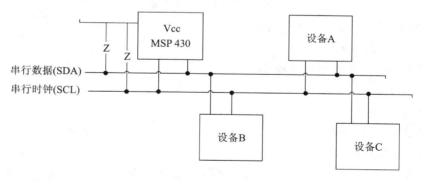

图3-42　I²C总线连接

通常的I²C总线包括SCL和SDA。

（1）SCL：双向串行时钟线。

（2）SDA：双向传输的串行数据线。

由于SDA与SCL为双向I/O线，都是开漏极端（输出为1时，为高阻态），因此I²C总线上所有设备的SDA和SCL引脚都要外接上拉电阻，一般为3.3～10 kΩ。

MSP430 I²C模块结构如图3-43所示。

当UCMODEx=11，UCSYNC=1时，串行通信模块USCI_Bx工作在I²C模式。如

图 3 - 42 所示，MSP430 I²C 模块包括时钟产生、数据发送和数据接收部件，它们通过大量的控制寄存器来实现灵活的 I²C 操作。

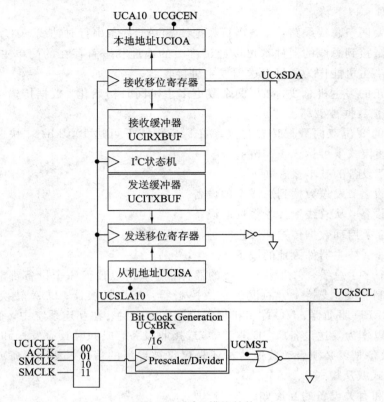

图 3 - 43　I²C 模块结构

MSP430 系列 I²C 模块的主要特征如下：

（1）符合 I²C 规范 v2.1。

（2）7 位或者 10 位设备寻址模式。

（3）群呼。

（4）开始/重新开始/停止信号建立。

（5）多主传送/从接收模式。

（6）多主接收/从发送模式。

（7）标准模式速度为 100 kb/s，快速模式速度可达 400 kb/s。

（8）主机模式下可编程 UCxCLK 频率。

（9）支持低功耗模式。

（10）检测到的开始信号能自动将 MSP430 从 LPMx 模式唤醒。

（11）从机运行在 LPM4 模式下。

3.6.2　I²C 操作模式

1. I²C 的寻址模式

早期的 I²C 总线数据传输速率最高为 100 kb/s，采用 7 位寻址。由于数据传输速率和应用功能的迅速提升，I²C 总线也增强为快速模式(400 kb/s 和 10 位寻址)，以满足更快速和更大寻址空间的需求。

　　MSP430 I²C 模块支持 7 位和 10 位两种寻址模式，7 位寻址模式最多寻址 128 个设备，10 位寻址模式最多寻址 1024 个设备。I²C 总线理论上的最大设备是以总线上所有器件的电容总和不超过 400 pF 为限(其中包括连线本身的电容和连接端的引出电容)，总线上所有器件要依靠 SDA 发送的地址信号寻址，不需要片选信号。

　　1)7 位寻址模式

　　图 3-44 所示为 7 位寻址方式下 I²C 数据传输格式。第一个字节由 7 位从地址和 R/$\overline{\text{W}}$(读/写)位组成，不论总线上传送地址信息还是数据信息，每个字节传输完毕接收设备都会发送响应位(ACK)。地址类信息传输之后是数据信息，直到接收到停止信号。

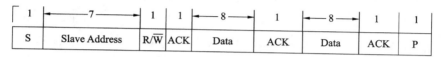

图 3-44　7 位寻址模式数据格式

　　2)10 位寻址模式

　　图 3-45 所示为 10 位寻址方式下 I²C 数据传输格式。第一个字节由二进制位 11110 和从地址的最高两位以及读/写控制位 R/$\overline{\text{W}}$ 组成，第一个字节传输完毕依然还是响应位，第二个字节是 10 位从地址的低 8 位，后面是响应位和数据。

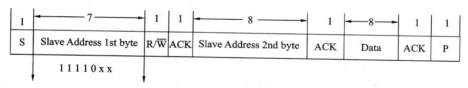

图 3-45　10 位寻址模式数据格式

　　3)二次发送从地址模式(重复产生起始信号)

　　主设备能在不停止传输的情况下改变 SDA 上传输的数据流方向，方法是主设备再次发送开始信号，并重新发送从地址和读/写控制位 R/$\overline{\text{W}}$。图 3-46 所示为重新产生起始信号传输格式。

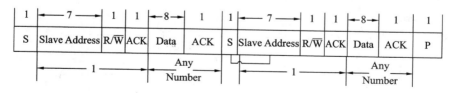

图 3-46　二次发送从地址模式数据格式

2. I²C 模块传输特性

　　I²C 模块能在两个设备之间传输信息，采用的方法是总线的电气特性、总线仲裁和时钟同步。

　　1)电气特性

　　(1)起始位：SCL=1 时，SDA 上有下降沿；

（2）停止位：SCL＝1 时，SDA 上有上升沿。

起始位之后总线被认为忙，即有数据在传输，SCL 为高电平，SDA 的数据必须保持稳定，否则由于起始位和停止位的电气边沿特性，SDA 上数据发生改变将被识别成起始位或者停止位，所以只有当 SCL 为低电平时才允许 SDA 上的数据改变。停止位之后总线被认为空闲，空闲状态时 SDA 和 SCL 都是高电平。当一个字节发送或接收完毕需要 CPU 干预时，SCL 一直保持为低电平。

起始位、停止位和数据位都在 SDA 和 SCL 总线上的关系如图 3 - 47 所示。

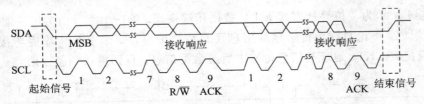

图 3 - 47　I²C 模块数据传输

起始位和停止位都是主设备产生的，主设备在传输每个数据时都会产生一个时钟脉冲，如图 3 - 48 所示。

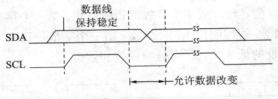

图 3 - 48　I²C 总线上的位传输

2）总线仲裁

当两个或多个主发送设备在总线上同时开始发送数据时，总线仲裁过程能够避免总线冲突，如图 3 - 49 所示。

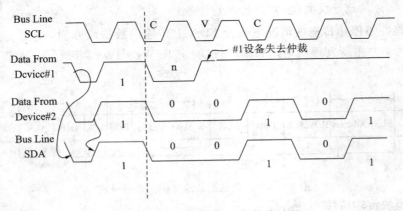

图 3 - 49　两个设备之间的仲裁过程

当两个设备同时发出起始位进行数据传输时，互相竞争的设备使它们的时钟保持同步，正常发送数据。没有检测到冲突之前，每个设备都认为只有自己在使用总线。

仲裁过程中使用的数据就是互相竞争的设备发送到 SDA 线上的数据。第一个检测到自己发送的数据和总线上数据不匹配的设备就失去仲裁能力。如果两个或更多设备发送的第一个字节的内容相同，那么仲裁就发生在随后的传输中。也许直到互相竞争的设备已经传输了很多字节后，仲裁才会完成。产生竞争时，如果某个设备当前发送位的二进制数值和前一个时钟节拍发送的内容相同，那么它在仲裁过程中就获得较高的优先级。如图 3 - 49 所示，第一个主发送设备产生的逻辑高电平被第二个主发送设备产生的逻辑低电平否决。这是因为前一个节拍总线上是低电平。失去仲裁的第一个主发送设备转变成从接收模式，并且设置仲裁失效中断标志 UCALIFG。

如果系统中有多个主设备，就必须用仲裁来避免总线冲突和数据丢失。

注意，仲裁不能发生在以下场合：① 重复起始位和数据位之间。② 停止位和数据位之间。③ 重复起始位和停止位之间。

3）时钟同步

仲裁过程中，要对来自不同主设备的时钟进行同步处理，某个快速设备速度可能被其他设备降低。在 SCL 上，第一个产生低电平的主设备强制其他设备也发送低电平，SCL 保持为低，如果某些主设备已经结束低电平状态，就开始等待，直到所有的主设备都结束低电平时钟，如图 3 - 50 所示。

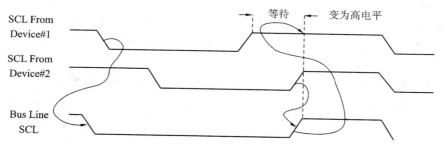

图 3 - 50　I^2C 模块时钟同步

3. I^2C 模块的传送模块

I^2C 模块的传送模式为主从式，对系列中的某一器件来说，有 4 种可能的工作模式：主机发送模式、从机发送模式、主机接收模式、从机接收模式。

1）主机模式

（1）主机发送模式。

设置 UCSLA10＝0 或 1 决定从器件的地址宽度，并写入 UC12CSA 寄存器，UCRT＝1 为发送模式，UCSTT＝1 则产生起始条件。

主机检测到 I^2C 总线有效时，就会产生起始条件，发送从机地址，并且 TXIFG 被置位，一旦接收到从机的应答信号，主机的 UCSTT 就会被清除。

主机在传输从机地址期间，如果仲裁没有丢失，则写入到数据缓冲器 TXDBUF 中的数据就会被传送，一旦被传送到输出移位寄存器，TXIFG 就会被置位。如果在收到从机应答信号之前，没有把要发送的数据写入发送缓存器，则总线在 SCL 为低时保持应答周期，直到数据被写入到数据缓冲期 TXDBUF。只要主机的 UCTXSTP 和 UCTXSTT 仍未被置位，数据传送或者总线将被保持。

主机在接收到来自从机的应答后，UCTXSTP＝1 会产生一个停止条件。在传送从地址期间，或正在向数据缓冲器 TXBUF 写入数据时，置位主机的 UCTXSTP 会立即产生停止条件，就像没有数据发送给从机一样。传送单个数据时，字节正在被传送，或者任何传送开始的期间，UCTXSTP 都应该被置位，此种情况是没有新的数据写入到发送数据缓冲器 TXDBUF 的情形，只有地址被传出。当数据从数据缓冲寄存器转移到输出移位寄存器时，主机的 UCTXDIFG 被置位，表示传送已经开始，此时主机也可以置位 UCTXSTP。

主机置位 UCTXSTP 产生起始条件，在这种情况下 UCRT 应该被置位，或者清除发送器和接收器，如果有必要，此时可向从地址寄存器 UC12CSA 写入其他从机地址。

如果从器件不应答数据传输，主机的 UCNACKIFG 将会被置位，此时主机必须发出停止条件或者重复起始条件。如果数据已经被写入数据缓冲寄存器，则将被放弃。

模块初始化之后，主发送端模块需要做初始化工作：

将目标从地址写进 UCBx12CSA 寄存器；

通过 UCSLA10 位选择从地址的大小；

将 UCRT 置位使主机工作在发送模式；

将 USTXSTT 置位产生一个起始条件。

（2）主机接收模式。

主机的初始化完成之后，通过 UCSLA10＝0 或 1 决定从机的地址宽度，并写入 UC12CSA 寄存器，UCRT＝0 为接收模式，UCSTT＝1 则产生起始条件。

主机检测到 I^2C 总线有效时，就会产生起始条件，发送从机地址，并且将 TXIFG 置位，主机一旦接收到从机的应答信号，UCSTT 就会被清除。

主机接收到从器件的应答信号后，接收来自于从机的数据和应答信号，并置位 RXDIFG。只要主机的 UCSTT 和 UCTXSTP 不被置位，就一直处于接收来自于从机数据的状态。如果主机不读取接收缓存器 RXBUF，主机就保持接收状态，直到读取接收缓存器 RXBUF 为止。

如果从机不对地址作出应答，主机的非地址应答中断标志 UCNACKIFG 将会被置位，则需要发出停止条件，或者再次发出起始条件。

2）从机模式

（1）从机发送模式。

当接收到主机发送的地址并被识别为自己的地址时，从机会根据包含在地址中的读写信息，进入从机发送工作状态。从机发送器在时钟信号（由主机产生）的作用下，将串行数据一位接一位地发送到数据总线 SDA 上。

如果主机请求从机发送数据，主机会自动配置成接收者，并且 UCRT 和 UCTXIFG 都置位，时钟 SCL 保持为低，一直到欲发送的数据写入发送数据缓冲寄存器为止，然后从机作出地址响应，复位 UCSTTIFG 标志，并且发送数据，一旦数据被转移到发送移位寄存器，UCTXIFG 又会被置位，以备发送新的数据。在主机发送应答信号之后，从机就可以将下一个数据写入发送缓冲寄存器 TXBUF。如果主机是由停止条件发送一个 NACK，那么从机的 UCSTPIFG 将被置位。如果 NACK 由重复的起始条件所产生，则主机将重新回到接收地址的状态。

（2）从机接收模式。

当接收到主机发送的地址，并识别为自己的地址时，从机就会根据包含在地址中的读写信息,进入从机接收工作状态。从机接收器在时钟信号(由主机产生)的作用下,就会从数据总线 SDA 上一位一位地接收数据。

如果从机接收到来自于主机的数据,就会自动地变成接收者,并且 UCRT 被复位。接收到一个字节数据后,从机的 UCRXIFG 被置位,并产生一个应答信号,以表明可以接收下一个数据了。

如果从机没有读取接收缓存器 RXBUF,时钟总线将保持为低。一旦数据被读取,新的数据就可以被转移到接收缓冲器 RXBUF,向主机发送应答信号,接收下一个数据。

4. I²C 模块中断与低功耗

当 SMCLK 被作为 USCI 的时钟源时,由于设备处于低功耗,时钟被停止,如果模块需要,SMCLK 会被自动激活,不管它原来的时钟控制位如何。SMCLK 会一直持续到 USCI 重新回到空闲状态。当 USCI 模块回到空闲状态时,时钟控制位又重新恢复其控制功能。USCI 模块激活该时钟源时,一切以该时钟为时钟源的外围设备就会被激活。因为 I²C 从机不提供时钟,它的时钟源是由外部提供的(主机),所以当它在 LPM4 模式下时也能够被唤醒。

3.6.3 I²C 模块寄存器

I²C 模块有丰富的寄存器资源供用户使用,如表 3-11 所示。

表 3-11 I²C 模块寄存器

寄存器	缩写形式	读写类型	地址	初始状态
USCI_Bx 控制字 0	UCBxCTLW0	读/写	00h	0101h
USCI_Bx 控制器 0	UCBxCTL0	读/写	01h	01h
USCI_Bx 控制器 1	UCBxCTL1	读/写	00h	01h
USCI_Bx 波特率控制字	UCBxBRW	读/写	06h	0000h
USCI_Bx 波特率控制器 0	UCBxBR0	读/写	06h	00h
USCI_Bx 波特率控制器 1	UCBxBR1	读/写	07h	00h
USCI_Bx 状态寄存器	UCBxSTAT	读/写	0Ah	00h
USCI_Bx 接收缓冲	UCBxRXBUF	只读	0Ch	00h
USCI_Bx 发送缓冲	UCBxTXBUF	读/写	0Eh	00h
USCI_Bx12C 本地地址	UCBx12COA	读/写	10h	0000h
USCI_Bx12C 从机地址	UCBx12CSA	读/写	12h	0000h
USCI_Bx 中断控制	UCBxICTL	读/写	1Ch	0200h
USCI_Bx 中断使能	UCBxIE	读/写	1Ch	00h
USCI_Bx 中断标志	UCBxIFG	读/写	1Dh	02h
USCI_Bx 中断向量	UCBxIV	只读	1Eh	0000h

下面分别介绍各寄存器。

1. USCI_Bx 控制寄存器 0(UCBxCTL0)

I^2C 模式只能由 USCI_Bx 实现，各位的定义如下：

7	6	5	4	3	2	1	0
UCA10	UCSLA10	UCMM	Unused	UCMST	UCMODEx		UCSYNC=1

(1) UCA10：Bit 7，本地地址模式选择。

0：本地地址为 7 位地址。

1：本地地址为 10 位地址。

(2) UCSLA10：Bit 6，从机地址模式选择。

0：从机地址为 7 位。

1：从机地址为 10 位。

(3) UCMM：Bit 5，多主机环境选择。

0：单主机环境，系统中没有其他主机，禁止地址比较单元。

1：多主机环境。

(4) UCMST：Bit 3，主机模式选择。在多主机环境下(UCMM＝1)，当主机失去仲裁时，UCMST 位自动清零，并且转换为从机。

0：从机模式。

1：主机模式。

(5) UCMODEx：Bit 2～1，USCI 模式，当 UCSYNC＝1 时，UCMODEx 位应该选择同步模式。

00：3 引脚 SPI。

01：4 引脚 SPI(当 STE＝1 时，使能主机或从机)。

10：4 引脚 SPI(当 STE＝0 时，使能主机或从机)。

11：I^2C 模式。

(6) UCSYNC＝1：Bit 0，使能同步模式。

0：异步模式。

1：同步模式。

2. USCI_Bx 控制寄存器 1(UCBxCTL1)

各位的定义如下：

7	6	5	4	3	2	1	0
UCSSELx		Unused	UCTR	UCTXNACK	UCTXSTP	UCTXSTT	UCSWRS

(1) UCSSELx：Bit 7～6，USCI 时钟源选择。这些位选定 BRCLK 的时钟源。

00：UCLK。

01：ACLK。

10：SMCLK。

11：SMCLK。

(2) UCTR：Bit 4，发送器或接收器。

0：接收器。

1：发送器。

（3）UCTXNACK：Bit 3，发送一个 NACK。在 NACK 传输时，UCTXNACK 自动清零。

0：不发送 ACK。

1：发送 NACK。

（4）UCTXSTP：Bit 2，在主机模式下发送 START 条件，在从机模式下忽略。在主机接收模式下，通过发送一个 NACK，产生 STOP 条件。在 STOP 产生之后，UCTXSTP 自动清零。

0：不产生 STOP。

1：产生 STOP。

（5）UCTXSTT：Bit 1，在主机模式下发送 START 条件，在从机模式下忽略。NACK之后产生重复的 START 条件。在发送 START 条件和地址信息之后，UCTXSTT 自动清零，在从机模式下忽略。

0：不产生 START 条件。

1：产生 START 条件。

（6）UCSWRS：Bit 0，软件复位使能。

0：禁止，USCI 运行时复位释放。

1：使能，在复位状态下，保持 USCI 逻辑。

3. USCI_Bx 波特率控制寄存器 0/1（UCBxBR0/ UCBxBR1）

各位的定义如下：

7	6	5	4	3	2	1	0
			UCBRx_低字节				

7	6	5	4	3	2	1	0
			UCBRx_高字节				

UCBRx：位时钟分频器，波特率为 UCxxBR0＋ UCxxBR1×256。

4. USCI_Bx 状态寄存器（UCBxSTAT）

各位的定义如下：

7	6	5	4	3	2	1	0
Unused	UCSCLOW	UCGC	UCBBUSY	Unused			

（1）UCSCLOW：Bit 6，SCL 为低。

0：SCL 不为低。

1：SCL 为低。

（2）UCGC：Bit 5，接收到群呼地址。当接收到 START 条件时，UCGC 自动清零。

0：未接收到群呼地址。

1：接收到群呼地址。

（3）UCBBUSY：Bit 4，总线忙碌。

0：总线被活跃。

1：总线忙。

5. SCI_Bx 接收缓冲寄存器（UCBxRXBUF）

各位的定义如下：

7	6	5	4	3	2	1	0
			UCRXBUFx				

UCRXBUF：用户可访问接收数据缓存，包括从接收移位寄存器接收到的最后字符。读 UCRXBUFx，复位 UCRXIFG。

6. USCI_Bx 发送缓冲寄存器（UCBxTXBUF）

各位的定义如下：

7	6	5	4	3	2	1	0
			UCTXBUFx				

UCTXBUFx：用户可访问发送数据缓冲，保持待传输寄存器的数据，向发送寄存器写数据清零 UCTXIFG。

7. USCI_Bx12C 本地地址寄存器（UCBx12COA）

各位的定义如下：

15	14～10	9～0
UCGCEN	0	12COAx

（1）UCGCEN：Bit 15，群呼响应使能。

0：不响应群呼。

1：响应群呼。

（2）12COAx：Bit 9～0，I^2C 本机地址。12COAx 位包含 USCI_Bx12C 控制器的本地地址。地址右对齐，在 7 位寻址模式下，位 6 是最高位，位 9～7 忽略。在 10 位寻址模式下，位 9 是最高位。

8. USCI_Bx12C 从机地址寄存器（UCBx12CSA）

各位的定义如下：

15～10	9～0
2	12CSAx

12CSAx：I^2C 从机地址。I^2CSAx 位包含外部设备的从机地址，由 USCI_Bx 模块寻址，仅在主机模式下使用，地址是右对齐。在 7 位从机寻址模式下，位 6 是最高位，位 9～7 忽略。在 10 位从机寻址模式下，位 9 是最高位。

9. USCI_Bx 中断使能寄存器（UCBxIE）

各位的定义如下：

7	6	5	4	3	2	1	0
Reserved		UCNACKIE	UCALIE	UCSTPIE	UCSTTIE	UCTXIE	UCRXIE

（1）UCNACKIE：Bit 5，NACK 中断使能。

0：中断禁止。

1：中断使能。

（2）UCALIE：Bit 4，仲裁丢失中断使能。

0：中断禁止。

1：中断使能。

（3）UCSTPIE：Bit 3，STOP 条件中断使能。

0：中断禁止。

1：中断使能。

（4）UCSTTIE：Bit 2，START 条件中断使能。

0：中断禁止。

1：中断使能。

（5）UCTXIE：Bit 1，发送中断使能。

0：中断禁止。

1：中断使能。

（6）UCRXIE：Bit 0，接收中断使能。

0：中断禁止。

1：中断使能。

10. USCI_Bx 中断标志寄存器（UCBxIFG）

各位的定义如下：

7	6	5	4	3	2	1	0
Reserved		UCNACKIFG	UCALIFG	UCSTPIFG	UCSTTIFG	UCTXIFG	UCRXIFG

（1）UCNACKIFG：Bit 5，NACK 接收中断标志，当接收到 START 条件后，UCNACKIFG 自动清零。

0：没有中断请求。

1：有中断请求。

（2）UCALIFG：Bit 4，仲裁丢失中断标志。

0：没有中断请求。

1：有中断请求。

（3）UCSTPIFG：Bit 3，STOP 条件中断标志。

0：没有中断请求。

1：有中断请求。

（4）UCSTTIFG：Bit 2，START 条件中断标志。

0：没有中断请求。

1：有中断请求。

（5）UCTXIFG：Bit 1，发送中断标志。

0：没有中断请求。

1：有中断请求。

（6）UCRXIFG：Bit 0，接收中断标志。

0：没有中断请求。

1：有中断请求。

11. USCI_Bx 中断向量寄存器(UCBxIV)

各位的定义如下：

15～4	3～1	0
内容为 0(未用)	UCIVx	内容为 0(未用)

UCIVx：Bit 3～1，USCI 中断向量值，如表 3-12 所示。

表 3-12　USCI 中断向量值

UCBxIV	中断源	中断标志	中断优先级
000h	无中断挂起	—	—
002h	仲裁丢失	UCALIFG	最高
004h	无 ACK	UCNACKIFG	—
006h	接收到 START 条件	UCSTTIFG	—
008h	接收到 STOP 条件	UCSTPIFG	—
00Ah	接收到数据	UCRXIFG	—
00Ch	发送缓冲为空	UCTXIFG	最低

3.7　比 较 器 A

　　MSP430 系列中几乎所有的 CPU 都含有比较器 A。比较器 A 的基本功能是进行模拟电压比较，并不复杂。但由于比较器是模拟电路中的一种基本电路，因此与其他外围元件和 CPU 内部模块相配合可以组成很多有实用价值的电路。比较器 A 模块有两个输入端 CA0 和 CA1，CA0 和 CA1 分别接在比较器的正端和负端，具体的对应关系可由寄存器来控制。CA0 和 CA1 可以来自外部信号输出，也可以来自内部基准电压。比较的结果输出到 CAOUT、CCI1B 和中断标志 ACIFG。比较器 A 比较正端和负端的输入信号，如果正端大于负端，则 CAOUT＝1，如果正端小于负端，则 CAOUT＝0。CCI1B 是定时器 A 的捕获事件信号输入端。比较结果输出给 CCI1B 这一特性很重要，使得定时器可以直接捕获比较器的比较结果，很多应用设计都利用了这一特性，本书中不再赘述。

3.8　MSP430 模/数转换模块

　　ADC12 模块是一个转换速度高达 200 ks/s、采样时间可编程的 12 bit 逐次逼近型模/数转换器，由 12 bit 的 SAR 核、采样保持电路、模拟开关、参考电压产生与选择电路、ADC 时钟选择电路、采样与转换控制电路、16 个转换结果存储缓冲器及其对应的 16 个存储控制寄存器、中断系统、片上集成温度传感器等组成。ADC12 可以在没有 CPU 的参与下，独立实现多达 16 次的采样、转换和存储操作。ADC12 模块可以独立断电，以便于低功耗设计。MSP430X13X、MSP430X14X、MSP43015X 和 MSP430X16X 等芯片中均有 ADC12 模块。

　　ADC12 的特点与性能指标如下：

　　(1) 采样率可达 200 ks/s，采样率可编程。

（2）分辨率为 12 bit。

（3）内含 16 路模拟开关，其中 8 路外部模拟输入，1 路内部温度传感器输入等。

（4）内含采样保持电路，采样时间可编程。

（5）可由软件、Timer_A 或 Timer_B 启动转换过程。

（6）参考电压可编程。

（7）有 4 种转换模式。

（8）ADC 核和内部参考电源可编程断电，以实现节能。

（9）具有中断(子)向量寄存器，用于 18 路 ADC 中断译码。

（10）具有 16 个转换结果存储寄存器。

3.8.1 ADC12 模块硬件介绍

图 3-51 所示为 ADC12 模块结构图。

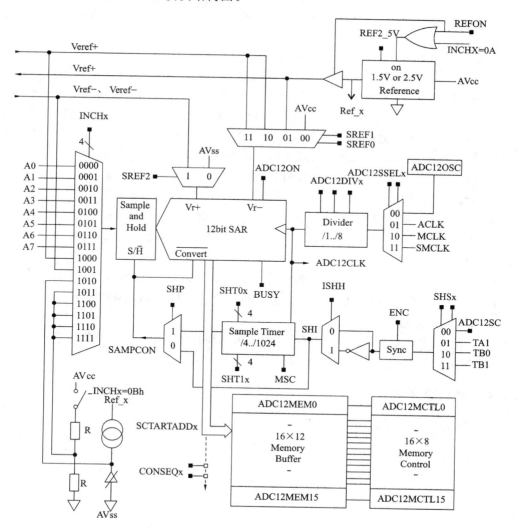

图 3-51 ADC12 模块结构图

ADC12 主要包括以下几个功能模块：

1. 参考电压发生器

所有的 ADC 和 DAC 模块都需要一个基准信号，这个信号就是我们常说的Vref＋，Vref－。MSP430 的 ADC12 模块内部带有参考电源，通过控制 REFON 信号来启动内部参考电源，并且通过 REF2_5V 控制内部参考电源产生 1.5 V 或者 2.5 V 的 Vref＋。最后给 ADC 模块转换器的参考电压 Vr＋和 Vr－通过 SREF_x 设置 6 种组合方式：Vr＋可以在 AVcc（系统模拟电源）、Vref＋（内部参考电源）、Veref＋（外部输入的参考电源）之间选择，Vr－可以在 AVss（系统模拟地）、Vref－/Veref－（内部或外部参考电源）之间选择。

2. 模拟多路通道

ADC12 可以选择多个通道的模拟输入，但是 ADC12 只有一个转换内核，所以这里用到了模拟多路通道，每次接通一个信号到 ADC 转换内核上。模拟多路通道包括了 8 路外部信号通道（A0～A7）和 4 路内部信号通道（Vref＋、Vref－/Veref－、（AVcc －AVss）/2、片内温度传感器）。

3. 具有采样保持功能的 12 位模/数转换内核

转换内核由一个采样保持器和一个转换器组成。由于 ADC 转换需要一定的时间，对高速变化的信号进行瞬时采样时，不等 ADC 转换完成，外部输入的信号就已经改变，所以在 ADC 转换器前加入了采样保持器，一旦 ADC 开始转换，采样保持器则进行保持，即使现场输入的信号的变化比较快，也不会影响到 ADC 的转换工作。12 位的 ADC 转换器将 Vr＋和 Vr－之间分割为 2^{12}（4096）等份，然后将输入的模拟信号进行转换，输出 0～4095 的数字。输入电压 Vin≤Vr－时则结果为 0，Vin≥Vr＋时结果为 4095。

4. 采样转换时续控制电路

这部分包括了各种时钟信号、ADC12CLK 转换时钟、SAMPCON 采样转换信号、SHT 控制采样周期、SHS 控制采样触发来源、ADC12SSEL 选择内核时钟、ADC12DIV 时钟分频。

由图 3-44 可以看出，SAMPCON 信号高的时候采样，低的时候转换。而 SAMPCON 有 2 个来源，一路来自采样定时器，另一路由用户自己控制，通过 SHP 选择。

5. 转换结果存储

ADC12 一共有 12 个转换通道，设置了 16 个转换存储器用于暂时存储转换结果，合理设置后，ADC12 硬件会自动将转换的结果保存到相应的存储器里。

3.8.2　ADC12 的寄存器

ADC12 控制寄存器如表 3-13 所示。

表 3 - 13　ADC12 控制寄存器

寄存器类型	寄存器缩写	寄存器含义
转换控制寄存器	ADC12CTL0	转换控制寄存器 0
	ADC12CTL1	转换控制寄存器 1
中断控制寄存器	ADC12IFG	中断标志寄存器
	ADC12IE	中断控制寄存器
	ADC12IV	中断向量寄存器
储存控制寄存器	ADC12MCTL0～ADC12MCTL15	通道控制寄存器
	ADC12MEM0～ADC12MEM15	通道储存寄存器

1. ADC12CTL0 转换控制寄存器 0

15	14	13	12	11	10	9	8
SHT1x				SHT0x			

7	6	5	4	3	2	1	0
MSC	REF2_5	REFON	ADC12ON	ADC12OVIE	ADC12TVIE	ENC	ADC12SC

ADC12CTL0 是 ADC12 最重要的控制寄存器之一。其中灰色的寄存器只有当 ENC＝0 时才能更改。

（1）ADC12SC：采样转换控制位（和 SHP、ISSH 和 ENC 有关）。

在 ENC＝1，ISSH＝0 的情况下，SHP＝1 时，ADC12SC 由 0 变 1 时，启动 A/D 转换，转换完成后 ADC12SC 自动复位；SHP＝0 时，ADC12SC 高电平时采样，ADC12SC 复位为启动一次转换。其中，ENC＝1 表示转换允许，ISSH 表示输入信号为同相输入信号，SHP＝1 表示采样信号 SAMPCON 来自于采样定时器，SHP＝0 表示 SAMPCON 采样由 ADC12SC 直接控制。

注意：当软件启动一次 A/D 转换时，ADC12SC 和 ENC 要在一条语句内完成设置。

（2）ENC：转换允许位。

0：ADC12 为初始状态，不能启动 A/D 转换；

1：首次转换由 SAMPCON 的上升沿启动。

注意：在 CONSEQ＝0（单通道单次转换）的情况下，当 ADC12BUSY＝1 时，ENC＝0，则会结束转换进程，并且得到错误结果；在 CONSEQ≠0（非单通道单次转换）的情况下，当 ADC12BUSY＝1 时，ENC＝0，则转换正常结束，得到正确结果。

（3）ADC12TVIE：转换时间溢出中断允许（多次采样请求）。

当前转换还没有完成时，又得到一次采样请求，如果 ADC12TVIE 允许的话，会产生中断。

0：允许发生转换时间溢出产生中断；

1：禁止发生转换时间溢出产生中断。

（4）ADC12OVIE：溢出中断允许（ADC12MEMx 多次写入）。

当 ADC12MEMx 还没有被读出，而又有新的数据要求写入 ADC12MEMx 时，如果允许则会产生中断。

0：允许溢出中断；　　　　1：禁止溢出中断。

（5）ADC12ON：ADC12 内核控制。

0：关闭 ADC12 内核实现低功耗；　　　　1：开启 ADC12 内核。

（6）REFON：内部基准电压发生器控制。

0：关闭内部基准电压发生器；　　　　1：开启内部基准电压发生器。

（7）REF2_5V：内部基准电压选择 1.5 V/2.5 V。

0：选择 1.5 V 内部参考电压；　　　　1：选择 2.5 V 内部参考电压。

（8）MSC：多次采样/转换控制位（当 SHP=1，CONSEQ≠0 时，MSC 位才能生效）。

0：每次转换需要 SHI 信号的上升沿触发采样定时器；

1：首次转换需要 SHI 信号的上升沿触发采样定时器，以后每次转换在前一次转换结束后立即进行。

（9）SHT0x：0～7 通道的采样保持器时间控制。该位定义了 ADC12MEM0～7 中转换采样时序与采样时钟的关系，保持时间越短，采样速度越快，反映电压波动明显。

$$T_{sample} = 4 \times T_{ADC12CLK} \times N$$

其中，N<13 时，N=2n；n>13 时，N=256。

（10）SHT1x：8～15 通道的采样保持器时间控制。该位定义了 ADC12MEM8～15 中转换采样时序与采样时钟的关系。保持时间越短，采样速度越快，反映电压波动明显。

$$T_{sample} = 4 \times T_{ADC12CLK} \times N$$

其中，N<13 时，N=2n；n>13 时，N=256。

2. ADC12CTL1 转换控制寄存器 1

15	14	13	12	11	10	9	8
CSTARTADDx				SHSx		SHP	ISSH

7	6	5	4	3	2	1	0
ADC12DIVx		ADC12SSELx		CONSEQx		ADC12 BUSY	

其中灰色的寄存器只有当 ENC=0 时才能更改。

（1）CSTARTADDx：单通道模式转换通道/多通道模式守通道，用于定义单次转换的启始地址或者序列通道转换的首地址。

（2）SHSx：采样触发源选择。

0：ADC12SC；　　　　1：TimerA. OUT1；

2：TimerB. OUT1；　　　　3：TimerB. OUT2。

（3）SHP：采样信号 SAMPCON 选择。

0：SAMPCON 信号来自采样触发输入信号；

1：SAMPCON 信号来自采样定时器，由采样输入信号的上升沿触发。

（4）ISSH：采样输入信号同向/反向。

0：采样信号为同相输入；　　　　1：采样信号为反相输入。

（5）ADC12DIVx：ADC12 时钟分频控制。

ADC12 时钟源的分频因子选择位，分频因子为 x+1。

（6）ADC12SSELx：ADC12 时钟选择。

0：ADC12OSC（ADC12 内部时钟源）；

1：ACLK；　　　2：MCLK；　　　3：SMCLK。

（7）COMSEQx：转换模式。

0：单通道单次转换；　　　1：序列通道单次转换；

2：单通道多次转换；　　　3：序列通道多次转换。

（8）ADC12BUSY：忙标志（转换中…）。

0：表示 ADC12 没有活动的操作；　　　1：ADC12 正在采样/转换期间，忙碌中。

3. ADC12MCTLx 通道储存控制寄存器

7	6	5	4	3	2	1	0
EOS	SREFx			INCHx			

通道控制寄存器控制各转换寄存器必须选择的基本条件。

（1）EOS：多通道转换末通道标志。

0：序列没有结束；　　　1：该序列中最后一次转换。

（2）SREFx：基准源选择。

0：Vr+=AVcc，Vr−=AVss；

1：Vr+=Vref+，Vr−=AVss；

2，3：Vr+=Veref+，Vr−=AVss；

4：Vr+=AVcc，Vr−=Vref−/Veref−；

5：Vr+=AVcc，Vr−=Vref−/Veref−；

6，7：Vr+=AVcc，Vr−=Vref−/Veref−。

（3）INCHx：所对应的模拟电压输入通道。

0~7：A0~A7；　　　8：Veref+；　　　9：Veref−/Vref−；

10：片内温度传感器；　　　11~15：(AVcc−AVss)/2。

4. ADC12MEMx 通道储存寄存器

15	14	13	12	11	10	9	8
0	0	0	0	Conversion Results			

7	6	5	4	3	2	1	0
Conversion Results							

该组寄存器为 12 位寄存器，用来存放 A/D 转换结果，其中只用到了低 12 位，高 4 位为 0。

5. ADC12IFG 中断标志寄存器

15	14	13	12	11	10	9	8
ADC12 IFG15	ADC12 IFG14	ADC12 IFG13	ADC12 IFG12	ADC12 IFG11	ADC12 IFG10	ADC12 IFG9	ADC12 IFG8

7	6	5	4	3	2	1	0
ADC12 IFG7	ADC12 IFG6	ADC12 IFG5	ADC12 IFG4	ADC12 IFG3	ADC12 IFG2	ADC12 IFG1	ADC12 IFG0

ADC12IFGx：中断标志位，对应于 ADC12MEMx，当 A/D 转换完成后，数据被存入 ADC12MEMx，此时 ADC12IFGx 标志置位。

6. ADC12IE 中断控制寄存器

15	14	13	12	11	10	9	8
ADC12 IE15	ADC12 IE14	ADC12 IE13	ADC12 IE12	ADC12 IE11	ADC12 IE10	ADC12 IE9	ADC12 IE8

7	6	5	4	3	2	1	0
ADC12 IE7	ADC12 IE6	ADC12 IE5	ADC12 IE4	ADC12 IE3	ADC12 IE2	ADC12 IE1	ADC12 IE0

ADC12IEx：中断允许位，对应于 ADC12IFGx，如果 ADC12IEx 允许，则当 ADC12IFGx 置位时才会进入 ADC12 的中断服务程序。

7. ADC12IV 中断向量寄存器

ADC12 是一个多源中断，有 18 个中断标志，但是只有一个中断向量。这 18 个中断标志按照优先级安排对中断标志的响应。ADC12 中断向量表如表 3 - 14 所示。

表 3 - 14　ADC12 中断向量表

ADC12IV 内容	中断源	中断标志	优先级
0x0000	无中断	无	无
0x0002	ADC12MEMx 溢出	ADC12OV	最高
0x0004	转换时间溢出	ADC12TOV	
0x0006	ADC12MEM0	ADC12IFG0	
0x0008	ADC12MEM1	ADC12IFG1	
0x000a	ADC12MEM2	ADC12IFG2	
0x000c	ADC12MEM3	ADC12IFG3	
0x000e	ADC12MEM4	ADC12IFG4	
0x0010	ADC12MEM5	ADC12IFG5	
0x0012	ADC12MEM6	ADC12IFG6	
0x0014	ADC12MEM7	ADC12IFG7	
0x0016	ADC12MEM8	ADC12IFG8	
0x0018	ADC12MEM9	ADC12IFG9	
0x001a	ADC12MEM10	ADC12IFG10	
0x001c	ADC12MEM11	ADC12IFG11	
0x001e	ADC12MEM12	ADC12IFG12	
0x0020	ADC12MEM13	ADC12IFG13	
0x0022	ADC12MEM14	ADC12IFG14	
0x0024	ADC12MEM15	ADC12IFG15	

3.8.3 ADC12 转换模式及设置举例

ADC12 模块一共提供了 4 钟转换模式：

（1）单通道单次转换。

（2）序列通道单次转换。

（3）单通道多次转换。

（4）序列通道多次转换。

不论使用何种模式，都需要注意以下问题：

（1）设置具体的转换模式。

（2）输入模拟信号。

（3）选择启动信号。

（4）关注结束信号。

（5）存放转换数据。

（6）采用查询或者中断方式来读取数据。

1. 单通道单次转换

进行单通道单次转换需要注意以下设置：

（1）设置通道控制寄存器，设置采样通道和参考电压、ADC12MCTLx；

（2）设置单通道转换的地址 CSTARTADD，对应于上面的 ADC12MCTLx；

（3）设置相对应的中断标志 ADC12IFGx。

下面是软件查询式单通道单次转换所需要的对 ADC12 进行的设置：

```
//—————————————————————————————————
// 单通道单次转换的通道不一定是 ADC12MCTL0，程序中使用了 ADC12MCTL4，但是采样
// 的通道是 A0，MSP430 中的 ADC12 通道设置是非常灵活的
// ADC12 单通道单次转换（软件查询式）
void ADC12_Sampling_SingleChannelSingleConvert(void)
{
// ADC12 控制寄存器设置
// 内核开启，启动内部基准，选择 2.5 V 基准，设置采样保持时间
ADC12CTL0 = ADC12ON + REFON + REF2_5V + SHT0_2;
// 时钟源为内部振荡器，触发信号来自采样定时器，转换地址为 ADC12MCTL4
ADC12CTL1 = ADC12SSEL_0 + SHP + CSTARTADD_4;
// 转换通道设置
ADC12MCTL4 = SREF_1 + INCH_0; // 参考电压 V+=Vref+，V-=AVss，ADC 通道为 A0
// 启动转换
ADC12CTL0 |= ENC + ADC12SC; // 转换使能开始转换
while((ADC12IFG & 0x0010) == 0); // 软件查询中断标志，等待转换结束
_NOP(); // 处理
}
//—————————————————————————————————
```

下面是中断查询式单通道单次转换所需要的对 ADC12 进行的设置：

```
//—————————————————————————————————
```

```
// ADC12 单通道单次转换(中断查询式)
void ADC12_Sampling_SingleChannelSingleConvert(void)
{
// ADC12 控制寄存器设置
ADC12CTL0 = ADC12ON + REFON + REF2_5V + SHT0_2;
ADC12CTL1 = ADC12SSEL_0 + SHP + CSTARTADD_4;
// 转换通道设置
ADC12MCTL4 = SREF_1 + INCH_0; // 参考电压 V+=Vref+, V-=AVss, ADC
                                   通道为 A0
// 中断允许
ADC12IE = 0x0010;
_EINT();
// 启动转换
ADC12CTL0 |= ENC + ADC12SC; // 转换使能开始转换
_low_power_mode_0(); // 进入低功耗模式,等待转换结束
}
// ADC12 中断向量
#pragma vector = ADC_VECTOR
_interrupt void ADC12_IRQ(void)
{
_NOP(); // 处理
_low_power_mode_off_on_exit(); // 中断结束时,退出低功耗模式
}
//———————————————————————————————————————————————
```

2. 序列通道单次转换

进行序列通道单次转换需要注意以下设置:

(1) 设置若干个通道控制寄存器,设置采样通道和参考电压、ADC12MCTLx,最后一个通道需要加 EOS;

(2) 设置序列通道转换的首地址 CSTARTADD,对应于上面的第一个 ADC12MCTLx;

(3) 设置相对应的最后一个通道的中断标志 ADC12IFGx。

下面是软件查询式序列通道单次转换所需要的对 ADC12 进行的设置:

```
//———————————————————————————————————————————————
// ADC12 序列通道单次转换(软件查询式)
void ADC12_Sampling_SequenceChannelsSingleConvert(void)
{
// ADC12 控制寄存器设置
ADC12CTL0 = ADC12ON + REFON + REF2_5V + SHT0_2;
// CONSEQ_1 表示当前模式为序列通道单次转换,起始地址为 ADC12MCTL4,结束地址为
ADC12MCTL6
ADC12CTL1 = ADC12SSEL_0 + SHP + CONSEQ_1 + CSTARTADD_4;
// 转换通道设置
ADC12MCTL4 = SREF_1 + INCH_0; // 参考电压 V+=Vref+, V-=AVss, ADC 通道为 A0
```

```
ADC12MCTL5 = SREF_1 + INCH_1; // 参考电压 V+=Vref+，V-=AVss，ADC 通道为 A1
ADC12MCTL6 = SREF_1 + INCH_10 + EOS; // 参考电压 V+=Vref+，V-=AVss，
                                                 ADC 通道为片内温度传感器
// 启动转换
ADC12CTL0 |= ENC + ADC12SC; // 转换使能开始转换
while((ADC12IFG & 0x0040) == 0); // 等待转换结束
_NOP(); // 处理
}
```

3. 单通道多次转换

进行单通道多次转换需要注意以下设置：

(1) 设置通道控制寄存器，设置采样通道和参考电压、ADC12MCTLx；

(2) 设置单通道转换地址 CSTARTADD，对应于上面的 ADC12MCTLx；

(3) 设置单通道的中断标志 ADC12IFGx；

(4) 多次转换只能使用中断查询式读数。

下面是软件查询式单通道多次转换所需要的对 ADC12 进行的设置：

```
//－－－－－－－－－－－－－－－－－－－－－－－－－－－－－－－－－－
// ADC12 单通道多次转换
void ADC12_Sampling_SingleChannelSequenceConvert(void)
{
// ADC12 控制寄存器设置
// 对于多次转换需要设置 MSC
ADC12CTL0 = ADC12ON + REFON + REF2_5V + SHT0_2 + MSC;
// CONSEQ_2 表示当前模式为单通道多次转换，转换地址为 ADC12MCTL4
ADC12CTL1 = ADC12SSEL_0 + SHP + CONSEQ_2 + CSTARTADD_4;
// 转换通道设置
ADC12MCTL4 = SREF_1 + INCH_4 + EOS; // 参考电压 V+=Vref+，V-=AVss，ADC
                                              通道为 A4
// 中断允许
ADC12IE = 0x0010;
_EINT();
// 启动转换
ADC12CTL0 |= ENC + ADC12SC; // 转换使能开始转换
}
// ADC12 中断向量
#pragma vector = ADC_VECTOR
_interrupt void ADC12_IRQ(void)
{_NOP( );
       }
```

4. 序列通道多次转换

进行序列通道多次转换需要注意以下设置：

(1) 设置若干个通道控制寄存器，设置采样通道和参考电压、ADC12MCTLx，最后一个通道需要加 EOS；

（2）设置序列通道转换的首地址 CSTARTADD，对应于上面的第一个 ADC12MCTLx；

（3）设置相对应的最后一个通道的中断标志 ADC12IFGx；

（4）多次转换只能使用中断查询式读数。

下面是软件查询式序列通道多次转换所需要的对 ADC12 进行的设置：

```
//------------------------------------------------
// ADC12 序列通道多次转换
void ADC12_Sampling_SequenceChannelSequenceConvert(void)
{
// ADC12 控制寄存器设置
ADC12CTL0 = ADC12ON + REFON + REF2_5V + SHT0_2 + MSC;
ADC12CTL1 = ADC12SSEL_0 + SHP + CONSEQ_3 + CSTARTADD_4;
// 转换通道设置
ADC12MCTL4 = SREF_1 + INCH_4 + EOS; // 参考电压 V+=Vref+，V-=AVss, ADC
                                    //    通道为 A4

ADC12MCTL5 = SREF_1 + INCH_5 + EOS; // 参考电压 V+=Vref+，V-=AVss, ADC
                                    //    通道为 A5

ADC12MCTL6 = SREF_1 + INCH_6 + EOS; // 参考电压 V+=Vref+，V-=AVss, ADC
                                    //    通道为 A6

// 中断允许
ADC12IE = 0x0040;
_EINT();
// 启动转换
ADC12CTL0 |= ENC + ADC12SC; // 转换使能开始转换
}
// ADC12 中断向量
# pragma vector = ADC_VECTOR
_interrupt void ADC12_IRQ(void)
{
_NOP();
}
//------------------------------------------------
```

3.9　MSP430 数/模转换模块

　　MSP430 带有的 DAC12 模块可以将运算处理的结果转换为模拟量，以便操作被控制对象的工作过程。DAC 是在控制操作过程中常用的器件之一，MSP430 有些系列中含有 DAC12 模块，给需要使用 DAC 的方案提供了许多方便。

3.9.1　DAC12 模块硬件介绍

　　MSP430F169 单片机的 DAC12 模块有 2 个 DAC 通道，这两个通道在操作上是完全平等的，并且可以用 DAC12GRP 控制位将多个 DAC12 通道组合起来，实现同步更新，硬件还能确保同步更新独立于任何中断或者 NMI 事件。模块结构如图 3-52 所示。

DAC12 模块有以下特点：8 位或 12 位分辨率可调，可编程时间对能量的损耗，可选内部或外部参考源，支持二进制原码和补码输入，具有自校验功能，可以多路 DAC 同步更新，还可以用 DMA 等。

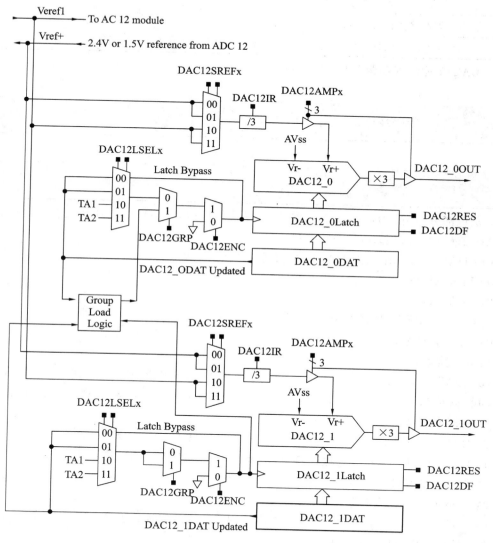

图 3-52　DAC 模块结构图

这里实现的是较为简化的版本，需要时可以自己添加或改写功能，如初始化函数内部调用自校验的函数，可以在每一次初始化的时候均自校验。

3.9.2　DAC12 的寄存器

DAC12 每个模块只有两个寄存器：控制寄存器和数据寄存器。控制寄存器用来初始化和设置模块的使用，数据寄存器用来存放要输出的电压数字量。MSP430 F169 的 DAC 的寄存器有以下几组，如表 3-15 所示。

表 3 - 15　MSP430 F169 的 DAC 的寄存器

寄存器	缩　写
DAC12_0 控制寄存器	DAC12_0CTL
DAC12_0 数据寄存器	DAC12_0DAT
DAC12_1 控制寄存器	DAC12_1CTL
DAC12_1 数据寄存器	DAC12_1DAT

1. DAC12 控制寄存器 DAC12_xCTL

15	14	13	12	11	10	9	8
Reserved	DAC12REFx		DAC12RES	DAC12LSELx		DAC12 CALON	DAC12IR

7	6	5	4	3	2	1	0
DAC12AMPx			DAC12DF	DAC12IE	DAC12IFG	DAC12ENC	DAC12 GRP

其中，灰色部分只有在 DAC12ENC＝0 的时候才能修改，位 DAC12GRP 只有在控制寄存器 DAC12_OCTL 起用，该位没有作用。

(1) DAC12REFx：选择 DAC12 的参考源。

0，1：Vref＋；

2，3：Veref＋。

(2) DAC12RES：选择 DAC12 分辨率。

0：12 位分辨率；

1：8 分辨率。

(3) DAC12LSELx：锁存器触发源选择。当 DAC12 锁存器得到触发之后，能够将锁存器中的数据传送到 DAC12 的内核。当 DAC12LSELx＝0 的时候，DAC 数据更新不受 DAC12ENC 的影响。

0：DAC12_XDAT 执行写操作将触发(不考虑 DAC12ENC 的状态)；

1：DAC12_XDAT 执行写操作将触发(考虑 DAC12ENC 的状态)；

2：Timer_A3. OUT1 的上升沿；

3：Timer_B7. OUT2 的上升沿。

(4) DAC12CALON：DAC12 校验操作控制。置位后启动校验操作，校验完成后自动被复位。校验操作可以校正偏移误差。

0：没有启动校验操作；

1：启动校验操作。

(5) DAC12IR：DAC12 输入范围。

设定输入参考电压和输出的关系。

0：DAC12 的满量程为参考电压的 3 倍(不操作 AVcc)；

1：DAC12 的满量程为参考电压。

(6) DAC12AMPx：DAC12 运算放大器设置。

0：输入缓冲器关闭，输出缓冲器关闭，高阻；

1：输入缓冲器关闭，输出缓冲器关闭，0 V；

2：输入缓冲器低速低电流，输出缓冲器低速低电流；

3：输入缓冲器低速低电流，输出缓冲器中速中电流；

4：输入缓冲器低速低电流，输出缓冲器高速高电流；

5：输入缓冲器中速中电流，输出缓冲器中速中电流；

6：输入缓冲器中速中电流，输出缓冲器高速高电流；

7：输入缓冲器高速高电流，输出缓冲器高速高电流。

（7）DAC12DF：DAC12 的数据格式。

0：二进制；

1：二进制补码。

（8）DAC12IE：DAC12 的中断允许。

0：禁止中断；

1：允许中断。

（9）DAC12IFG：DAC12 的中断标志位。

0：没有中断请求；

1：有中断请求。

（10）DAC12ENC：DAC12 转换控制位。DAC12LSEL 大于 0 的时候，DAC12ENC 才有效。

0：DAC12 停止；

1：DAC12 转换。

（11）DAC12GRP：DAC12 组合控制位。

0：没有组合；

1：组合。

2. DAC12 数据寄存器 DAC12_xDAT

15	14	13	12	11	10	9	8
0	0	0	0	DAC12 Data			

7	6	5	4	3	2	1	0
DAC12 Data							

DAC12_xDAT 高 4 位为 0，不影响 DAC12 的工作。如果 DAC12 工作在 8 位模式，DAC12_xDAT 的最大值为 0x00FF；如果 DAC12 工作在 12 位模式，DAC12_xDAT 的最大值为 0x0FFF。

3.9.3 DAC12 的操作

通过了解 DAC12 的操作可以深入理解 DAC12 的架构和原理，DAC12 的操作都是通过软件设置的。

1. 选择参考电压

参考电压是唯一影响 DAC12 输出的模拟参数，是 DAC12 转化模块的重要部分。DAC12 可以选择内部或者外部的参考电压，其中内部的参考电压来自于 ADC12 中的内部参考电压发生器生成的 1.5 V 或 2.5 V 参考电压。

DAC12 参考电压的输入和电压输出缓冲器的时间和功耗可以通过编程来控制使其工作在最佳状态（DAC12AMPx 控制）。

2. DAC12 内核

DAC12RES 位用于选择 DAC12 的 8 位或 12 位精度。DAC12IR 位用于控制 DAC12 的最大输出电压为参考电压的 1 或 3 倍（不超过电源电压的情况下）。DAC12DF 用于设置写到 DAC12 的数据的格式。数据格式设置如表 3-16 所示。

表 3-16　数据格式的设置

位数	DAC12RES	DAC12IR	输出电压格式
12 位	0	0	Vout＝Vref×3(DAC12_xDAT)/4096
12 位	0	1	Vout＝Vref×1(DAC12_xDAT)/4096
8 位	1	0	Vout＝Vref×3(DAC12_xDAT)/256
8 位	1	1	Vout＝Vref×1(DAC12_xDAT)/256

3. 更新 DAC12 电压的输出

DAC12 输出引脚和断口 P6 以及 ADC12 模拟输入复用，当 DAC12AMPx＞0 时，不管当前端口 P6 的 P6SEL 和 P6DIR 对应的位是何种状态，该引脚自动被选择到 DAC12 的功能上。DAC12_xDAT 可以直接将数据传送到 DAC12 的内核以及 DAC12 的两个缓冲器。DAC12LSELx 位可以触发对 DAC12 的电压输出更新。当 DAC12LSELx＝0 的时候，数据锁存变得透明，不管当前的 DAC12ENC 处于什么状态，只要 DAC12_xDAT 被更新，则 DAC12 的内核立刻被更新。当 DAC12LSELx＝1 的时候，除非有新的数据写入 DAC12_xDAT，否则 DAC12 的数据一直被锁存。当 DAC12LSELx＝2、3 的时候，数据在 TA 的 TACCR1 或者 TB 的 TBCCR2 输出信号上升沿时刻被锁存。当 DAC12LSELx 大于 0 的时候，DAC12ENC 用来使能 DAC12 的锁存。

4. DAC12_xDAT 的数据格式

DAC12 支持二进制数或者 2 的补码输入。图 3-53 给出了 DAC12_xDAT 的数据格式。

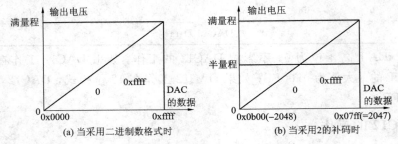

(a) 当采用二进制数格式时　　　　　(b) 当采用2的补码时

图 3-53　DAC12_xDAT 的数据格式

5. 校正 DAC12 的输出

DAC12 存在偏移误差，可以通过 DAC12 自动校正偏移量。在使用 DAC12 之前，通过设置控制位 DAC12CALON 能够初始化偏移校正操作，操作完成后 DAC12CALON 会自动复位。

3.9.4　DAC12 的设置和应用

DAC12 使用的时候需要注意以下问题：

（1）参考电压的选择，如果使用内部参考电压，则需要在 ADC12 模块里面打开内部参考电压发生器，ADC12 内核不用开。

（2）在 MSP430F169 单片机上，DAC12 的 0 通道使用的是 A6，1 通道使用的是 A7 的管脚。注意如果使用了 DAC12 的 2 个通道，A6 和 A7 就不能使用。

（3）校正 DAC12 的偏移误差。

（4）设置 DAC12 的位数和满量程电压（满量程电压最高为 AVcc）。

（5）设置 DAC12 的触发模式。

DAC12 的 0 通道设置初始化代码如下：

```
//————————————————————————————————————————
// 初始化 DAC12 通道 0
void InitDAC12_0(void)
{
  // 效验 DAC
  DAC12_0CTL |= DAC12CALON;                              // 启动效验 DAC
  while((DAC12_0CTL & DAC12CALON)! = 0){_NOP();}  // 等待效验完成
  // 控制寄存器设置
  // 选择输入缓冲器中速中电流，输出缓冲器中速中电流，12 位 DAC，满电压输出为内基准，
  // 自动更新数据
  DAC12_0CTL = DAC12AMP_5 + DAC12IR + DAC12LSEL_0;
  DAC12_0CTL |= DAC12SREF_0;
  DAC12_0CTL |= DAC12ENC;          // 启动 DAC 模块（DAC12LSEL_0 时此句可以省）

  DAC12_0DAT = 0x0000;             // 初始化电压
}
// 以后更改输出电压，只需要更改 DAC12_0DAT 值即可
//————————————————————————————————————————
```

第四章 MSP430 单片机口袋实验板制作

本章为读者介绍教材配套的 MSP430 口袋实验板的制作流程以及使用方法。通过本章的学习，读者可以了解 MSP430 口袋实验板各模块电路的结构、工作原理及相应元器件的功能，为第五章的学习打下基础。但是本章的内容，需要读者熟悉 Altium Designer 等 PCB 设计软件，如果读者不准备自己制作实验板，可以跳过本章节，继续之后章节的学习。如果想深入了解 PCB 设计相关软件，读者亦可以自行查阅相关资料。

4.1 Altium Designer 软件简介

Altium Designer 是原 Protel 软件开发商 Altium 公司推出的一体化的电子产品开发系统，为印刷电路板提供辅助设计。

Altium Designer 除了全面继承了包括 Protel 99SE、Protel DXP 在内的之前一系列版本的功能和优点外，还增加了许多高端功能。该平台优化了板级设计的传统界面，全面集成了 FPGA 设计功能和 SOPC 设计功能，从而允许工程设计人员将系统设计中的 FPGA 与 PCB 设计及嵌入式设计集成在一起。

本书所使用的 Altium 版本为 Altium Designer 10.0。推荐计算机系统配置如下：

★Win7 或更高版本的操作系统；

★英特尔酷睿 2 双核/四核 2.66 GHz 或同等或更快的处理器；

★2 G 以上内存；

★80 G 或更大的硬盘空间(安装＋用户档案)；

★显示器分辨率在 1280 像素×1024 像素以上。

4.1.1 Altium Designer 设计环境

双击 ![icon] 图标后即可启动 Altium Designer 10.0，进入软件主窗口。用户可以在该窗口中进行工程、原理图等文件的创建，主窗口如图 4－1 所示。其主要由菜单栏、工具面板、文档条、工作面板、面板控制几个部分组成。

4.1.2 PCB 工程文件、原理图文件以及 PCB 文件的创建

1. PCB 工程文件的创建

PCB 工程文件的创建步骤为：打开 Altium Designer 软件，选择菜单命令 File→new→Project→PCB Project，生成一个文件名为 PCB_Project1. PrjPCB 文档，选择窗口左边 Projects 面板，在弹出面板中用鼠标右键单击刚生成文档，点击"Save Project as"命令，给文件命名并保存在指定位置。

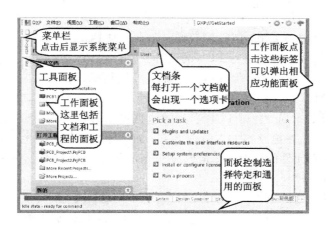

图 4-1 Altium Designer 10.0 主窗口

2. 添加原理图文件

用鼠标右键点击新建的 PCB 工程文件，在弹出菜单中选择"Add new to project→schematic"命令，添加一个 SCH 文档，点击 save as 命令，给文件命名并保存在指定位置。

原理图设计流程如图 4-2 所示。

3. 添加 PCB 文件

原理图的设计是实现电路设计的第一步，接下来更重要的一步就是 PCB 电路的设计。创建 PCB 文件的步骤为：用鼠标右键点击新建的 PCB 工程文件，在弹出菜单中选择"Add new to project→PCB"命令，添加一个 PCB 文档，点击 save as 命令，给文件命名并保存在指定位置。

PCB 设计就像一个完整产品的开始。在单片机应用系统设计中，PCB 布局布线是最重要的一步，PCB 布局布线的好坏将直接影响电路的性能，要想精通 PCB 板的制作，需要读者大量的实践积累和经验总结，下面就布局和布线分别介绍一些基本的技巧和规则：

1）PCB 布局

装入网络表和元件封装后，用户需要将元件封装放入工作区，对元件封装进行布局。在 PCB 设计

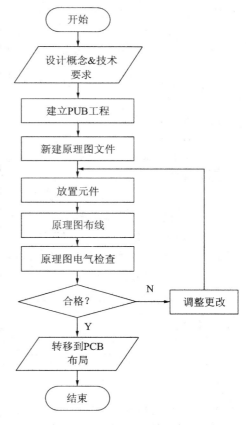

图 4-2 原理图设计流程

中，布局是一个重要的环节，布局的好坏直接影响布线的效果，可以认为，合理的布局是 PCB 设计成功的第一步。布局的方式分为两种，即自动布局和手动布局。

（1）自动布局：设计人员先设置好设计规则，系统自动在 PCB 上进行元器件的布局。这种方法效率较高，布局结构优化，但缺乏一定的布局合理性，所以在自动布局完成后，需要进行手工调整，以达到设计的要求。

（2）手动布局：设计者手工在 PCB 上进行元器件布局，包括移动、排列元器件。这种布局结果一般比较合理和实用，但效率较低，完成一块 PCB 布局的时间比较长。所以通常采用这两种方法相结合的方式进行 PCB 的设计。

元器件布局依据以下原则：保证电路功能和性能指标；满足工艺性、检测和维修等方面的要求；元件排列整齐、疏密得当，兼顾美观性。因此 PCB 布局应注意以下几点：

① 按照信号流向布局。进行 PCB 布局时应遵循信号从左到右或从上到下的原则，即在布局时将输入信号放在电路板的左侧或上方，而将输出信号放到电路板的右侧或下方。

② 优先确定核心元件的位置。根据电路功能判别电路的核心元件，然后以核心元件为中心，围绕核心元件布局。

③ 布局时考虑电路的电磁特性。在进行电路布局时，应充分考虑电路的电磁特性。当元件间可能有较高的电位差时，应加大它们之间的距离，以避免因放电、击穿引起的意外。

④ 布局时应考虑电路的热干扰。对于发热元件应尽量放置在靠近外壳或通风较好的位置，以便利用机壳上开凿的散热孔散热。

⑤ 可调元件的布局。对于可调元件，如可调电位器、可调电容器、可调电感线圈等，在进行电路板布局时，应尽量将其布置在操作者手方便操作的位置，以便于可调元件的使用。对于一些带高压的元件，应尽量布置在操作者手不易触及的地方，以确保调试、维修的安全。

2）PCB 布线

PCB 布线的好坏直接影响整个系统的性能。布线的设计过程限制多，技巧也很多，工作量大，在之前布局的基础上，还要考虑好线的粗细、走向。下面针对实际布线中可能遇到的一些情况，提出一些优化的走线方法。

（1）输入输出端的边线应避免相邻平行，以免产生反射干扰。

（2）线的宽度应满足地线＞电源线＞信号线。

（3）走线不能离元器件太近，一方面可能会有干扰，另一方面也不便于之后的焊接。在两条信号线之间增加一条地线可以有效地抑制串扰。

（4）尽量避免直角走线，以防传输线线宽发生变化，影响电路的电气特性。

（5）双面布线时，两面的导线应互相垂直、斜交或弯曲走线，避免相互平行，以减小寄生耦合。

（6）布线时，先布电源线、再布地线，且电源线应尽量在同一层面。

（7）数字区与模拟区尽可能进行隔离，并且数字地与模拟地要分离，最后汇接于电源地。

4.1.3　集成库的制作

在制作电路板的过程中，有些元器件在库中是找不到的，这时需要自己制作元器件的集成库。集成库的设计主要包括：集成库工程文件的创建、原理图库文件的创建、PCB 库文件的创建、库文件的关联。集成库工程文件的创建步骤为：打开 Altium Designer 软件，选择菜单 File→new→Project→Integrated Library 命令，生成一个文件名为 Integrated Library 1. LibPkg 文档，选择窗口左边 Projects 面板，在弹出面板中用鼠标右键单击刚生成文档，选择命令"Save Project as"，把文档保存在指定位置和想要的文件名。

（1）原理图库文件的创建。用鼠标右键点击新建的 LibPkg 工程文件，在弹出菜单中选择"Add new to project→schematic Library"命令，添加一个 SCH 库文件，再用 save as 命令将文件保存在指定位置和想要的文件名。

（2）PCB 封装设计。用鼠标右键点击新建的 LibPkg 工程文件，在弹出菜单中选择"Add new to project→PCB Library"命令，添加一个 PCB 库文件，再用 save as 命令将文件保存在指定位置和想要的文件名。

（3）集成库的关联。打开画好的 SCH 库文件，点击 Add Footprint 选项给原理图库文件添加画好的封装，再点击菜单 Project→Compile Integrated Library Integrated Library1. LibPkg 命令，生成 .IntLib 集成库文件。

4.2　MSP430 口袋实验板结构

本书配套的口袋实验板由最小系统板、底板以及两个外设模块组成，既能完成单片机课程的基础实验，也能将多个功能模块进行组合以 DIY 个性实验。实验板所能实现的基本功能如表 4-1 所示。

表 4-1　单片机口袋实验板基本功能表

序号	功　　能	序号	功　　能
1	MSP430F169 最小系统板	9	有源蜂鸣器
2	LED 发光二极管显示	10	无源蜂鸣器
3	LED 数码管显示	11	温度传感器
4	8×8 点阵显示	12	实时时钟功能
5	12864 图形液晶显示	13	继电器
6	按键扫描与监测	14	串口通信
7	外部 E^2 PROM	15	JTAG 下载
8	模/数转换	16	BSL 下载

4.2.1　MSP430F169 最小系统板

所谓最小系统，是指一个真正可用的单片机的最小配置系统。对于单片机内部资源已经满足系统需要的，可直接采用最小系统。由于 MSP430169 系列单片机片内没有集成时钟电路所需的晶体振荡器，也没有复位电路，因此在构成最小系统时必须外接这些部件。另外考虑到系统板的仿真和下载功能，在外部设计了 BSL 和 JTAG 接口。

MSP430F169 内部资源可查阅 MSP430F169 数据手册，最小系统板原理图如图 4-3 所示。

为了让原理图看上去简洁整齐，避免连线混乱，绘制原理图时通常采用网络标号表示电气连接，原理图中标号相同的节点，在实际电路中是物理电气相连的。下面具体介绍最小系统板的构成。

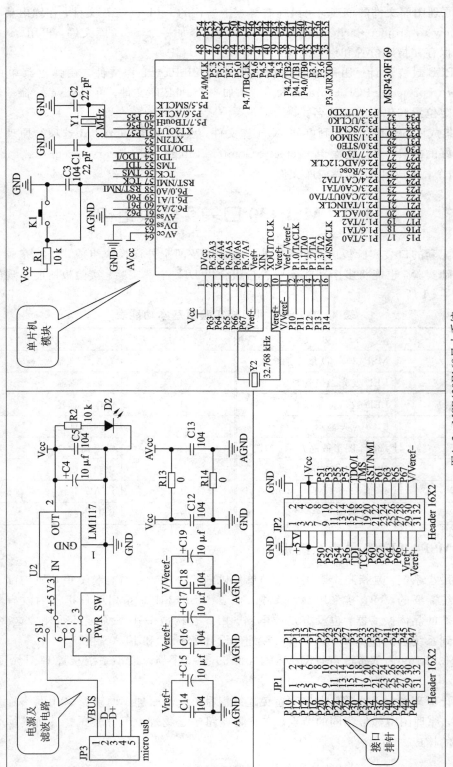

图4-3　MSP430F169最小系统

1. 复位电路

复位是使 CPU 和内部其他部件处于一个确定的初始状态，从这个状态开始工作。MSP430F169 有一个复位引脚 RST，低电平有效。在时钟电路工作以后，当外部电路使得 RST 端出现两个机器周期以上的低电平，系统即内部复位。复位有两种方式：上电复位和按键复位。前者上电后自动复位，后者在程序跑飞或者出现其他故障时手工复位。图 4 - 3 中 R1、C3 和 K1 构成单片机的按键复位电路，K1 为复位按键。

2. 振荡电路

振荡电路是最小系统的心脏，给单片机提供精确的时钟。当使用单片机内部振荡电路时，需要外接晶振和微调电容。图 4 - 3 中外接 Y1 和 Y2 晶振，其频率分别为 32.768 MHz 和 8 MHz，构成最小系统的低速晶体振荡电路和高速晶体振荡电路，以满足不同应用对速度和功耗的需求。电容 C1、C2 作为 Y1 的负载电容，起到辅助起振的作用。

3. 电源和滤波电路

稳定可靠的电源是电路正常工作的基础。实验板采用 USB 供电模式，从 USB 口获取 +5 V电压，经过 +5 V～+3.3 V 电压转换电路，获得所需电压给实验板各模块供电。图 4 - 3 中选择 LM1117 芯片实现 +5 V～+3.3 V 电压转换。

滤波电路的作用是降低直流电源的纹波系数，使直流电源更加稳定可靠。图 4 - 3 中 C12、C13 用于单片机数字电源 DVCC、模拟电源 AVcc 的滤波退耦。C14、C15、C16、C17、C18、C19 用于滤除直流电源中的交流成分，其中 0.1 μF 用来去除高频噪声，10 μF 用来去除低频噪声，它们能够使电路在很宽的频率范围内保持一个较低的交流阻抗。R13、R14 为 2 个 0 欧姆电阻，用于汇接模拟电源和数字电源，因为如果将数字电源与模拟电源直接连在一起，很有可能将地噪声信号引入模拟电路中，而干扰到模拟电路的正常工作或产生错误识别等情况。所以在 PCB 设计时采用一点汇接的方式，即将所有数字电源接到一起，所有模拟电源接到一起，最后通过 0 欧姆电阻将两个电源汇接。

4. 排针接口电路

通过排针接口将单片机引脚资源全部引出，方便将最小系统直接插到底板上。

表 4 - 2 给出了最小系统板用到的所有元器件的参数。

表 4 - 2　单片机最小系统板的元器件参数

序号	名称	参数值	元器件编号	封装	数量
1	MSP430F169		U1	S-PQFP-G64	1
2	贴片电容	22 pF	C1、C2	0805	2
3	贴片电容	0.1 μF(104)	C3、 C5、 C12、 C13、 C14、C16、C18	0805	7
4	钽电容	10 μF	C4、C15、C17、C19	C1206	4
5	贴片电阻	10 kΩ	R1	0805	1
6	贴片电阻	0 Ω	R13、R14	0805	2
7	电阻	10 kΩ	R2	3.2×1.6×1.1	1
8	晶振1	8 MHz	Y1	XTAL2	1
9	晶振2	32.768 MHz	Y2	X32768	1
10	排针		JP1、JP2	HDR2X16	2

序号	名称	参数值	元器件编号	封装	数量
11	按键		K1		1
12	Micro USB		JP3	MicroUSB-5	1
13	开关		S1		1
14	LM1117		U2	SOT223_M	1
15	LED 小灯		D2	0805	1

注意：未给出封装的元器件为库中没找到所需封装，读者可在有关网站或论坛下载有关封装库，或者也可自行制作所需封装。

4.2.2　仿真下载电路

仿真下载电路的核心芯片为 PL2303——高度集成的 RS232-USB 接口转换器，该转换器可提供 RS232 全双工异步串行通信装置与 USB 功能接口便利连接的解决方案。即一方面从主机接收 USB 数据并将其转换为 RS232 信息流格式发送给单片机；另一方面将单片机数据转换为 USB 数据格式传送回主机，仿真下载电路原理图如图 4 - 4 所示，图中 PL2303 的 15、16 口与 Micro USB 的 2、3 口相连，通过 USB 数据线完成单片机与电脑之间的连接。TXD 为串口数据输出口，RXD 为串口数据输入口，DTR 为低电平时表示数据终端准备好，RTS 为低电平时表示发送请求，均通过限流电阻分别与 JP5 和 JP6 相连，其中 JP5 和 JP6 是下载选择开关，不同的状态可以实现不同的功能。JP4 为 JTAG 接口，可

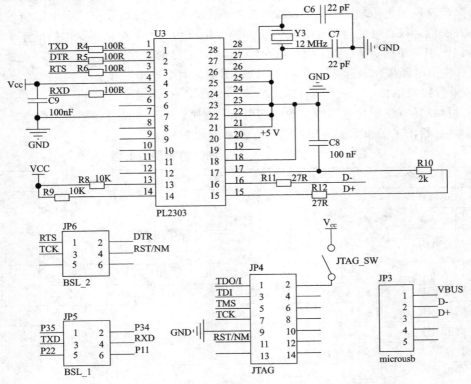

图 4 - 4　仿真下载电路

以进行模拟仿真实验，JP4 的 2 脚为电源脚，通过一个开关与 VCC 相连，如果不使用 JTAG 模拟仿真的功能，可以将开关关闭。

下面为读者介绍 JP5 和 JP6 的状态设置，以及实现的不同功能。

1. BSL 下载功能

使用方法：JP6：将开关打在上端，使得 RTS 与 TCK 相连，DTR 与 RST/NMI 相连；
　　　　　JP5：将开关打在下端，使得 TXD 与 P22 相连，RXD 与 P11 相连。

工作原理：TCK 和 RST/NMI 为单片机上的引脚，TCK 为芯片编程测试和 BSL (BootStrap Loader)启动的时钟输入端，RST/NMI 为非屏蔽输入或 BSL 启动端。将 DTR 与 RST/NMI、RTS 与 TCK 相连是实现 BSL 下载和串口通信的前提，所以此时要将 JP6 的开关打在上端。JP5 中单片机的 P11 口为 BSL 发送端，P22 为 I/O 口。

2. 串口通信功能

使用方法：JP6：将开关打在下端，使得 RTS 与 TCK 相连，DTR 与 RST/NMI 相连；
　　　　　JP5：将开关打在上端，使得 TXD 与 P35 相连，RXD 与 P34 相连。

工作原理：P34 为 USART 的传输数据输出口，P35 为 USART 的传输数据输入口，正好与 PL2303 上的 RXD 口和 TXD 口对应，实现串口通信的功能。

3. JTAG 模拟仿真功能

使用方法：JP6：将开关打在下端；
　　　　　JP5：无需操作。

工作原理：JTAG(Joint Test Action Group)是联合测试行为组，常用作在线仿真、在线调试、在线编程以及使用边界扫描(BSL)测试系统等，原理是在器件内部定义一个 TAP (Test Access Port)测试访问口，通过专用的 JTAG 测试工具，对内部节点进行测试。其中各个引脚的作用如下：

TMS：测试模式选择，此引脚用来实现 TAP 控制器各个状态之间的切换；

TCK：测试时钟；

TDI：测试数据输入——需要移位到指令寄存器或数据寄存器（扫描链）的串行输入数据；

TDO：测试数据输出——自指令寄存器或数据寄存器串行移出的数据；

RST：测试复位，输入引脚，低电平有效。

表 4－3 给出了仿真下载电路相关元器件参数。

表 4－3　仿真下载电路相关元件参数

序号	名称	参数值	元器件编号	封装	数量
1	PL2303		U3	SSOP-28	1
2	贴片电阻	100 Ω	R4、R5、R6、R7	0805	4
3	贴片电阻	10 kΩ	R8、R9	0805	2
4	贴片电阻	2 kΩ	R10	0805	1
5	贴片电阻	27 Ω	R11、R12	0805	2
6	贴片电容	22pF	C6、C7	0805	2
7	贴片电容	100nF	C8、C9	0805	2

序号	名称	参数值	元器件编号	封装	数量
8	晶振	12 MHz	Y3	XTAL2	1
9	Micro USB		JP3	Micro USB-5	1
10	BSL_1		JP5		1
11	BSL_2		JP6		1
12	开关		JTAG_SW		1
13	JTAG		JP4	HDR2×7	1

　　注意：未给出封装的元器件为库中没找到所需封装，读者可去有关网站或论坛下载有关封装库，或者也可自行制作所需封装。

4.2.3　功能模块电路

1. LED 发光二极管电路

发光二极管简称为 LED。其由含镓(Ga)、砷(As)、磷(P)、氮(N)等的化合物制成，当电子与空穴复合时能辐射出可见光。LED 模块的电路图如图 4-5 所示。图中 8 个发光二极管的阳极与 330 欧姆的限流电阻 R1～R8 相连后接到＋3.3 V 电源，阴极接到 74HC573 锁存器的输出端 Q1～Q8，锁存器输入端接到单片机的 P2 口。单片机 I/O 口输出高电平，发光二极管熄灭；I/O 口输出低电平，发光二极管被点亮。读者可以根据这个原理，完成闪烁灯、流水灯、跑马灯等实验。表 4-4 给出了 LED 发光二极管电路相关元器件参数。

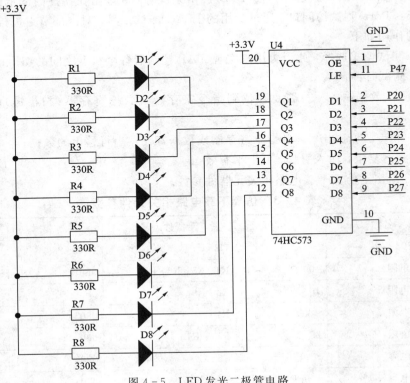

图 4-5　LED 发光二极管电路

表 4 - 4　LED 发光二极管电路元器件参数

序号	名称	参数值	元器件编号	封装	数量
1	74HC573 锁存器		U4	TSSOP-20	1
2	贴片 LED 发光二极管		D1～D8	0805	8
3	贴片电阻	330 Ω	R1～R8	0805	8

注意:未给出封装的元器件为库中没找到所需封装,读者可去有关网站或论坛下载有关封装库,或
　　　者也可自行制作所需封装。

2. LED 数码管显示电路

实验板中使用一片 74HC573 构成 4 位一体的 8 段共阴极数码管动态驱动电路,电路
如图 4 - 6 所示。

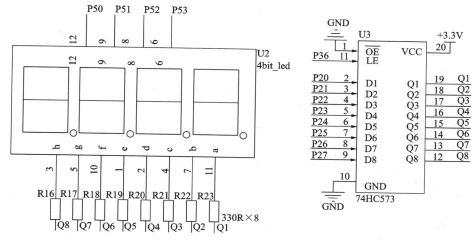

图 4 - 6　LED 数码管显示电路

图中 Q1～Q8 为四位一体数码管段选端,对应数码管的 8 段 a～h,控制数码管的显示
内容;6、8、9、12 口为数码管的位选端,控制对应数码管的亮灭。Q1～Q8 与 74HC573 锁
存器的数据输出端相连,锁存器的数据输入端连接单片机的 P2 口,锁存端与单片机的 P36
口相连。这种方法可方便地控制任意数码管显示任意数字。读者可以根据自己需要,实现
秒表、计数器、时钟等功能。表 4 - 5 给出了 LED 数码管显示电路相关元器件参数。

表 4 - 5　LED 数码管显示电路元器件参数

序号	名称	参数值	元器件编号	封装	数量
1	四位一体共阴极数码管		U2		1
2	贴片电阻	330 Ω	R1～R8	0805	8
3	74HC573 锁存器		U3	TSSOP-20	1

注意:未给出封装的元器件为库中没找到所需封装,读者可去有关网站或论坛下载有关封装库,或
　　　者也可自行制作所需封装。

3. 8×8 点阵显示电路

8×8 点阵由 64 个发光二极管构成,且每个发光二极管放置在行线和列线的交叉点上,
当对应的某一列置高电平,某一行置低电平,则相应的发光二极管被点亮。每一行的显示
时间大约为 4 ms,轮流给行信号输出低电平,在任意时刻只有一行发光二极管是处于可以
被点亮的状态,其他行都处于熄灭状态。由于人类的视觉暂留现象,感觉到 8 行 LED 是在

同时显示的。点阵显示电路图如图 4-7 所示。

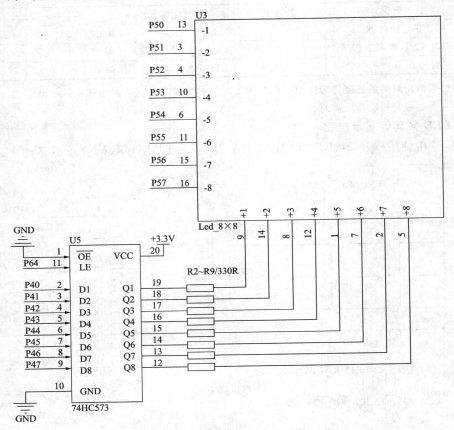

图 4-7　8×8 点阵显示电路

图中行线的输入端通过 330 Ω 限流电阻与锁存器 74HC573 的输出端 Q1～Q8 相连，而锁存器的输入端接到单片机的 P4 口，点阵的列线的输出端直接与单片机的 P5 口相连。表 4-6 给出了 8×8 点阵电路元器件参数。读者可以根据需要，编写程序实现点阵广告显示牌功能。

表 4-6　8×8 点阵电路元器件参数

序号	名称	参数值	元器件编号	封装	数量
1	LED8×8		U3		1
2	74HC573		U5	TSSOP-20	1
3	贴片电阻	330 Ω	R2～R9	0805	8

注意：未给出封装的元器件为库中没找到所需封装，读者可去有关网站或论坛下载有关封装库，或者也可自行制作所需封装。

4. 12864 液晶显示电路

图形液晶 12864 是一种具有 4 位/8 位并行、2 线或 3 线串行多种接口方式，内部含有国标一级、二级简体中文字库的点阵图形液晶显示模块；其显示分辨率为 128×64，内置 8192 个 16×16 点汉字，和 128 个 16×8 点 ASCII 字符集。利用其灵活的接口方式和简单、方便的操作指令，可构成全中文人机交互图形界面。12864 液晶可以显示 8×4 行 16×16 点阵的汉字，也可完成图形显示，电路图如图 4-8 所示。

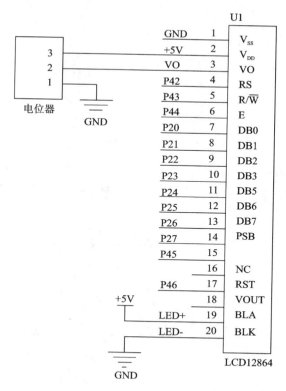

图 4-8 LCD12864 液晶显示电路

图中电位器与液晶的 2、3 脚相连，用于调整屏幕亮度；液晶的 3、4、5 脚分别为单片机的 RS 端、R/W 端和使能端相连，7～14 脚为数据输入口，与单片机 P2 口相连，实现数据传输；15 脚为并/串口方式选择端，与单片机的 P45 口相连；17 脚为复位端，与单片机的 P46 口相连。最后利用＋5 V 电压为显示屏供电。表 4-7 给出了 12864 液晶显示电路元器件参数。读者可以根据需要，利用液晶显示各种文字、图形信息。

表 4-7 12864 液晶显示电路元器件参数

序号	名称	参数值	元器件编号	封装	数量
1	LCD12864 接口		U1	HDR1×20	1
2	电位器		电位器	HDR1×3	1

注意：未给出封装的元器件为库中没找到所需封装，读者可去有关网站或论坛下载有关封装库，或者也可自行制作所需封装。

5. 按键电路

按键是单片机应用系统中最常用的输入设备，操作人员一般都是通过按键向单片机系统输入指令、数据，实现简单的人机通信。本书采用的是独立式按键，特点是连接方法简便、编程简单、每个按键单独占用一根 I/O 口线。如图 4-9 所示为按键电路。图中 R10 到 R13 为限流电阻，起保护电路的作用。表 4-8 给出了按键电路的元器件参数。

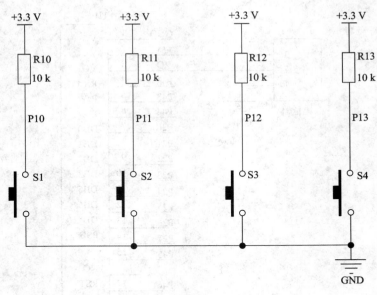

图 4-9　按键电路

表 4-8　按键电路元器件参数

序号	名称	参数值	元器件编号	封装	数量
1	贴片按键		S1、S2、S3、S4		4
2	贴片电阻	10 kΩ	R10、R11、R12、R13	0805	4

　　注意：未给出封装的元器件为库中没找到所需封装，读者可去有关网站或论坛下载有关封装库，或者也可自行制作所需封装。

6. I²C 总线 E²PROM 电路

　　AT24C02 是由美国 CATALYST 公司出品的，包含 1～256 K 位，2 KB 容量，支持 I²C 总线数据传送协议的串行 CMOS E²PROM 芯片，可用电擦除，可编程自定义写周期，自动擦除时间不超过 10 ms，典型时间为 5 ms，其电路图如图 4-10 所示。

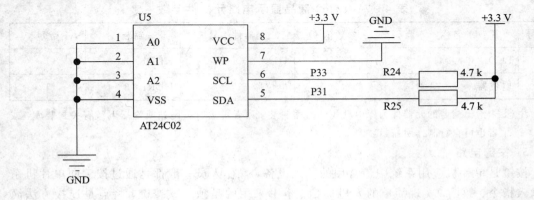

图 4-10　AT24C02 电路

　　图中 A0，A1，A2 与 WP 都接地；SDA 接单片机 P31 口；SCL 接单片机 P33 口；SDA 与 SCL 分别与 VCC 之间接一个 4.7 kΩ 上拉电阻，因为 AT24C02 总线内部是漏极开路形式，不接上拉电阻无法确定总线空闲时的电平状态。表 4-9 提供了 AT24C02 电路相关元器件参数。

表 4-9　AT24C02 电路元器件参数

序号	名称	参数值	元器件编号	封装	数量
1	AT24C02		U5	SOP8	1
2	贴片电阻	4.7 kΩ	R24、R25	0805	2

注意：未给出封装的元器件为库中没找到所需封装，读者可去有关网站或论坛下载有关封装库，或者也可自行制作所需封装。

7. 模/数转换电路

MSP430F169 单片机自带 12 位 A/D 转换电路，所以无需外接 A/D 芯片，只需要借助一个电位器即可完成一个模数转换实验。通过调节电位器改变输入电压，经过 A/D 转换之后，可通过数码管或液晶显示出对应的电压值，实现简易数字电压表的功能。电路图如图 4-11 所示。

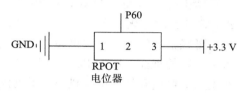

图 4-11　电位器电路

图中电位器的电阻调节端接单片机 P60 口，一端接 3.3 V 电压，另一端接地。表 4-10 为电位器参数。

表 4-10　电位器参数

序号	名称	参数值	元器件编号	封装	数量
1	锯齿电位器		RPOT 电位器		1

注意：未给出封装的元器件为库中没找到所需封装，读者可去有关网站或论坛下载有关封装库，或者也可自行制作所需封装。

8. 蜂鸣器电路

蜂鸣器是一种一体化结构的电子讯响器，采用直流电压供电，广泛应用于计算机、打印机、复印机、报警器、电子玩具、汽车电子设备、电话机、定时器等电子产品中作发声器件。本书配套实验板所选择的蜂鸣器为有源和无源型两种。注意，这里的"源"不是指电源，而是指振荡源，即有源蜂鸣器内部带振荡源，所以只要一通电就会响；而无源蜂鸣器内部不带振荡源，须通过方波信号才能驱动它。无论有源还是无源，我们都可以通过单片机驱动它发出不同音调的声音。驱动方波的频率越高，音调就越高，因此我们可以通过控制驱动方波的频率使蜂鸣器奏出各种音调的音乐。蜂鸣器电路图如图 4-12 所示。表 4.11 给出了蜂鸣器电路的元器件参数。

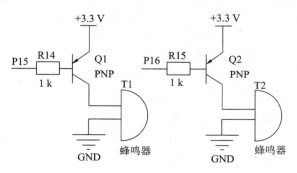

图 4-12　有源和无源蜂鸣器电路

表 4 – 11　蜂鸣器电路元器件参数

序号	名称	参数值	元器件编号	封装	数量
1	PNP 型三极管		Q1、Q2	SOT_23	2
2	贴片电阻	1 kΩ	R14、R15	0805	2
3	无源蜂鸣器		T1		1
	有源蜂鸣器		T2		1

注意：未给出封装的元器件为库中没找到所需封装，读者可去有关网站或论坛下载有关封装库，或
　　　者也可自行制作所需封装。

9. DS18B20 温度传感器电路

DS18B20 是美国 DALLAS 半导体公司推出的第一片支持"一线总线"接口的温度传感器，它具有微型化、低功耗、抗干扰能力强等优点，使用户可轻松地组建传感器网络，为测量系统的构建引入了全新的概念。DS18B20 可以采用两种供电方式：寄生电源供电和外部电源供电，本书配套实验板上的 DS18B20 采用外部电源供电，电路图如图 4 – 13 所示。

从图中可以看出，DS18B20 在使用时几乎不需要任何外围元件，全部传感器元件及转换电路集成在一只形如三极管的集成电路内，只需将单片机的 P17 口与其数据端口相连即可。表 4 – 12 给出了温度传感器元器件参数。

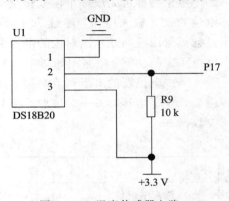

图 4 – 13　温度传感器电路

表 4 – 12　温度传感器元器件参数

序号	名称	参数值	元器件编号	封装	数量
1	DS18B20		U1	HDR1×3	1
2	贴片电阻	10 kΩ	R9	0805	1

注意：未给出封装的元器件为库中没找到所需封装，读者可去有关网站或论坛下载有关封装库，或
　　　者也可自行制作所需封装。

10. 实时时钟电路

实时时钟 RTC(Real-time Clock)是指可以像时钟一样输出实际时间的电子设备，一般来说 RTC 是集成电路，通常称为时钟芯片。本书配套的实验板选择的时钟芯片是 DS1302。它是美国 DALLAS 公司推出的一种高性能、低功耗、带 RAM 的实时时钟电路，它可以对年、月、日、周日、时、分、秒，进行计时，具有闰年补偿功能，工作电压为 2.5 V～5.5 V。其采用三线接口与 CPU 进行同步通信，并可采用突发方式一次传送多个字节的时钟信号或 RAM 数据，电路图如图 4 – 14 所示。从图中可以看出，DS1302 与单片机的连接仅需要 3 条线：时钟线 SCLK、数据线 I/O、复位线 RST。SCLK 与单片机的 P37 口相连，I/O 与 P14 口相连，RST 与 P61 口相连，当 RST 输入驱动置高电平，启动所有数据传送。图中 32.768 kHz 晶振与芯片内部电路组成振荡器，用于产生基准时钟信号，然后经过分

频得到精确的秒信号。表 4-13 给出了实时时钟电路相关元器件参数。

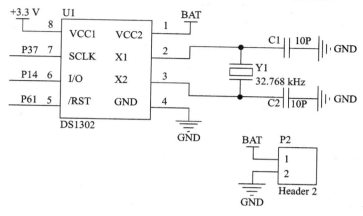

图 4-14　DS1302 实时时钟电路

表 4-13　实时时钟电路相关元器件参数

序号	名称	参数值	元器件编号	封装	数量
1	DS1302		U1	sop8	1
2	晶振	32.768 kHz	Y2	X32768	1
3	贴片电容	10 pF	C1、C2	0805	2
4	接口		P2		1

注意:未给出封装的元器件为库中没找到所需封装,读者可去有关网站或论坛下载有关封装库,或者也可自行制作所需封装。

11. 继电器电路

继电器是一种电子控制器件,利用电磁效应实现电路开关作用,通常用于自动控制电路中,可以在其输出端添加外设,这样继电器可以起到用较小电流控制较大电流的一种"自动开关"的作用,同时还能在电路中起着自动调节、安全保护、转换电路等作用,电路图如图 4-15 所示。

图中三极管相当于一个"水龙头",当单片机 P63 口输出低电平时,三极管相当于"打开",即+3.3 V 可以为继电器供电,使开关闭合。反之,如果 P63 口输出高电平,则三极管相当于关闭,继电器停止工作。二极管 IN4007 对继电器起保护作用,这里需要特别注意二极管的接法:并联在继电器两端,阳极接地。表 4-14 给出了继电器电路元器件参数。

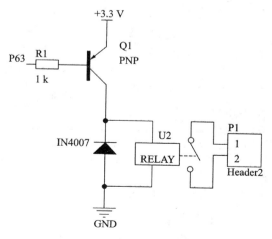

图 4-15　继电器电路

表 4-14 继电器电路元器件参数

序号	名称	参数值	元器件编号	封装	数量
1	继电器		U2		1
2	二极管		IN4007		1
3	三极管		S8550	SOT_23	1
4	贴片电阻	1 kΩ	R1	0805	1
5	接口		P1		1

注意：未给出封装的元器件为库中没找到所需封装，读者可去有关网站或论坛下载有关封装库，或者也可自行制作所需封装。

12. SST25V020 SPI 通信电路

SST25V016 为 16Mbit SPI 串行闪存芯片，是一种非易失性储存芯片，即断电数据也不会丢失，采用+3.3 V 电源供电，电路图如图 4-16 所示。

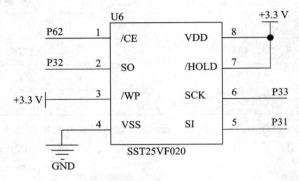

图 4-16 SST25V020 电路

图中 SCK 为串行时钟输入端，由单片机提供时钟信号。上升沿输入数据，下降沿移出数据。SI 为串行数据输入端，负责将单片机的地址、命令或数据输入芯片。SO 为串行数据输出端，负责将单片机的地址、命令或数据移出芯片。CE 为芯片使能端，通过单片机 P62 口控制芯片工作。表 4-15 给出了 SST25VF020 串行闪存电路元器件参数。

表 4-15 SST25VF020 串行闪存电路元器件参数

序号	名称	参数值	元器件编号	封装	数量
1	SST25VF020		U6	SOP8	1

注意：未给出封装的元器件为库中没找到所需封装，读者可去有关网站或论坛下载有关封装库，或者也可自行制作所需封装。

4.2.4 实验板布局

1. 整体布局

教材配套的口袋实验板整体布局如图 4-17 所示。

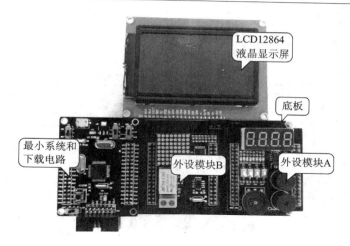

图 4 - 17 口袋实验板整体布局

2. 最小系统板布局

最小系统模块如图 4 - 18 所示。

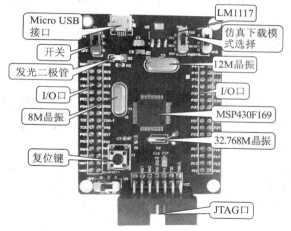

图 4 - 18 最小系统实验板

3. 外设模块 A

外设模块 A 如图 4 - 19 所示。

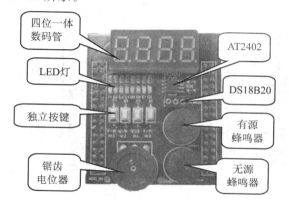

图 4 - 19 外设模块 A

4. 外设模块 B

外设模块 B 如图 4 - 20 所示。

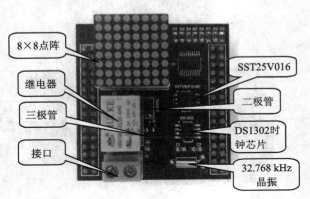

图 4 - 20　外设模块 B

4.3　MSP430 单片机开发板整机原理图及 PCB 版图

（1）MSP430 最小系统板电路原理图如图 4 - 21 所示。

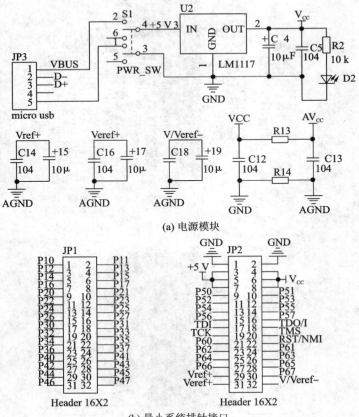

(a) 电源模块

(b) 最小系统排针接口

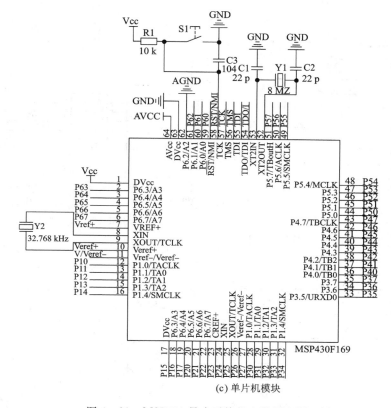

(c) 单片机模块

图 4-21　MSP430 最小系统板电路原理图

（2）外设模块 A 电路原理图如图 4-22 所示。

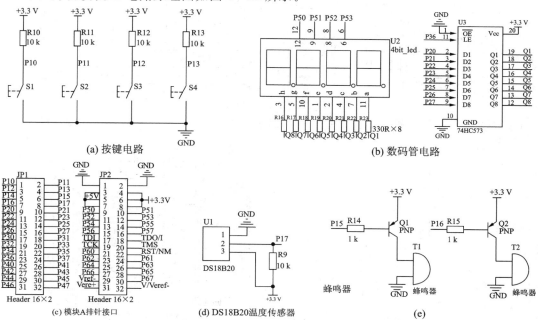

(a) 按键电路

(b) 数码管电路

(c) 模块A排针接口

(d) DS18B20温度传感器

(e)

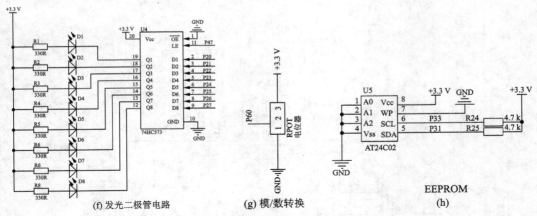

图 4 - 22　外设模块 A 电路原理图

（3）外设模块 B 电路原理图如图 4 - 23 所示。

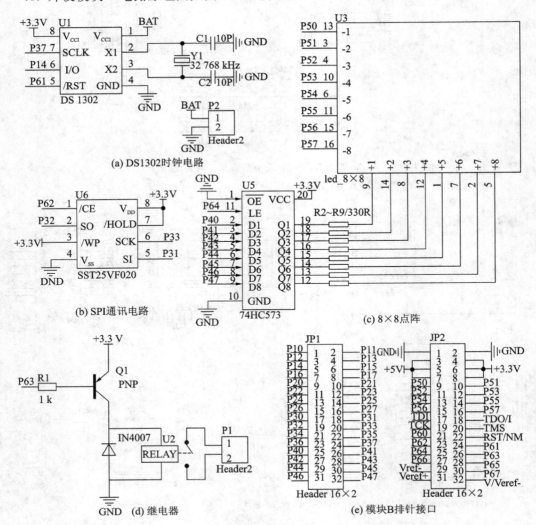

图 4 - 23　外设模块 B 电路原理图

（4）MSP430 底板电路原理图如图 4 - 24 所示。

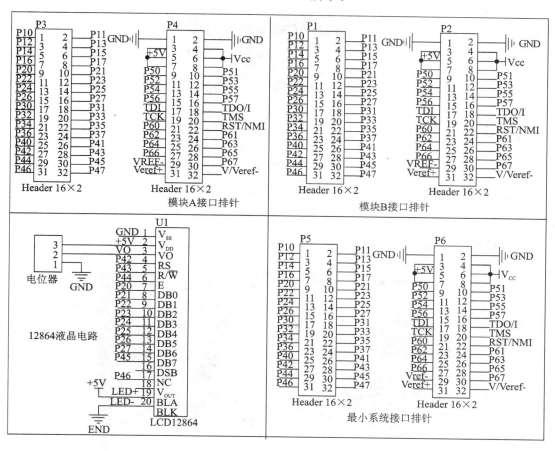

图 4 - 24　MSP430 底板电路原理图

（5）最小系统板 PCB 版图如图 4 - 25 所示。

（6）模块 A PCB 版图如图 4 - 26 所示。

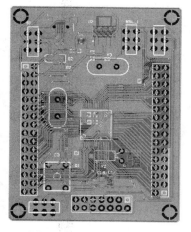

图 4 - 25　最小系统板 PCB 版图

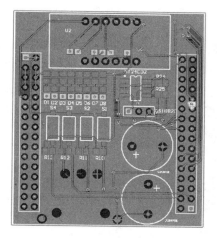

图 4 - 26　模块 A PCB 版图

（7）模块 B PCB 版图如图 4 - 27 所示。

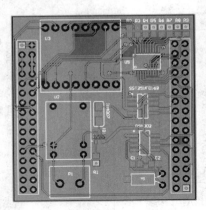

图 4 - 27　模块 B PCB 版图

（8）底板 PCB 版图如图 4 - 28 所示。

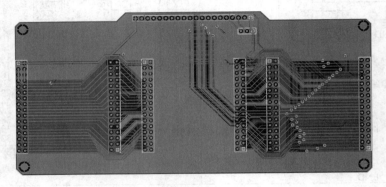

图 4 - 28　底板 PCB 版图

第五章　MSP430 单片机片内及片外模块的应用

本章重点讲述 MSP430 单片机片内及片外模块的应用实例。其中片内模块的应用包括 MSP430 单片机的 I/O 口、中断、定时器、串口通信、比较器、ADC12、DAC12 等；片外模块主要讲解配套"口袋实验板"上与单片机连接的外部电路和模块，包括 LED、数码管显示、LED 点阵显示、键盘、AT24C02 存储芯片、SST25VF016B 存储芯片、LCD12864 液晶显示屏等。所有实例均可以在本教材配套的实验板上验证，读者可以通过观察实验现象，加深对单片机系统的理解。本章中给出的例程代码仅供参考，读者可以根据需求自行开发设计例程。目过千遍不如动手一遍，希望读者能亲自动手去实践。

作者编写本章内容时使用的操作系统是 Windows 8.1，开发工具是 IAR EW430 v5.30。单片机下载方式包括 BSL 下载或 JTAG 仿真器下载。BSL 下载方式需要安装 MspFet 下载软件，仿真器下载直接用 IAR EW430 v5.30 就可以了。使用的硬件实验设备是教材配套的 MSP430F169 单片机口袋实验板。本章的所有实例程序均在该环境中调试通过，并在实验板上得到验证。

以下是关于实验板硬件部分和代码设计部分的一些需要注意的准备知识。

1. 锁存器

为了节约 I/O 口，实现端口复用，实验板在设计中使用了锁存器，本章的实例在代码设计中对应地也运用了锁存器。锁存器 74HC573 引脚如图 5-1 所示。

仅当 $\overline{OE}$ 引脚为低电平，LE 引脚为高电平的时候，Q1～Q8 的值与 D1～D8 的值相等。其余状态，Q1～Q8 保留上一个状态的值。本章的实例默认 $\overline{OE}$ 引脚已经接地，因此仅需控制 LE 引脚的电平。若读者想详细了解锁存器的工作原理，可以自行查阅 74HC573 的数据手册。

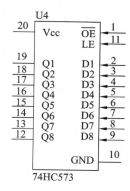

图 5-1　锁存器引脚

2. 宏定义

本章的实例代码中，多次出现类似" P4OUT = BIT1；"这样的语句，"BIT1"为头文件中的宏定义，读者可打开头文件 msp430x16x.h 来查看。

3. 关于最小系统板上的开关 BSL_1 和 BSL_2 的说明

（1）BSL_1 向上拨动，BSL_2 向下拨动，单片机处于下载模式，程序可以正常下载。若在此模式下开启单片机，会有多次重启的现象。

（2）BSL_1 向下拨动，BSL_2 向上拨动，单片机处于串口通信模式。

（3）BSL_1 向上拨动，BSL_2 向上拨动，单片机正常运行。

5.1　通用 I/O 接口的应用

本节介绍点亮 LED 灯，键盘输入，数码管显示，LED 点阵显示等内容。通过学习这些应用，可以熟悉 I/O 端口的配置方法，为以后的系统设计及编程打下基础。

5.1.1　发光二极管显示模块

LED 灯电路相对比较简单，图 5-2 所示为 LED 灯的工作原理图。为节约 I/O 口，给其他外设留下充足的引脚，加入了锁存器。P47 引脚控制锁存器的状态。当 P47 引脚为高电平时，锁存器处于导通状态，Q1～Q8 的状态与 D1～D8 相同。P2 端送出数据（此时 P2 端应设为 I/O 输出模式），控制 LED 灯亮灭，高电平 LED 灯灭，低电平 LED 灯亮。例如要点亮 D1 这盏 LED 灯时，只需将其对应的引脚 P20 拉低，如例 1。

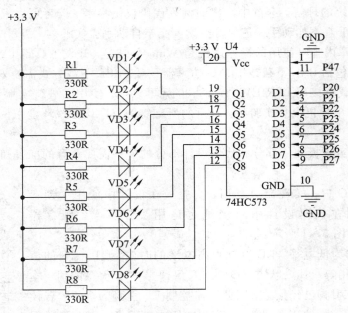

图 5-2　I/O 口驱动 8 位发光二极管

例 1：点亮一盏 LED 灯。

代码如下：

```
/*********************************************************
* @file      main.c
* @version   1.0
* @date      2014.9.16
* @brief     点亮一盏 LED
* @mcu       MSP430F169
* @IDE       IAR EW430 v5.30
*********************************************************/
#include <msp430x16x.h>
```

```
# define CPU_F ((double)8000000)          //CPU 主频

# define LED8 P2OUT                       //P2 口接 8 个 LED 灯用于测试

void Clock_Init(void);
void WDT_Init(void);
void Port_Init(void);


// * * * * * * * * * * * * * * * * * * * * * * * * * * * * * * * * * * *
//          主函数
// * * * * * * * * * * * * * * * * * * * * * * * * * * * * * * * * * * *
void main(void)
{
    WDT_Init();                           //关闭看门狗
    Clock_Init();                         //时钟初始化
    Port_Init();                          //端口初始化,用于控制 I/O 口输入或输出

    P4OUT |= BIT7;                        //打开锁存器

    LED8 &= ~BIT0;                        //把 P20 拉低,点亮 LED 灯
    while(1)
        ;
}


// * * * * * * * * * * * * * * * * * * * * * * * * * * * * * * * * * * *
//          系统时钟初始化
// * * * * * * * * * * * * * * * * * * * * * * * * * * * * * * * * * * *
void Clock_Init(void)
{
    unsigned char i;
    BCSCTL1 &= ~XT2OFF;
    BCSCTL2 |= SELM1+SELS;

    do{
        IFG1 &= ~OFIFG;
        for(i = 0; i < 100; i++)
            _NOP();
    }while((IFG1&OFIFG) != 0);

    IFG1 &= ~OFIFG;
}
```

```
//* * * * * * * * * * * * * * * * * * * * * * * * * * * * * * * * * * * *
//          MSP430 内部看门狗初始化
//* * * * * * * * * * * * * * * * * * * * * * * * * * * * * * * * * * * *
void WDT_Init(void)
{
  WDTCTL = WDTPW + WDTHOLD;         //关闭看门狗
}


//* * * * * * * * * * * * * * * * * * * * * * * * * * * * * * * * * * * *
//          MSP430 I/O 口初始化
//* * * * * * * * * * * * * * * * * * * * * * * * * * * * * * * * * * * *
void Port_Init(void)
{
  P2SEL = 0x00;                     //设置 P2 口为普通 I/O 模式
  P2DIR = 0xFF;                     //设置 P2 口方向为输出
  P2OUT = 0xFF;                     //初始设置为 FF

  P4SEL = 0x00;                     //设置 P4 口为普通 I/O 模式
  P4DIR = BIT7;                     //设置 P47 口方向为输出
  P4OUT = 0x00;                     //初始设置为 00
}
```

其余 LED 灯的操控方法也与此相同,仅需选择相对应的引脚即可。通过对例 1 主函数的修改,可以实现八盏 LED 灯同时闪烁的功能,如例 2。

例 2:八盏 LED 灯同时闪烁实验。

代码如下:

```
//* * * * * * * * * * * * * * * * * * * * * * * * * * * * * * * * * * * *
//          主函数
//* * * * * * * * * * * * * * * * * * * * * * * * * * * * * * * * * * * *
void main(void)
{
  WDT_Init();
  Clock_Init();                     //时钟初始化
  Port_Init();                      //端口初始化,用于控制 IO 口输入或输出

  P4OUT |= BIT7;                    //打开锁存器

  while(1){
    LED8 = 0x00;                    //点亮八盏 LED 灯
    delay_ms(500);                  //延时 500 ms

    LED8 = 0xFF;                    //关闭八盏 LED 灯
    delay_ms(500);                  //延时 500 ms
```

```
        }
    }
```

可以进一步通过循环语句，搭配适当的延时，让 LED8 有更加绚丽的显示效果，如例 3。

例 3：LED 的跑马灯效果，仅需要修改例 1 的主函数即可。

代码如下：

```
//* * * * * * * * * * * * * * * * * * * * * * * * * * * * * * * * * * *
//              主函数
//* * * * * * * * * * * * * * * * * * * * * * * * * * * * * * * * * * *
void main(void)
{
    unsigned char ledbuff;

    WDT_Init();
    Clock_Init();                    //时钟初始化
    Port_Init();                     //端口初始化,用于控制 I/O 口输入或输出

    P4OUT |= BIT7;                   //打开锁存器

    while(1){
        for(ledbuff = 0x01; ledbuff != 0x00; ledbuff <<= 1){
            LED8 = ~ledbuff;         //根据 ledbuff 的值点亮 LED 等
            delay_ms(100);           //延时 100 ms
        }

        for(ledbuff = 0x00; ledbuff != 0xFF; ledbuff += 1){
            LED8 = ~ledbuff;
            delay_ms(100);
        }
    }
}
```

这里仅给出简单的示例，更加绚丽的效果，读者也可以根据自己的需要自行设计。

5.1.2 数码管显示模块

1. LED 数码管的结构与工作原理

单片机应用系统中，显示部分可以反映系统工作状态和运行结果，是单片机与人对话的输出设备。最常用的显示工具是七段式和八段式 LED 数码管，八段比七段多了一个小数点，其他的基本相同。所谓八段，是指数码管里有八个小 LED 发光二极管，通过控制不同的 LED 灯的亮灭来显示出不同的字形。数码管分为共阴极和共阳极两种类型：共阴极是将八个 LED 的阴极连在一起，让其接地，这样给任何一个 LED 的另一端高电平，它便能被点亮；而共阳极是将八个 LED 的阳极连在一起，让其接电源，点亮的方法与共阴极相反。

数码管的原理图如图 5-3 所示。

一个八段数码管称为一位，多个数码管并列在一起可构成多位数码管，它们的段选线（即 a、b、c、d、e、f、g、dp）连在一起，而各自的公共端为位选线。显示时，都从段选线送入字符编码，而选中哪个位选线，那个数码管便会被点亮，如同例 1 中点亮 LED 灯。数码管的 8 段，对应一个字节的 8 位，a 对应最低位，dp 对应最高位。所以如果让数码管显示数字 0，那么共阴极数码管的字符编码为"00111111"，即 0x3F，共阳极数码管的字符编码为 11000000，即

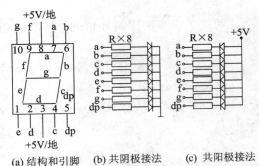

(a) 结构和引脚　　(b) 共阴极接法　　(c) 共阳极接法

图 5-3　数码管原理图

0xC0。可以看出，两个编码的各位正好相反。表 5-1 给出了共阴极数码管的段码表。共阳极数码管的字型码只需将共阴极数码管的字型码按位取反即可。

表 5-1　共阴极数码管段码表

显示字符	dp	g	f	e	d	c	b	a	字型码
0	0	0	1	1	1	1	1	1	3FH
1	0	0	0	0	0	0	1	1	06H
2	0	1	0	1	1	0	1	1	5BH
3	0	1	0	0	1	1	1	1	4FH
4	0	1	1	0	0	1	1	0	66H
5	0	1	1	0	1	1	0	1	6DH
6	0	1	1	1	1	1	0	1	7DH
7	0	0	0	0	0	1	1	1	07H
8	0	1	1	1	1	1	1	1	7FH
9	0	1	1	0	1	1	1	1	6FH
A	0	1	1	1	0	1	1	1	77H
B	0	1	1	1	1	1	0	0	7CH
C	0	0	1	1	1	0	0	1	39H
D	0	1	0	1	1	1	1	0	5EH
E	0	1	1	1	1	0	0	1	79H
F	0	1	1	1	0	0	0	1	71H

2. LED 数码管的显示方式

LED 数码管要正常显示，需要驱动电路，负责驱动数码管的各个段码。数码管的驱动电路相对简单，这里同样运用了锁存器，如图 5-4 所示。细心的读者可以发现，数码管也是用 P2 端口来控制的。P2 端口驱动的对象可以通过设置寄存器来选择，这样复用引脚，节约 I/O 口，是解决 I/O 口不足的一种方法。根据 LED 数码管的驱动方式不同，可以分为静态式和动态式两种。

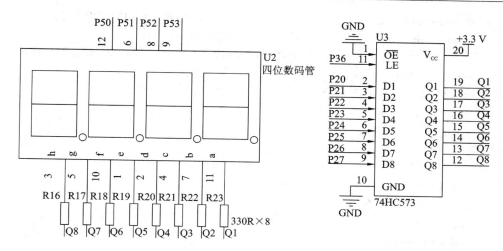

图 5-4　4 位共阴极数码管电路图

1) LED 数码管静态显示方式

静态驱动也称直流驱动，是指每个数码管的每一个段码都由一个单片机的 I/O 端口进行驱动，或者使用如 BCD 码二-十进制译码器译码进行驱动。图 5-4 为 4 位共阴极数码管电路图。从图中可以看出，4 位数码管占用了单片机的 12 个引脚。例 4 演示静态显示，仅用到最右边一位数码管，P50 拉低，模拟接地，P51、P52、P53 置高。操作静态驱动的优点是编程简单，显示亮度高，缺点是占用 I/O 端口多，如驱动 4 个数码管静态显示则需要 $4 \times 8 = 32$ 根 I/O 端口来驱动，一个 MSP430x16x 单片机可用的 I/O 端口才 48 个，实际应用时必须增加译码驱动器进行驱动，从而增加了硬件电路的复杂性。

例如，要在数码管上显示"5"，先查字型码为"6DH"，然后直接将其赋值给 P2 口即可：

　　P2OUT = 6DH；

通常会在程序中建立一个 char 型数组，保留 0~9 的字型码，如例 4。

例 4：四位数码管最低位，0~9 依此变换显示。

代码如下：

```
/ * * * * * * * * * * * * * * * * * * * * * * * * * * * * * * * * *
 *  @file      main. c
 *  @version   1.0
 *  @date      2014. 9. 16
 *  @brief     1 位数码管静态显示，0~9 变换
 *  @mcu       MSP430F169
 *  @IDE       IAR EW430 v5. 30
 *
 * * * * * * * * * * * * * * * * * * * * * * * * * * * * * * * * * * /

# include <msp430x16x. h>

# define CPU_F ((double)8000000)              //cpu 主频
# define delay_ms(x) _delay_cycles((long)(CPU_F * (double)x/1000.0))     //毫秒级延时
```

```
#define DIGITAL P2OUT                      //P2 口接 8 个 LED 灯用于测试
unsigned char const NUM[]= {0x3F, 0x06, 0x5B, 0x4F, 0x66,
                  0x6D, 0x7D, 0x07, 0x7F, 0x6F};    //对应单位数码管 0~9
void Clock_Init(void);
void WDT_Init(void);
void Port_Init(void);




//****************************************
//         主函数
//****************************************
void main(void)
{
  int i;
  WDT_Init();
  Clock_Init();                          //时钟初始化
  Port_Init();                           //端口初始化，用于控制 I/O 口输入或输出

  P3OUT |= BIT6;                         //打开锁存器
  P5OUT &= ~BIT0;                        //P50 拉低，模拟接地

  while(1){
    for(i = 0; i <= 9; i++){
      DIGITAL = NUM[i];                  //数码管显示相应的数字
      delay_ms(500);
    }
  }
}




//****************************************
//         系统时钟初始化
//****************************************
void Clock_Init(void)
{
  unsigned char i;
  BCSCTL1 &= ~XT2OFF;
  BCSCTL2 |= SELM1+SELS;

  do{
    IFG1 &= ~OFIFG;
    for(i = 0; i < 100; i++)
      _NOP();
```

```
    }while((IFG1&OFIFG) ! = 0);

    IFG1 & = ~OFIFG;
}


//* * * * * * * * * * * * * * * * * * * * * * * * * * * * * * * * * * * * *
//            MSP430 内部看门狗初始化
//* * * * * * * * * * * * * * * * * * * * * * * * * * * * * * * * * * * * *
void WDT_Init(void)
{
    WDTCTL = WDTPW + WDTHOLD;            //关闭看门狗
}


//* * * * * * * * * * * * * * * * * * * * * * * * * * * * * * * * * * * * *
//            MSP430IO 口初始化
//* * * * * * * * * * * * * * * * * * * * * * * * * * * * * * * * * * * * *
void Port_Init(void)
{
    P2SEL = 0x00;            //设置 P2 口为普通 I/O 模式
    P2DIR = 0xFF;            //设置 P2 口方向为输出
    P2OUT = 0xFF;            //初始设置为 FF

    P3SEL = 0x00;            //设置 P3 口为普通 I/O 模式
    P3DIR = BIT6;            //设置 P36 口方向为输出
    P3OUT = 0x00;            //初始设置为 00

    P5SEL = 0x00;            //设置 P5 口为普通 I/O 模式
    P5DIR = 0x0F;            //设置 P50～P53 口方向为输出
    P5OUT = 0xFF;            //初始设置为 FF
}
```

2) LED 数码管动态显示方式

　　LED 数码管动态显示接口是单片机应用中最为广泛的显示方式之一。将所有数码管的 8 个显示笔画 a、b、c、d、e、f、g、dp 的同名端连在一起，另外为每个数码管的公共端 COM 增加位选通控制电路，位选通由各自独立的 I/O 线控制，当单片机输出字形码时，单片机对位选通 COM 端电路进行控制，所以只要将需要显示的数码管的选通控制打开，该位就显示出字形，没有选通的数码管就不会亮。通过分时轮流控制各个数码管的 COM 端，就使各个数码管轮流受控显示，这就是动态驱动。在轮流显示过程中，每位数码管点亮的时间为 1～2 ms，由于人的视觉暂留现象及发光二极管的余辉效应，尽管实际上各位数码管不是同时点亮的，但只要扫描的速度足够快，给人的印象就是一组稳定的显示数据，不会有闪烁感，动态显示的效果和静态显示是一样的，从而能够节省大量的 I/O 端口，且功耗更低。从图 5-4 中可以看出，4 个数码管动态显示只需要 12 个引脚，其中 P50～P53 控制位选，P2 控制字选，相对于静态的 4×8＝32 个引脚来说，节约了 20 个引脚。单片机动态驱动数码管的方法如下：由 P50～P53 向各个位轮流输出扫描信号，使每一瞬间只有一个数码管被选通(共阴极低电平选通，共阳极高电平选通)，然后由 P2 口送入该位所要显示的字形码，点亮该位字段显示的字形。这样在 P2 口送出的码段与 P5 口送出的位段共同配合控制，就可以使各个数码管轮流点亮显示各自的字形。虽然几位数码管是依次被点亮的，但需要每位被点亮时间超过 1 ms，隔一段时间使之再显示一遍，如此不断重复扫描。只要扫描时间足够快，人眼就看不出闪烁。动态扫描一般用软件实现。以下举例说明，在 4 个数码管上分别显示"1"、"2"、"3"、"4"。

例 5：4 位数码管分别显示"1"、"2"、"3"、"4"，仅需修改例 4 中的主函数。

代码如下：

```
//* * * * * * * * * * * * * * * * * * * * * * * * * * * * * * * * * * *
//          主函数
//* * * * * * * * * * * * * * * * * * * * * * * * * * * * * * * * * * *


void main(void)
{
  int i;
  WDT_Init();
  Clock_Init();                        //时钟初始化
  Port_Init();                         //端口初始化，用于控制 I/O 口输入或输出

  P3OUT |= BIT6;                       //打开锁存器

  while(1){
    for(i = 8; i ! = 0; i >>= 1){
      DIGITAL = 0x00;                  //防止干扰
      P5OUT = ~i;                      //选择位
      DIGITAL = NUM[temp % 10];        //选择字
      temp /= 10;
    }
  }
}
```

在例 4 的基础上，加入合适的延时程序，可以实现 4 位数码管从 0000～9999 的变换，如例 6。

例 6：4 位数码管动态显示，从 0000～9999 不断累加 1，仅需修改例 4 中的主函数。

代码如下：

```
//* * * * * * * * * * * * * * * * * * * * * * * * * * * * * * * * * * *
//          主函数
//* * * * * * * * * * * * * * * * * * * * * * * * * * * * * * * * * * *


void main(void)
```

```
{
    int i;
    int count = 0;
    int delay = 0;
    int temp;

    WDT_Init();
    Clock_Init();                          //时钟初始化
    Port_Init();                           //端口初始化,用于控制 I/O 口输入或输出

    P3OUT |= BIT6;                         //打开锁存器

    while(1){
        temp = count;

        for(i = 8; i != 0; i >>= 1){
            DIGITAL = 0x00;               //防止干扰
            P5OUT = ~i;                   //选择位
            DIGITAL = NUM[temp % 10];     //选择字
            temp /= 10;
        }

        if(++delay > 800){                //同一个数字显示 800 次后显示下一个数
            count++;
            delay = 0;
        }
    }
}
```

5.1.3　LED8×8 点阵显示模块

很多时候,除了简单的数字显示外,我们需要显示更多的信息,比如字母、汉字甚至图片。LED 点阵可以满足显示更多内容的需求。LED 点阵屏发光亮度强,指示效果好,可以制作运动的发光图文,更容易吸引注意力,信息量大,随时更新,有着非常好的广告和告示效果。LED 点阵如同 LED 数码管一样,分静态显示以及动态显示,由于静态显示占用过多的 I/O 口,实际应用中基本选择动态显示。本示例对 LED8×8 点阵屏动态扫描显示作一个简单的介绍。

1) LED8×8 点阵结构与工作原理

如图 5-5 所示为一种 8×8 的 LED 点阵单色行共阳极模块的内部结构图,对于红光 LED,其工作正向电压约为 1.8 V,其持续工作的正向电流一般为 10 mA 左右,峰值电流可以更大。当某一行线为高电平而某一列线为低时,其行列交叉的点就被点亮,比如要点亮第 2 行第 2 列的灯,需要将 R2 置高,C2 拉低。当某一行线为低电平时,列线取高或取

低, 对应的这一行的点全部为暗。LED 点阵屏显示与数码管的动态显示相同, 就是通过一定的频率进行逐行扫描, 数据端口不断输入数据显示, 只要扫描频率足够高, 由于人眼的视觉残留效应, 就可以看到完整的文字或图案信息。

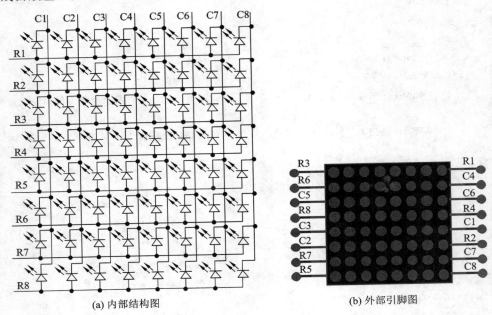

(a) 内部结构图　　　　　　　　　　　　　(b) 外部引脚图

图 5-5　LED8×8 点阵屏

2) LED8×8 点阵显示

LED8×8 点阵屏外部电路较为简单, 如图 5-6 所示, 占用 P4 与 P5 两个 I/O 口, P4 口连接行信号, P5 口连接列信号。实际应用中, 也可以使用译码器来节约 I/O 口。

点阵屏的显示涉及对显示图像的取模, 什么是取模呢? 举个简单的例子, 现在需要在 LED8×8 点阵上显示 "1", 把点阵屏的每个灯想象成一个小方格, 在 8×8 的点阵里绘制出 "1" 的图形, 如图 5-7 所示。黑色代表灯亮, 用 "1" 表示, 白色代表灯灭, 用 "0" 表示, 这样得到一个 8×8 的 "0" 和 "1" 构成的矩阵, 如图 5-8 所示。

矩阵里的每 1 位用 1 bit 表示, 每 8 位为一组, 正好为一字节。按行分组, 称为横向取模, 得到的 8 个字节依次为:

0x00, 0x08, 0x18, 0x08, 0x08, 0x08, 0x1C, 0x00。

按列分组, 称为纵向取模, 得到的 8 个字节依次为:

0x00, 0x00, 0x00, 0x22, 0x7E, 0x02, 0x00, 0x00。

取模的方向无优劣之分, 根据软件的实现自行选择。

例如, 我们希望通过行扫描显示, 这时候应该选用横向取模。本示例程序使用的是列扫描显示, 故使用纵向取模。在 LED 数码管动态显示中, 先选取位, 然后给该位数码管赋值。同理, 在 LED8×8 点阵显示中, 先选择列(行扫描选择行), 然后给该列赋值, 如例 7。

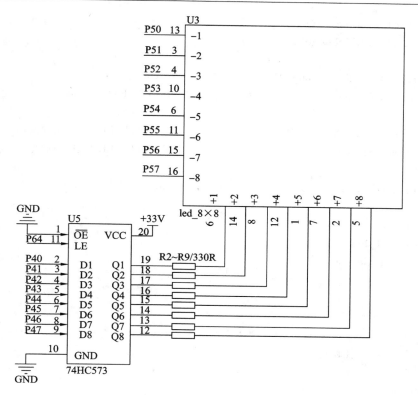

图 5－6　LED8×8点阵屏外部电路图

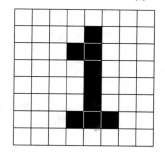

图 5－7　"1"图形绘制

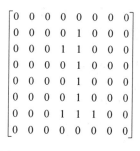

图 5－8　"1"图形矩阵表示

例7：LED8×8点阵显示数字"1"。

代码如下：

```
/ * * * * * * * * * * * * * * * * * * * * * * * * * * * * * * * * * * * * * * *
*  @file      main. c
*  @version   1.0
*  @date      2014. 9. 16
*  @brief     LED 点阵显示"1"
*  @mcu       MSP430F169
*  @IDE       IAR EW430 v5. 30

* * * * * * * * * * * * * * * * * * * * * * * * * * * * * * * * * * * * * * * /
```

```
# include <msp430x16x. h>
# include "LED_Resource. h"

# define CPU_F ((double)8000000)                    //cpu 主频
# define delay_ms(x) _delay_cycles((long)(CPU_F * (double)x/1000.0))    //毫秒级延时

# define LED8x8ROW P4OUT              //P4 口接 LED 点阵横向坐标
# define LED8x8COL P5OUT              //P5 口接 LED 点阵纵向坐标

const unsigned char LED_1[]= {0x00,0x00,0x00,0x22,0x7E,0x02,0x00,0x00};   //"1"字模

void Clock_Init(void);
void WDT_Init(void);
void Port_Init(void);




// * * * * * * * * * * * * * * * * * * * * * * * * * * * * * * * * * * * * *
//          主函数
// * * * * * * * * * * * * * * * * * * * * * * * * * * * * * * * * * * * * *
void main(void)
{
  char i;
  char choose;

  WDT_Init();
  Clock_Init();                       //时钟初始化
  Port_Init();                        //端口初始化,用于控制 IO 口输入或输出

  P6OUT |= BIT4;                      //打开锁存器

  while(1){
    for(i = 0, choose = 0x01; i < 8; i++, choose <<= 1){
    LED8x8COL = 0xFF;                //消除重影
    LED8x8ROW = LED_1[i];
    LED8x8COL = ~choose;
    }
  }
}


// * * * * * * * * * * * * * * * * * * * * * * * * * * * * * * * * * * * * *
//          系统时钟初始化
// * * * * * * * * * * * * * * * * * * * * * * * * * * * * * * * * * * * * *
```

```
void Clock_Init(void)
{
    unsigned char i;
    BCSCTL1 &= ~XT2OFF;
    BCSCTL2 |= SELM1+SELS;

    do{
        IFG1 &= ~OFIFG;
        for(i = 0; i < 100; i++)
            _NOP();
    }while((IFG1&OFIFG) != 0);

    IFG1 &= ~OFIFG;
}


//* * * * * * * * * * * * * * * * * * * * * * * * * * * * * * * * * * * * * * *
//          MSP430 内部看门狗初始化
//* * * * * * * * * * * * * * * * * * * * * * * * * * * * * * * * * * * * * * *
void WDT_Init(void)
{
    WDTCTL = WDTPW + WDTHOLD;          //关闭看门狗
}


//* * * * * * * * * * * * * * * * * * * * * * * * * * * * * * * * * * * * * * *
//          MSP430 I/O 口初始化
//* * * * * * * * * * * * * * * * * * * * * * * * * * * * * * * * * * * * * * *
void Port_Init(void)
{
    P4SEL = 0x00;                      //设置 P4 口为普通 I/O 模式
    P4DIR = 0xFF;                      //设置 P4 口方向为输出
    P4OUT = 0x00;                      //初始设置为 00

    P5SEL = 0x00;                      //设置 P5 口为普通 I/O 模式
    P5DIR = 0xFF;                      //设置 P5 口方向为输出
    P5OUT = 0xFF;                      //初始设置为 FF

    P6SEL = 0x00;                      //设置 P6 口为普通 I/O 模式
    P6DIR |= BIT4;                     //设置 P64 口方向为输出
    P6OUT = 0x00;                      //初始设置为 00
}
```

　　读者可能会有疑问，每次显示图形都要取模，操作是否太繁琐？其实可以选择取模软件，如 zimo221、imageToLCD 等，只需输入需要取模的字符或图形，设置好取模方向，软件便能自动生成相应的字模数据。LED8×8 点阵屏足以应付所有 ASCII 码的显示，但仅能显示笔画数较少的汉字。若读者想显示全汉字，需拓展成 LED16×16 点阵屏。显示图片的话，则需要更大的点阵屏。在这里提供 ASCII 码可以打印的字符字模库。

```
/ * * * * * * * * * * * * * * * * * * * * * * * * * * * * * * * * * * * *
*  @file        LED_Resource. h
*  @version     1. 0
*  @date        2014. 9. 16
*  @brief       ASCII 码字模库
*  @mcu         M430F169
*  @IDE         IAR EW430 V5. 30
* * * * * * * * * * * * * * * * * * * * * * * * * * * * * * * * * * * * * /
#ifndef _LED_RESOURCE_
#define _LED_RESOURCE_

//ASCII 码 8 * 8 字模
extern unsigned char ASCII_8x8[][8]=
{
        0x00, 0x00, 0x00, 0x00, 0x00, 0x00, 0x00, 0x00,      / *    space      0 * /
        0x00, 0x00, 0x5F, 0x00, 0x00, 0x00, 0x00, 0x00,      / *      !        1 * /
        0x00, 0x0A, 0x06, 0x00, 0x00, 0x0A, 0x06, 0x00,      / *      "        2 * /
        0x00, 0x20, 0x74, 0x2E, 0x74, 0x2E, 0x04, 0x00,      / *      #        3 * /

        0x00, 0x24, 0x2A, 0x7F, 0x2A, 0x12, 0x00, 0x00,      / *      $        4 * /
        0x00, 0x4E, 0x2A, 0x1E, 0x78, 0x54, 0x72, 0x00,      / *      %        5 * /
        0x00, 0x70, 0x8E, 0xB9, 0x56, 0xB0, 0x80, 0x00,      / *      &        6 * /
        0x00, 0x00, 0x00, 0x02, 0x00, 0x00, 0x00, 0x00,      / *      `        7 * /

        / *    special    char    * /
        0x00, 0x00, 0x1C, 0x22, 0x41, 0x00, 0x00, 0x00,      / *      (        8 * /
        0x00, 0x00, 0x41, 0x22, 0x1C, 0x00, 0x00, 0x00,      / *      )        9 * /
        0x00, 0x24, 0x18, 0x7E, 0x18, 0x24, 0x00, 0x00,      / *      *       10 * /
        0x00, 0x08, 0x08, 0x3E, 0x08, 0x08, 0x00, 0x00,      / *      +       11 * /

        0x00, 0x00, 0x40, 0x58, 0x38, 0x00, 0x00, 0x00,      / *      ,       12 * /
        0x00, 0x08, 0x08, 0x08, 0x08, 0x08, 0x08, 0x00,      / *      —       13 * /
        0x00, 0x60, 0x60, 0x00, 0x00, 0x00, 0x00, 0x00,      / *      .       14 * /
        0x00, 0x40, 0x20, 0x10, 0x08, 0x04, 0x02, 0x00,      / *      /       15 * /

        / *    number          * /
        0x00, 0x3e, 0x51, 0x49, 0x45, 0x3e, 0x00, 0x00,      / *      0       16 * /
        0x00, 0x00, 0x42, 0x7f, 0x40, 0x00, 0x00, 0x00,      / *      1       17 * /
        0x00, 0x42, 0x61, 0x51, 0x49, 0x46, 0x00, 0x00,      / *      2       18 * /
        0x00, 0x21, 0x41, 0x45, 0x4b, 0x31, 0x00, 0x00,      / *      3       19 * /
```

0x00, 0x18, 0x14, 0x12, 0x7f, 0x10, 0x00, 0x00,   /*   4   20 */

0x00, 0x27, 0x45, 0x45, 0x45, 0x39, 0x00, 0x00,   /*   5   21 */
0x00, 0x3c, 0x4a, 0x49, 0x49, 0x30, 0x00, 0x00,   /*   6   22 */
0x00, 0x01, 0x01, 0x79, 0x05, 0x03, 0x00, 0x00,   /*   7   23 */
0x00, 0x36, 0x49, 0x49, 0x49, 0x36, 0x00, 0x00,   /*   8   24 */
0x00, 0x06, 0x49, 0x49, 0x29, 0x1e, 0x00, 0x00,   /*   9   25 */

/*   special   char   */
0x00, 0x00, 0x66, 0x66, 0x00, 0x00, 0x00, 0x00,   /*   :   26 */
0x00, 0x00, 0x40, 0x32, 0x00, 0x00, 0x00, 0x00,   /*   ;   27 */
0x00, 0x08, 0x14, 0x22, 0x41, 0x00, 0x00, 0x00,   /*   <   28 */
0x00, 0x24, 0x24, 0x24, 0x24, 0x24, 0x24, 0x00,   /*   =   29 */
0x00, 0x41, 0x22, 0x14, 0x08, 0x00, 0x00, 0x00,   /*   >   30 */
0x00, 0x06, 0x01, 0x51, 0x09, 0x06, 0x00, 0x00,   /*   ?   31 */
0x3C, 0x42, 0x59, 0x55, 0x1D, 0x22, 0x1E, 0x00,   /*   @   32 */

/*   CAPITAL letter   uppercase   */
0x00, 0x7E, 0x11, 0x11, 0x11, 0x7E, 0x00, 0x00,   /*   A   33 */
0x00, 0x7F, 0x49, 0x49, 0x49, 0x36, 0x00, 0x00,   /*   B   34 */
0x00, 0x1C, 0x22, 0x41, 0x41, 0x41, 0x00, 0x00,   /*   C   35 */
0x00, 0x7F, 0x41, 0x41, 0x22, 0x1C, 0x00, 0x00,   /*   D   36 */
0x00, 0x7F, 0x49, 0x49, 0x49, 0x41, 0x00, 0x00,   /*   E   37 */
0x00, 0x7F, 0x09, 0x09, 0x09, 0x01, 0x00, 0x00,   /*   F   38 */
0x00, 0x1C, 0x22, 0x41, 0x49, 0x39, 0x08, 0x00,   /*   G   39 */

0x00, 0x7F, 0x08, 0x08, 0x08, 0x7F, 0x00, 0x00,   /*   H   40 */
0x00, 0x41, 0x41, 0x7F, 0x41, 0x41, 0x00, 0x00,   /*   I   41 */
0x20, 0x41, 0x41, 0x3F, 0x01, 0x01, 0x00, 0x00,   /*   J   42 */
0x00, 0x41, 0x7F, 0x59, 0x34, 0x43, 0x41, 0x00,   /*   K   43 */
0x00, 0x7F, 0x40, 0x40, 0x40, 0x40, 0x00, 0x00,   /*   L   44 */
0x00, 0x7F, 0x07, 0x78, 0x07, 0x7F, 0x00, 0x00,   /*   M   45 */
0x00, 0x7F, 0x07, 0x18, 0x30, 0x7F, 0x00, 0x00,   /*   N   46 */

0x00, 0x1C, 0x22, 0x41, 0x41, 0x22, 0x1C, 0x00,   /*   O   47 */
0x00, 0x01, 0x7F, 0x09, 0x09, 0x09, 0x06, 0x00,   /*   P   48 */
0x00, 0x1C, 0x22, 0x51, 0x71, 0x22, 0x5C, 0x00,   /*   Q   49 */
0x00, 0x7F, 0x09, 0x19, 0x29, 0x46, 0x00, 0x00,   /*   R   50 */
0x00, 0x26, 0x45, 0x49, 0x49, 0x31, 0x00, 0x00,   /*   S   51 */
0x00, 0x01, 0x01, 0x7f, 0x01, 0x01, 0x00, 0x00,   /*   T   52 */

0x00, 0x3F, 0x40, 0x40, 0x40, 0x3F, 0x00, 0x00,   /*   U   53 */
0x00, 0x07, 0x38, 0x40, 0x38, 0x07, 0x00, 0x00,   /*   V   54 */

```
0x01, 0x1F, 0x70, 0x0F, 0x70, 0x1F, 0x01, 0x00,      /*    W       55 */
0x00, 0x41, 0x67, 0x18, 0x18, 0x67, 0x41, 0x00,      /*    X       56 */
0x00, 0x03, 0x04, 0x78, 0x04, 0x03, 0x00, 0x00,      /*    Y       57 */
0x00, 0x61, 0x51, 0x49, 0x45, 0x43, 0x00, 0x00,      /*    Z       58 */


/*    special    char    */
0x00, 0x00, 0x7F, 0x41, 0x41, 0x00, 0x00, 0x00,      /*    [       59 */
0x00, 0x02, 0x04, 0x08, 0x10, 0x20, 0x00, 0x00,      /*    \       60 */
0x00, 0x00, 0x41, 0x41, 0x7F, 0x00, 0x00, 0x00,      /*    ]       61 */
0x00, 0x00, 0x10, 0x08, 0x04, 0x08, 0x10, 0x00,      /*    ˆ       62 */
0x00, 0x20, 0x20, 0x20, 0x20, 0x20, 0x20, 0x00,      /*    _       63 */
0x00, 0x00, 0x05, 0x03, 0x00, 0x00, 0x00, 0x00,      /*    ‘       64 */


/*    lowercase letter    */
0x00, 0x24, 0x52, 0x4A, 0x4A, 0x7C, 0x40, 0x00,      /*    a       65 */
0x00, 0x7F, 0x48, 0x48, 0x48, 0x30, 0x00, 0x00,      /*    b       66 */
0x00, 0x3C, 0x42, 0x42, 0x42, 0x26, 0x00, 0x00,      /*    c       67 */
0x00, 0x30, 0x48, 0x48, 0x48, 0x7F, 0x00, 0x00,      /*    d       68 */
0x00, 0x3C, 0x4A, 0x4A, 0x4A, 0x2C, 0x00, 0x00,      /*    e       69 */
0x00, 0x08, 0x08, 0x7E, 0x09, 0x09, 0x00, 0x00,      /*    f       70 */
0x00, 0x2E, 0x55, 0x55, 0x53, 0x21, 0x00, 0x00,      /*    g       71 */


0x00, 0x7F, 0x08, 0x04, 0x04, 0x78, 0x00, 0x00,      /*    h       72 */
0x00, 0x44, 0x44, 0x7D, 0x40, 0x40, 0x00, 0x00,      /*    i       73 */
0x00, 0x40, 0x44, 0x44, 0x3D, 0x00, 0x00, 0x00,      /*    j       74 */
0x00, 0x7F, 0x18, 0x24, 0x42, 0x00, 0x00, 0x00,      /*    k       75 */
0x00, 0x3F, 0x40, 0x30, 0x00, 0x00, 0x00, 0x00,      /*    l       76 */
0x00, 0x7C, 0x02, 0x7E, 0x02, 0x7C, 0x00, 0x00,      /*    m       77 */
0x00, 0x7E, 0x04, 0x02, 0x02, 0x7C, 0x00, 0x00,      /*    n       78 */


0x00, 0x3C, 0x42, 0x42, 0x42, 0x3C, 0x00, 0x00,      /*    o       79 */
0x00, 0x00, 0x7F, 0x09, 0x09, 0x06, 0x00, 0x00,      /*    p       80 */
0x00, 0x06, 0x09, 0x09, 0x09, 0x7F, 0x00, 0x00,      /*    q       81 */
0x00, 0x42, 0x7E, 0x44, 0x42, 0x02, 0x00, 0x00,      /*    r       82 */
0x00, 0x64, 0x4A, 0x4A, 0x52, 0x26, 0x00, 0x00,      /*    s       83 */
0x00, 0x04, 0x04, 0x3F, 0x44, 0x44, 0x00, 0x00,      /*    t       84 */


0x00, 0x3E, 0x40, 0x40, 0x40, 0x7E, 0x40, 0x00,      /*    u       85 */
0x00, 0x00, 0x0E, 0x30, 0x40, 0x30, 0x0E, 0x00,      /*    v       86 */
0x00, 0x1E, 0x60, 0x1E, 0x60, 0x1E, 0x00, 0x00,      /*    w       87 */
0x00, 0x42, 0x66, 0x58, 0x1A, 0x66, 0x42, 0x00,      /*    x       88 */
0x00, 0x43, 0x4C, 0x30, 0x0C, 0x03, 0x00, 0x00,      /*    y       89 */
0x00, 0x46, 0x62, 0x5A, 0x46, 0x62, 0x00, 0x00,      /*    z       90 */
```

```
/ *      sepecial      char      * /
0x00, 0x00, 0x08, 0x77, 0x41, 0x00, 0x00, 0x00,      / *      {          91 * /
0x00, 0x00, 0x00, 0x7F, 0x00, 0x00, 0x00, 0x00,      / *      |          92 * /
0x00, 0x00, 0x41, 0x77, 0x08, 0x00, 0x00, 0x00,      / *      }          93 * /
0xFF, 0xFF, 0xFF, 0xFF, 0xFF, 0xFF, 0xFF, 0xFF      / *      ～          94 * /
};


#endif
```

和 LED 数码管 0000～9999 显示的例子类似，只需要添加适当的延时，LED8×8 点阵屏也可以变化地显示字符，如例 8。

例 8：LED8×8 点阵屏显示 ASCII 码可以打印字符集。

代码如下：

```
/ * * * * * * * * * * * * * * * * * * * * * * * * * * * * * * * * * * * * * * * *
 * @file          main. c
 * @version       1. 0
 * @date          2014. 9. 16
 * @brief         LED 点阵显示 ASCII 码
 * @mcu           M430F169
 * @IDE           IAR EW430 v5. 30

 * * * * * * * * * * * * * * * * * * * * * * * * * * * * * * * * * * * * * * * */

#include <msp430x16x. h>
#include "LED_Resource. h"

#define CPU_F ((double)8000000) //cpu 主频
#define delay_ms(x) _delay_cycles((long)(CPU_F * (double)x/1000.0)) //毫秒级延时

#define LED8x8ROW P4OUT              //P4 口接 LED 点阵横向坐标
#define LED8x8COL P5OUT              //P5 口接 LED 点阵纵向坐标

void Clock_Init(void);
void WDT_Init(void);
void Port_Init(void);


// * * * * * * * * * * * * * * * * * * * * * * * * * * * * * * * * * * * * * * * *
//        主函数
// * * * * * * * * * * * * * * * * * * * * * * * * * * * * * * * * * * * * * * * *
void main(void)
{
    char i;
    char choose;
    int j;
```

```c
    int delay;

    WDT_Init();
    Clock_Init();                        //时钟初始化
    Port_Init();                         //端口初始化，用于控制 I/O 口输入或输出

    P6OUT |= BIT4;                       //打开锁存器

    j = 0;
    delay = 0;
    while(1){
        for(i = 0, choose = 0x01; i < 8; i++, choose <<= 1){
            LED8x8COL = 0xFF;            //消除重影
            LED8x8ROW = ASCII_8x8[j][i];
            LED8x8COL = ~choose;
        }

        if(delay++ > 20000){
            delay = 0;
            if(j++ > 93)
                j = 0;
        }
    }
}


// * * * * * * * * * * * * * * * * * * * * * * * * * * * * * * * * * * * * *
//          系统时钟初始化
// * * * * * * * * * * * * * * * * * * * * * * * * * * * * * * * * * * * * *
void Clock_Init(void)
{
    unsigned char i;
    BCSCTL1 &= ~XT2OFF;
    BCSCTL2 |= SELM1+SELS;

    do{
        IFG1 &= ~OFIFG;
        for(i = 0; i < 100; i++)
            _NOP();
    }while((IFG1&OFIFG) != 0);

    IFG1 &= ~OFIFG;
}
```

```
// * * * * * * * * * * * * * * * * * * * * * * * * * * * * * * * * * * * * *
//          MSP430 内部看门狗初始化
// * * * * * * * * * * * * * * * * * * * * * * * * * * * * * * * * * * * * *
void WDT_Init(void)
{
   WDTCTL = WDTPW + WDTHOLD; //关闭看门狗
}


// * * * * * * * * * * * * * * * * * * * * * * * * * * * * * * * * * * * * *
//          MSP430I/O 口初始化
// * * * * * * * * * * * * * * * * * * * * * * * * * * * * * * * * * * * * *
void Port_Init(void)
{
   P4SEL = 0x00;                        //设置 P4 口为普通 I/O 模式
   P4DIR = 0xFF;                        //设置 P4 口方向为输出
   P4OUT = 0x00;                        //初始设置为 00

   P5SEL = 0x00;                        //设置 P5 口为普通 I/O 模式
   P5DIR = 0xFF;                        //设置 P5 口方向为输出
   P5OUT = 0xFF;                        //初始设置为 FF

   P6SEL = 0x00;                        //设置 P6 口为普通 I/O 模式
   P6DIR |= BIT4;                       //设置 P64 口方向为输出
   P6OUT = 0x00;                        //初始设置为 00
}
```

对以上代码稍作更改,便可以拥有街道上常见的 LED 灯光广告板的效果,如例 9。

例 9:横向走动显示 ASCII 码可打印字符(只需更改例 8 中的主函数)。

代码如下:

```
// * * * * * * * * * * * * * * * * * * * * * * * * * * * * * * * * * * * * *
//          主函数
// * * * * * * * * * * * * * * * * * * * * * * * * * * * * * * * * * * * * *
void main(void)
{
   char i;
   char choose;
   int j;
   int delay;

   WDT_Init();
   Clock_Init();                        //时钟初始化
   Port_Init();                         //端口初始化,用于控制 I/O 口输入或输出
```

```
    P6OUT |= BIT4;                              //打开锁存器

    j = 0;
    delay = 0;
    while(1){
      for(i = 0, choose = 0x01; i < 8; i++, choose <<= 1){
      LED8x8COL = 0xFF;                          //消除重影
      LED8x8ROW = *(*(ASCII_8x8) + j + i); //通过指针选取显示的字模
      LED8x8COL = ~choose;
      }

      if(delay++ > 5000){
        delay = 0;
        if(j++ > 736)                            //更新指针的偏移量
          j = 0;
      }
    }
}
```

5.1.4　按键模块

　　键盘是计算机系统中最常用的人机对话输入部分。在单片机应用系统中，为了控制系统的工作状态以及向系统输入数据，一般均设有按键或键盘。例如复位用的复位键，功能转换的命令键和数据输入的数字键等，对某些单片机应用系统，如各种智能测量仪表，按键输入功能几乎是整个应用程序的核心部分。

　　键盘一般分为编码键盘和非编码键盘两种。

　　（1）编码键盘本身除了按键之外，还包括产生键码的硬件电路。只要按下某一个按键，就能产生这个键的编码，这种键盘使用比较方便，需要编写的键盘输入程序也比较简单。但是，由于使用的硬件较复杂，在单片机应用系统中使用得还不多。本书只介绍非编码键盘，对编码键盘感兴趣的读者可以自行查阅相关资料。

　　（2）非编码键盘是由若干个按键组合的开关矩阵。按键的作用，只是简单地实现接点的接通和断开，非编码键盘必须有一套相应的程序与之配合，才能产生出相应的键码。由于非编码键盘硬件上十分简单，目前在单片机应用系统中使用较为普遍。

　　按键的处理步骤通常包括 3 个：按键的识别、抖动的消除、键位的编码。所以信息要快速可靠地输入单片机，还有一些实际问题需要解决。

　　1）去抖动问题

　　通常按键所用开关为机械弹性开关，由于机械触点的弹性作用，一个按键开关在闭合时不会马上稳定地接通，在断开时也不会一下子断开。因而在闭合及断开的瞬间均伴随有一连串的抖动，如图 5 - 9 所示。抖动时间的长短由按键的机械特性决定，一般为 5～10 ms。按键稳定闭合时间的长短则是由操作人员的按键动作决定的，一般为零点几秒至数秒。键抖动会引起一次按键被误读多次。为确保 CPU 对按键的一次闭合仅作一次处理，必须去除键抖动。在键闭合稳定时读取键的状态，并且必须判别到键释放稳定后再作处理。去抖动的方法主要有两种：硬件消抖和软件消抖。

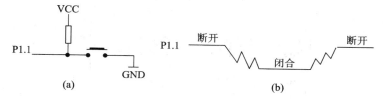

图 5-9 按键的结构和电压抖动波形

硬件消抖，一般采用 RS 触发器来抵抗开关的抖动。为了消除开关的接触抖动，可在机械开关与被驱动电路之间接入一个基本 RS 触发器，如图 5-10 所示。图中两个"与非"门，构成一个 RS 触发器。当按键未按下时，输出为"1"；当按键被按下时，输出为"0"。此时即使因为按键的机械性能，使按键因弹性抖动而产生瞬时断开，只要按键不返回原始状态，双稳态电路的状态不改变，输出保持为"0"，不会产生抖动的波形。也就是说，即使电压波形是抖动的，但经双稳态电路之后，其输出为正规的矩形波。这一点通过分析 RS 触发器的工作过程很容易得到验证。

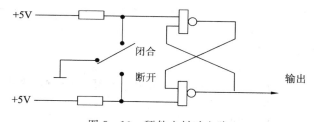

图 5-10 硬件去抖动电路

现在单片机系统一般用软件方法去除抖动。这种方法是在代码编写过程中，当判断有键按下时，加入一个 10 ms 的延时子程序，然后再次确认该按键是否被按下，如果再次确认的结果仍然处于被按下的状态，再做该键按下的相应处理。这样就可以避开抖动时间段，消除抖动影响。

2）按键的编码

为使 CPU 识别出键入的信息，对不同的按键必须有不同的键入值或键盘编码，以便转入相应的处理程序。键的编码一般由按键的硬件连接方式决定。

3）按键信息的逻辑处理

在实际应用设计中，应用系统除对按键能作识别处理外，还要考虑到对人在操作时易产生的其他问题的逻辑处理，如多个按键同时被按下。在一个键功能正在处理的时候，另外按键被误按下，按键时间长短的影响等。所有这些问题一般情况下都能通过软件解决。

目前在单片机应用系统中常见的键盘形式有单键输入式键盘和矩阵式键盘两种。

（1）单键输入式键盘。

单键输入式键盘是指直接用 I/O 端口线控制单个按键电路。每个单键输入式按键单独占用一根 I/O 线。每根 I/O 线上的按键工作状态不会影响其他 I/O 线的工作状态。单键输入式按键电路如图 5-11 所示，MSP430 的 P10~P13 分别和 4 个按键相连，其中上拉电阻保证了按键断开时 P10~P13 有确定的高电平。当没有按键按下时，P1 端口的状态为

0xFF(高四位可忽略)。当有按键按下的时候，相对应的引脚会被拉低，例如按下 S1 时，P1
端口的状态应为 0xFE。通过程序分析 P1 端口状态，即可获得按键信息，如例 10。

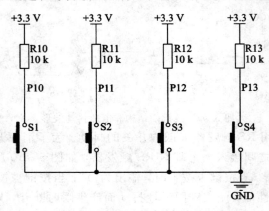

图 5-11　单输入 4 按键电路原理图

例 10：4 按键控制 8 个 LED 灯的状态。

代码如下：

```
/* * * * * * * * * * * * * * * * * * * * * * * * * * * * * * * * * * * * * *
 * @file        main. c
 * @version     1.0
 * @date        2014. 9. 16
 * @brief       按不同的按键，LED 灯 D1—D8 有不同的显示效果，详细请看代码
 * @mcu         MSP430F169
 * @IDE         IAR EW430 v5. 30
 * * * * * * * * * * * * * * * * * * * * * * * * * * * * * * * * * * * * * */

#include <msp430x16x. h>

#define CPU_F ((double)8000000)        //CPU 主频
#define delay_ms(x) _delay_cycles((long)(CPU_F * (double)x/1000.0))      //毫秒级延时

#define LED8 P2OUT                     //P2 口接 8 个 LED 灯用于测试
#define KeyPort P1IN                   //独立键盘接在 P10～P13

void Clock_Init(void);
void WDT_Init(void);
void Port_Init(void);
unsigned char Key_Scan(void);


// * * * * * * * * * * * * * * * * * * * * * * * * * * * * * * * * * * * * *
//        主函数
// * * * * * * * * * * * * * * * * * * * * * * * * * * * * * * * * * * * * *
```

```
void main(void)
{
  WDT_Init();
  Clock_Init();                  //时钟初始化
  Port_Init();                   //端口初始化,用于控制 I/O 口输入或输出

  P4OUT |= BIT7;                 //打开锁存器

  while(1){                      //键盘扫描,看是否有按键按下
    switch(Key_Scan()){
      case 1: LED8 = 0xEF; break;   //给不同的键赋键值,键值 1,亮 1 个 LED 灯 D1
      case 2: LED8 = 0xDF; break;   //给不同的键赋键值,键值 2,亮 1 个 LED 灯 D2
      case 3: LED8 = 0xCF; break;   //给不同的键赋键值,键值 3,亮 2 个 LED 灯 D1. D2
      case 4: LED8 = 0xFF; break;   //给不同的键赋键值,键值 4,亮 0 个 LED 灯
      default : LED8 = 0xAA; break;
    }
  }
}


//* * * * * * * * * * * * * * * * * * * * * * * * * * * * * * * * * * * * * * * *
//          系统时钟初始化
//* * * * * * * * * * * * * * * * * * * * * * * * * * * * * * * * * * * * * * * *
void Clock_Init(void)
{
  unsigned char i;
  BCSCTL1 &= ~XT2OFF;
  BCSCTL2 |= SELM1+SELS;
  do{
    IFG1 &= ~OFIFG;
    for(i = 0; i < 100; i++)
        _NOP();
  }while((IFG1&OFIFG) != =0);

  IFG1 &= ~OFIFG;
}


//* * * * * * * * * * * * * * * * * * * * * * * * * * * * * * * * * * * * * * * *
//          MSP430 内部看门狗初始化
//* * * * * * * * * * * * * * * * * * * * * * * * * * * * * * * * * * * * * * * *
void WDT_Init(void)
{
  WDTCTL = WDTPW + WDTHOLD;   //关闭看门狗
}


//* * * * * * * * * * * * * * * * * * * * * * * * * * * * * * * * * * * * * * * *
```

```
//          MSP430IO 口初始化
// * * * * * * * * * * * * * * * * * * * * * * * * * * * * * * * * * *
void Port_Init(void)
{
    P1SEL = 0x00;                    //设置 P1 普通 I/O 功能
    P1DIR = 0xF0;                    //P10~P13 输入模式,外部电路已接上拉电阻

    P2SEL = 0x00;                    //设置 P2 口为普通 I/O 模式
    P2DIR = 0xff;                    //设置 P2 口方向为输出
    P2OUT = 0x00;                    //初始设置为 00

    P4SEL = 0x00;                    //设置 P4 口为普通 I/O 模式
    P4DIR = BIT7;                    //设置 P4 口方向为输出
    P4OUT = 0x00;                    //初始设置为 00
}


// * * * * * * * * * * * * * * * * * * * * * * * * * * * * * * * * * *
//    键盘扫描子程序,采用逐键扫描的方式
// * * * * * * * * * * * * * * * * * * * * * * * * * * * * * * * * * *
unsigned char Key_Scan(void)
{
    unsigned char key_check;
    unsigned char key_checkin;
    unsigned char key;

    key_checkin = KeyPort;           //读取 I/O 口状态,判断是否有键按下
    key_checkin &= 0x0F;             //屏蔽高四位
    if(key_checkin != 0x0F){         //I/O 口值发生变化则表示有键按下
        delay_ms(20);                //键盘消抖,延时 20MS
        key_checkin = KeyPort;
        if(key_checkin != 0x0F){
            key_check = KeyPort;
            switch (key_check & 0x0F){
                case 0x0E: key=1; break;
                case 0x0D: key=2; break;
                case 0x0B: key=3; break;
                case 0x07: key=4; break;
            }
        }
    }else{
        key=0xFF;
    }
```

```
    return key;
}
```

（2）矩阵式键盘。

矩阵键盘又叫行列式键盘。用 I/O 接口线组成行、列结构，键位设置在行、列交叉点上。例如 4×4 的行、列结构可组成 16 个键的键盘，比一个键位用一根 I/O 接口线的独立式键盘少用了一半的 I/O 接口线。而且键位越多，情况越明显。因此按键数量较多时，往往采用矩阵式键盘。

矩阵键盘的连接方式有多种，可直接连接于单片机的 I/O 接口线；可利用扩展的并行 I/O 接口连接；也可利用可编程的键盘、显示接口芯片（如 8279）进行连接等。其中，利用扩展的并行 I/O 接口连接方便灵活，在单片机应用系统中比较常用。按键设置在行、列线的交点上，行、列分别连接到按键开关的两端。行线通过上拉电阻接 +5 V，没有键位按下时，被钳位在高电平状态。

矩阵键盘通常采用定时扫描方式和中断查询方式获得按键信息。这里仅介绍定时扫描方式。定时扫描方式的外部电路图如图 5－12 所示，占用整个 P1 口。工作方式与单输入方式类似，分两次扫描。先进行行扫描（P10～P13 口），如果扫描到按键触发，再进行列扫描（P14～P17），从而确定按键。

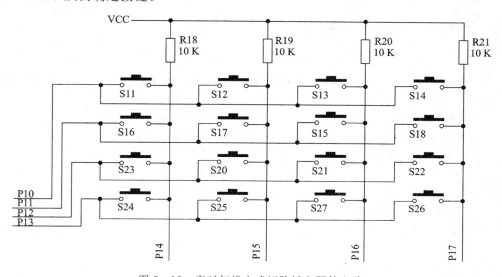

图 5－12　定时扫描方式矩阵键盘硬件电路

5.2　中断系统应用

5.2.1　外部中断

第 5.1.4 节中对键盘的操作采用定时扫描的方式完成。很多时候，CPU 都在做无用功，一次次去查询，一次次无功而返。我们可以利用外部中断来避免 CPU 资源的浪费。

启用 I/O 口的外部中断通常需要以下几个步骤：

（1）设置相应 I/O 口为输入模式（限 P1 与 P2）。

（2）设置中断触发沿。

（3）清空中断请求寄存器。

（4）使能相应 I/O 口中断。

（5）开启总中断开关。

（6）编写相应中断函数。

例 10 中的按键采用扫描查询，例 11 中将使用中断查询，外部电路连接与例 10 相同。

例 11：按键选择不同花式的 LED 闪烁效果。

代码如下：

```
/* * * * * * * * * * * * * * * * * * * * * * * * * * * * * * * * * * * * *
 * @file        main. c
 * @version     1.0
 * @date        2014. 9. 16
 * @brief       外部中断，按键控制 LED 闪烁
 * @mcu         MSP430F169
 * @IDE         IAR EW430 v5. 30
 * * * * * * * * * * * * * * * * * * * * * * * * * * * * * * * * * * * * */


#include <msp430x14x. h>

#define CPU_F ((double)8000000)        //CPU 主频
#define delay_ms(x) _delay_cycles((long)(CPU_F * (double)x/1000.0))     //毫秒级延时


#define LED8     P2OUT                 //P2 口接 8 个 LED 灯用于测试
#define KEY4     P1IN                  //P1 口低四位接按键
int LED_FLAG = 0x00;

void Clock_Init(void);
void WDT_Init(void);
void Port_Init(void);



// * * * * * * * * * * * * * * * * * * * * * * * * * * * * * * * * * * * *
//          主函数
// * * * * * * * * * * * * * * * * * * * * * * * * * * * * * * * * * * * *
void main(void)
{
    WDT_Init();
    Clock_Init();                      //时钟初始化
    Port_Init();                       //端口初始化，用于控制 I/O 口输入或输出

    P4OUT |= BIT7;                     //打开锁存器
```

```
   P1OUT |= 0xF0;
 while(1){
  LED8 = 0x00 | LED_FLAG;
  delay_ms(1000);
  LED8 = 0xFF;
  delay_ms(1000);
 }
}


// * * * * * * * * * * * * * * * * * * * * * * * * * * * * * * * * * * *
//          系统时钟初始化
// * * * * * * * * * * * * * * * * * * * * * * * * * * * * * * * * * * *
void Clock_Init(void)
{
   unsigned char i;
   BCSCTL1 &= ~XT2OFF;
   BCSCTL2 |= SELM1+SELS;
   do{
     IFG1 &= ~OFIFG;
     for(i = 0; i < 100; i++)
         _NOP();
   }while((IFG1&OFIFG) != 0);

   IFG1 &= ~OFIFG;
}


// * * * * * * * * * * * * * * * * * * * * * * * * * * * * * * * * * * *
//          MSP430 内部看门狗初始化
// * * * * * * * * * * * * * * * * * * * * * * * * * * * * * * * * * * *
void WDT_Init(void)
{
   WDTCTL = WDTPW + WDTHOLD;    //关闭看门狗
}


// * * * * * * * * * * * * * * * * * * * * * * * * * * * * * * * * * * *
//          MSP430 I/O 口初始化
// * * * * * * * * * * * * * * * * * * * * * * * * * * * * * * * * * * *
void Port_Init(void)
{
   P1SEL = 0x00;                   //设置 P1 普通 I/O 功能
   P1DIR = 0xF0;                   //(1)P10~P13 输入模式,外部电路已接上拉电阻
   P1IES = 0x0F;                   //(2)设置 P10~P13 为下降沿
   P1IFG = 0x00;                   //(3)清空中断请求
```

```c
    P1IE = 0x0F;                        //(4)使能 P10~P13 中断
    _EINT();                            //(5)打开总中断

    P2SEL = 0x00;                       //设置 P2 口为普通 I/O 模式
    P2DIR = 0xff;                       //设置 P2 口方向为输出
    P2OUT = 0xFF;                       //初始设置为 00

    P4SEL = 0x00;                       //设置 P4 口为普通 I/O 模式
    P4DIR = BIT7;                       //设置 P4 口方向为输出
    P4OUT = 0x00;                       //初始设置为 00
}


//* * * * * * * * * * * * * * * * * * * * * * * * * * * * * * * * * * * * * *
//              (6) 编写按键中断函数
//* * * * * * * * * * * * * * * * * * * * * * * * * * * * * * * * * * * * * *
#pragma vector = PORT1_VECTOR
_interrupt void PORT_ISR(void)
{
    unsigned int i;
    unsigned char temp;

    temp = P1IFG;                       //读取中断请求状态
    for(i = 0; i < 0x1FFF; i++)         //消抖
    ;

    if((KEY4 & temp) == (! temp)){
        switch(temp){
        case 0x01 : LED_FLAG = 0xAA; break;   //设置不同花式
        case 0x02 : LED_FLAG = 0x55; break;
        case 0x04 : LED_FLAG = 0x81; break;
        case 0x08 : LED_FLAG = 0x18; break;
        default : break;
        }
    }

    P1IFG = 0x00;                       //清除中断请求
}
```

5.2.2　内部中断

控制 LED 灯闪烁的时候，采用 delay_ms(1000)进行延时，实际上是 CPU 在原地进行空操作，还可以采用定时器来计时，每当计数器溢出的时候，更改 LED 的状态，避免 CPU 资源的浪费。使用定时器中断通常需要以下几个步骤：

（1）设置定时器模式，并使能定时器中断。

（2）开启总中断。

（3）编写相应的中断函数。

在编写定时器的中断函数时，由于定时器中断的标志位 TAIV 是多种中断共有的，因此需要在程序内判断，产生的中断是由哪种情况产生的，如例 12。

例 12：通过定时器产生的内部中断控制 LED 灯闪烁。

代码如下：

```c
/* * * * * * * * * * * * * * * * * * * * * * * * * * * * * * * * * * * * * * * *
 * @file        main. c
 * @version     1. 0
 * @date        2014. 9. 16
 * @brief       通过定时器产生的内部中断控制小灯闪烁
 * @mcu         MSP430F169
 * @IDE         IAR EW430 v5. 30
 * * * * * * * * * * * * * * * * * * * * * * * * * * * * * * * * * * * * * * * */

# include <msp430x16x. h>

# define CPU_F ((double)8000000)              //CPU 主频
# define delay_ms(x) _delay_cycles((long)(CPU_F * (double)x/1000.0))      //毫秒级延时

# define LED8 P2OUT                           //P2 口接 8 个 LED 灯用于测试

unsigned char LED_FLAG = 0xFF;

void Clock_Init(void);
void WDT_Init(void);
void Port_Init(void);
void TIMERA_Init(void);


// * * * * * * * * * * * * * * * * * * * * * * * * * * * * * * * * * * * * * * *
//           主函数
// * * * * * * * * * * * * * * * * * * * * * * * * * * * * * * * * * * * * * * *
void main(void)
{
  WDT_Init();
  Clock_Init();                              //时钟初始化
  Port_Init();                              //端口初始化，用于控制 I/O 口输入或输出
  TIMERA_Init();                            //设置 TIMERA

  P4OUT |= BIT7;                            //打开锁存器
```

```
    while(1){
      LED8 = LED_FLAG;
    }
}


// * * * * * * * * * * * * * * * * * * * * * * * * * * * * * * * * * * * *
//          系统时钟初始化
// * * * * * * * * * * * * * * * * * * * * * * * * * * * * * * * * * * * *
void Clock_Init(void)
{
    unsigned char i;
    BCSCTL1 &= ~XT2OFF;
    BCSCTL2 |= SELM1+SELS;

    do{
      IFG1 &= ~OFIFG;
      for(i = 0; i < 100; i++)
          _NOP();
    }while((IFG1&OFIFG) != 0);

    IFG1 &= ~OFIFG;
}


// * * * * * * * * * * * * * * * * * * * * * * * * * * * * * * * * * * * *
//          MSP430 内部看门狗初始化
// * * * * * * * * * * * * * * * * * * * * * * * * * * * * * * * * * * * *
void WDT_Init(void)
{
    WDTCTL = WDTPW + WDTHOLD;                    //关闭看门狗
}


// * * * * * * * * * * * * * * * * * * * * * * * * * * * * * * * * * * * *
//          TIMERA 初始化，设置为 UP 模式计数
// * * * * * * * * * * * * * * * * * * * * * * * * * * * * * * * * * * * *
void TIMERA_Init(void)
{
    //(1) SMCLK 做时钟源，8 分频，连续计数模式，计数到 0XFFFF，开中断
    TACTL |= TASSEL1 + TACLR + ID0 + ID1 + MC1 + TAIE;
    _EINT();                                     //(2) 开启总中断
}


// * * * * * * * * * * * * * * * * * * * * * * * * * * * * * * * * * * * *
//          MSP430IO 口初始化
// * * * * * * * * * * * * * * * * * * * * * * * * * * * * * * * * * * * *
```

```
void Port_Init(void)
{
    P2SEL = 0x00;                                 //设置 P2 口为普通 I/O 模式
    P2DIR = 0xFF;                                 //设置 P2 口方向为输出
    P2OUT = 0xFF;                                 //初始设置为 FF

    P4SEL = 0x00;                                 //设置 P4 口为普通 I/O 模式
    P4DIR = BIT7;                                 //设置 P47 口方向为输出
    P4OUT = 0x00;                                 //初始设置为 00
}


//* * * * * * * * * * * * * * * * * * * * * * * * * * * * * * * * * * * * * * *
//           (3) TIMERA 中断服务程序，需要判断中断类型
//* * * * * * * * * * * * * * * * * * * * * * * * * * * * * * * * * * * * * * *
#pragma vector = TIMERA1_VECTOR
_interrupt void Timer_A(void)
{
    switch(TAIV)                                  //需要判断中断的类型
    {
    case 2 : break;
    case 4 : break;
    case 10: LED_FLAG = ~LED_FLAG; break;         //设置标志位 Flag
    }
}
```

5.2.3　中断总结

MSP430 系列单片机的中断系统十分强大，上面的两个例子仅仅作为演示，并不能代表中断的全部，而且除了以上两种中断外，还有多种中断方式。编写程序的步骤一般都分为以下三步：

（1）配置中断相关的寄存器，使能该中断。

（2）开启总中断。

（3）编写相应的中断程序。

5.3　定时器模块的应用

定时器模块通常用于精确计时，本节将利用定时器产生秒信号，配合四位数码管及按键，制作一个简易的小时钟。

1. 利用定时器产生秒信号

定时器计数的频率与 MSP430 运行频率相关。采用 8 M 的时钟频率，定时器采用八分频，这样定时器最多能计时 $t_{max} = 65\ 536 \times 10^{-6} = 65.536$ ms，远远小于秒信号的 1000 ms。可以设置一个变量 sec_flag，记录产生的定时器中断的次数，并设置定时器每 20 ms 产生

一次中断。这样，当 sec_flag 计满 50 次，即为一个秒信号。那么如何设置定时器每 20 ms 产生一次中断呢？只需在启动定时器计数前，给 TAR 寄存器设定初值，并且在每次中断产生时，在中断服务程序里再次给 TAR 寄存器填充初值就可以。而如何设置计数初值呢？假设现在需要定时器每 t 毫秒中断一次($0 < t < 65.536$ ms)，则填充的初值计算公式如下：

$$value = 65\ 536 - t \times 1000$$

将 20 ms 代入，我们制作小时钟的初值为 45 536。

2. 使用四位数码管，显示时间

设置一个结构体变量来保持当前时间的信息

```
struct{
    int hour;
    int minute;
    int second;
    char sec_flag;                    //控制小数点闪烁，表示秒的走时
}Time;
```

然后类似例 6 的程序，将 Time 通过数码管显示。

如何控制小数点的闪烁表示秒走时呢？可以通过以下代码来控制小数点的亮灭：

```
DIGITAL = NUM[5]| 0x80;      //显示数字 5，并点亮小数点
DIGITAL = NUM[4]| 0x00;      //显示数字 4，不点亮小数点
```

可以设置一个变量来代替后面的小尾巴(0x80，0x00)，在不同的情况给这个变量赋相应的值即可。Time.sec_flag 就是充当这个变量。

3. 按键调时

大部分代码和例 11 类似，只需要在中断服务程序中，根据不同的中断，更新 Time 即可。

以上三个步骤通过例 13 进一步解读。

例 13：四位数码管简易小时钟的设计。

代码如下：

```
/* * * * * * * * * * * * * * * * * * * * * * * * * * * * * * * * * * *
 * @file       main. c
 * @version    1.0
 * @date       2014.9.16
 * @brief      利用四位数码管制作小时钟，前两位表示小时，后两位表示分钟
               四个小数点表示秒走时。并且利用了外部中断,通过按键可以调整时间
 * @mcu        MSP430F169
 * @IDE        IAR EW430 v5.30
 * * * * * * * * * * * * * * * * * * * * * * * * * * * * * * * * * * */

#include <msp430x16x. h>

#define CPU_F ((double)8000000)            //CPU 主频
#define delay_ms(x) _delay_cycles((long)(CPU_F * (double)x/1000.0))       //毫秒级延时
```

```
#define DIGITAL P2OUT                    //P2 口接 8 个 LED 灯用于测试
#define KEY4 P1IN

unsigned char const NUM[]= {0x3F, 0x06, 0x5B, 0x4F, 0x66,
                    0x6D, 0x7D, 0x07, 0x7F, 0x6F};     //对应单位数码管 0~9

struct{
    int hour;
    int minute;
    int second;
    char sec_flag;                       //控制小数点闪烁，表示秒的走时
}Time;

unsigned char LED_FLAG = 0xFF;
unsigned int SEC_FLAG = 0;               //每计满 50 次为 1 秒

void Clock_Init(void);
void WDT_Init(void);
void Port_Init(void);
void TIMERA_Init(void);



// * * * * * * * * * * * * * * * * * * * * * * * * * * * * * * * * * * * *
//          主函数
// * * * * * * * * * * * * * * * * * * * * * * * * * * * * * * * * * * * *
void main(void)
{
    unsigned char i;

    WDT_Init();
    Clock_Init();                        //时钟初始化
    Port_Init();                         //端口初始化，用于控制 I/O 口输入或输出
    TIMERA_Init();                       //设置 TIMERA

    P3OUT |= BIT6;                       //打开锁存器

    //初始化时间
    Time. hour = 0;
    Time. minute = 0;
    Time. second = 0;
    Time. sec_flag = 0x80;

    while(1){
```

```
    for(i = 1; i <= 8; i <<= 1){
        DIGITAL = 0x00;                 //防止干扰
        P5OUT = ~i;                     //选择位

        switch(i){
        case 1 : DIGITAL = NUM[Time. hour / 10]| Time. sec_flag; break;
        case 2 : DIGITAL = NUM[Time. hour % 10]| Time. sec_flag; break;
        case 4 : DIGITAL = NUM[Time. minute / 10]| Time. sec_flag; break;
        case 8 : DIGITAL = NUM[Time. minute % 10]| Time. sec_flag; break;
        default : break;
        }
    }


    }
}


//* * * * * * * * * * * * * * * * * * * * * * * * * * * * * * * * * * * * *
//          系统时钟初始化
//* * * * * * * * * * * * * * * * * * * * * * * * * * * * * * * * * * * * *
void Clock_Init(void)
{
    unsigned char i;

    BCSCTL1 &= ~XT2OFF;
    BCSCTL2 |= SELM1+SELS;

    do{
        IFG1 &= ~OFIFG;
        for(i = 0; i < 100; i++)
            _NOP();
    }while((IFG1&OFIFG) != 0);

    IFG1 &= ~OFIFG;
}


//* * * * * * * * * * * * * * * * * * * * * * * * * * * * * * * * * * * * *
//          MSP430 内部看门狗初始化
//* * * * * * * * * * * * * * * * * * * * * * * * * * * * * * * * * * * * *
void WDT_Init(void)
{
    WDTCTL = WDTPW + WDTHOLD;    //关闭看门狗
}
```

```
//* * * * * * * * * * * * * * * * * * * * * * * * * * * * * * * * * * * * * *
//              TIMERA 初始化,设置为 UP 模式计数
//* * * * * * * * * * * * * * * * * * * * * * * * * * * * * * * * * * * * * *
void TIMERA_Init(void)
{
    TAR = 65535 - 20000;                //设置初始值,每次 20 ms 产生一次中断
    //SMCLK 做时钟源,8 分频,连续计数模式,计数到 0XFFFF,开中断
    TACTL |= TASSEL1 + TACLR + ID0 + ID1 + MC1 + TAIE;
    _EINT();                            //开启总中断
}


//* * * * * * * * * * * * * * * * * * * * * * * * * * * * * * * * * * * * * *
//              MSP430I/O 口初始化
//* * * * * * * * * * * * * * * * * * * * * * * * * * * * * * * * * * * * * *
void Port_Init(void)
{
    P1SEL = 0x00;                       //设置 P1 普通 I/O 功能
    P1DIR = 0xF0;                       //P10~P13 输入模式,外部电路已接上拉电阻
    P1IES = 0x0F;                       //设置 P10~P13 触发沿为下降沿
    P1IFG = 0x00;                       //清空中断请求
    P1IE = 0x0F;                        //使能 P10~P13 中断
    _EINT();                            //开总中断

    P2SEL = 0x00;                       //设置 P2 口为普通 I/O 模式
    P2DIR = 0xFF;                       //设置 P2 口方向为输出
    P2OUT = 0xFF;                       //初始设置为 FF

    P3SEL = 0x00;                       //设置 P3 口为普通 I/O 模式
    P3DIR = BIT6;                       //设置 P36 口方向为输出
    P3OUT = 0x00;                       //初始设置为 00

    P5SEL = 0x00;                       //设置 P5 口为普通 I/O 模式
    P5DIR = 0x0F;                       //设置 P50~P53 口方向为输出
    P5OUT = 0xFF;                       //初始设置为 FF
}


//* * * * * * * * * * * * * * * * * * * * * * * * * * * * * * * * * * * * * *
//              TIMERA 中断服务程序,需要判断中断类型
//* * * * * * * * * * * * * * * * * * * * * * * * * * * * * * * * * * * * * *
#pragma vector = TIMERA1_VECTOR
_interrupt void Timer_A(void)
{
    switch(TAIV)                        //需要判断中断的类型
```

```
{
case 2 : break;
case 4 : break;
case 10:
    TAR = 65535 - 20000;              //重新填装值
    if(SEC_FLAG++ > 49){              //计满 50 次，时间发生变化
        SEC_FLAG = 0;

        if(Time. sec_flag & 0x80)
            Time. sec_flag = 0x00;
        else
            Time. sec_flag = 0x80;


        //更新时间
        if(Time. second++ >= 59){
            Time. second = 0;
            if(Time. minute++ >= 59){
                Time. minute = 0;
                if(Time. hour++ >= 23)
                    Time. hour = 0;
            }
        }
    }


    break;
  }
}


// * * * * * * * * * * * * * * * * * * * * * * * * * * * * * * * * * * * * *
//            按键外部中断服务程序
// * * * * * * * * * * * * * * * * * * * * * * * * * * * * * * * * * * * * *
# pragma vector = PORT1_VECTOR
_interrupt void PORT_ISR(void)
{
    unsigned int i;
    unsigned char temp;

    temp = P1IFG; //读取中断请求状态
    for(i = 0; i < 0x1FFF; i++) //消抖
        ;

    if((KEY4 & temp) == (! temp)){
        switch(temp){
```

```
    case 0x0 1：
       if(Time. hour++ >= 23)
         Time. hour = 0；
       break；
    case 0x02 ：
       if(Time. hour-- <= 0)
         Time. hour = 23；
       break；
    case 0x04 ：
       if(Time. minute++ >= 59)
         Time. minute = 0；
       break；
    case 0x08 ：
       if(Time. minute-- <= 0)
         Time. minute = 59；
       break；
    default ：break；
    }
  }

  P1IFG = 0x00；                        //清除中断请求
}
```

5.4　通用串行数据总线 UART 通信

　　串行通信是单片机系统与外界联系的重要手段，MSP430 系列单片机均具有串行通信的功能。串行通信可以通过两种方式来实现：

　　（1）硬件实现：即由串行同步/异步通信模块直接实现，通过配置相应的寄存器，由硬件自动实现数据的移入和移出，实现串行通信的功能。采用这种方式完成串行通信具有系统稳定可靠性，不需要占用 CPU 时间的优点。

　　（2）软件模拟：通过定时器模块的支持，实现串行通信功能。采用这种方式的优势是成本低，实时性好，但是需要占用一定的 CPU 时间。

　　采用软件模拟，相当于没有邮政系统的原始社会，送信、收信等手续都需要自己亲力亲为。硬件实现相当于邮局一样，只需填写好收寄地址、人员电话等信息（即配置相关寄存器），剩下的收发邮件（数据的传输）都可以交给邮局来完成。

　　MSP430F169 带有硬件通信模块（USCI），可以配置为 UART、I^{2}C、SPI 模式。本节介绍 UART 模式。UART 模式常被用于与微机的通信，配合微机端串口助手软件，可以实现单片机与微机的数据通信。配置 UART 寄存器一般需要注意以下几个问题：

　　（1）通信数据位数的选择。不同的通信模式对数据位数要求不同，一对一通信一般采用 8 位数据帧。

　　（2）时钟源及波特率的选择。波特率与传输速度相关，时钟源的选择与波特率的计算相关，根据本书第三章中介绍的波特率计算方法，可用宏定义完成波特率的计算（BRCLK＝CPU_F 时），代码如下：

```
* * * * * * * * * * * * * * * * * * * * * * * * * * * * * * * * * * *
#define CPU_F ((double)8000000)        //CPU 主频
#define baud           9600                        //设置波特率的大小
#define baud_setting  (unsigned int)((unsigned long)CPU_F / ((unsigned long)baud))
                                                    //波特率计算公式
#define baud_h         (unsigned char)(baud_setting >> 8)    //提取高位
#define baud_l         (unsigned char)(baud_setting)         //低位
* * * * * * * * * * * * * * * * * * * * * * * * * * * * * * * * * * *
```

其他情况的宏定义读者可模仿以上代码自行完成。

（1）发送与接收的使能；

（2）是否开启中断。

正确配置相关寄存器后，只需操作发送缓冲区 TXBUF 和接收缓冲区 RXBUF 即可。判断数据是否发送完成（或者接收完成）的方法：如果没有启用中断，采用查询方式，需要反复去查看发送标志（接送标志）是否置位。如果启用中断，在数据发送完成（或者接收完成）时，则会产生中断，进入相应的中断服务程序。启用中断后如同邮局开启的短信通知一样，不需要每天去邮局查看是否有自己的信件。

通过例程，演示 UART 通信功能，如例 14。

例 14：PC 机向单片机发送数据，单片机接收后将数据加 1，回传到 PC 机。（备注：程序下载结束后，在最小系统板模块的 BSL_Config 区中（即 BSL_1 和 BSL_2），将开关 BSL_1 向下拨动（即 RXD 与 P34 相连，TXD 与 P35 相连），将开关 BSL_2 向上拨动。

代码如下：

```
/* * * * * * * * * * * * * * * * * * * * * * * * * * * * * * * * * * *
* @file       main. c
* @version    1.0
* @date       2014.9.16
* @brief      串口演示，程序下载结束后，将开关 BSL_1 向下拨动（即 RXD 与 P34 相
              连，TXD 与 P35 相连），将开关 BSL_2 向上拨动
* @mcu        MSP430F169
* @IDE        IAR EW430 v5.30
* * * * * * * * * * * * * * * * * * * * * * * * * * * * * * * * * * */

#include <msp430x16x. h>

#define CPU_F ((double)8000000)        //CPU 主频
#define delay_ms(x) _delay_cycles((long)(CPU_F * (double)x/1000.0))    //毫秒级延时

#define LED8 P2OUT                              //P2 口接 8 个 LED 灯用于测试

//串口波特率计算，当 BRCLK＝CPU_F 时用下面的公式可以计算，
```

```
//否则要根据设置加入分频系数
#define baud          9600                        //设置波特率的大小
//波特率计算公式
#define baud_setting    (unsigned int)((unsigned long)CPU_F/((unsigned long)baud))
#define baud_h          (unsigned char)(baud_setting>>8)      //提取高位
#define baud_l          (unsigned char)(baud_setting)         //提取低位


void Clock_Init(void);
void WDT_Init(void);
void UART_Init(void);
void Send_Byte(unsigned char data);


// * * * * * * * * * * * * * * * * * * * * * * * * * * * * * * * * * * * * *
//            主函数
// * * * * * * * * * * * * * * * * * * * * * * * * * * * * * * * * * * * * *
void main(void)
{
    WDT_Init();                                //关闭看门狗
    Clock_Init();                              //时钟初始化
    UART_Init();                               //串口初始化

    while(1)
        ;
}


// * * * * * * * * * * * * * * * * * * * * * * * * * * * * * * * * * * * * *
//            系统时钟初始化
// * * * * * * * * * * * * * * * * * * * * * * * * * * * * * * * * * * * * *
void Clock_Init(void)
{
    unsigned char i;
    BCSCTL1 &= ~XT2OFF;
    BCSCTL2 |= SELM1+SELS;

    do{
        IFG1 &= ~OFIFG;
        for(i = 0; i < 100; i++)
            _NOP();
    }while((IFG1&OFIFG) != 0);

    IFG1 &= ~OFIFG;
}
```

```c
//* * * * * * * * * * * * * * * * * * * * * * * * * * * * * * * * *
//        MSP430 内部看门狗初始化
//* * * * * * * * * * * * * * * * * * * * * * * * * * * * * * * * *
void WDT_Init(void)
{
  WDTCTL = WDTPW + WDTHOLD;              //关闭看门狗
}


//* * * * * * * * * * * * * * * * * * * * * * * * * * * * * * * * *
//        MSP430 串口初始化
//* * * * * * * * * * * * * * * * * * * * * * * * * * * * * * * * *
void UART_Init(void)
{
  U0CTL |= SWRST;                       //复位 SWRST
  U0CTL |= CHAR;                        //8 位数据模式
  U0TCTL |= SSEL1;                      //SMCLK 为串口时钟
  U0BR1 = baud_h;                       //BRCLK=8MHz，Baud=BRCLK/N
  U0BR0 = baud_l;                       //N=UBR+(UxMCTL)/8
  U0MCTL = 0x00;                        //微调寄存器为 0，波特率 9600 b/s
  ME1 |= UTXE0;                         //UART1 发送使能
  ME1 |= URXE0;                         //UART1 接收使能
  U0CTL &= ~SWRST;

  IE1 |= URXIE0;                        //接收中断使能位
  _EINT();                             //开启总中断

  P3SEL |= BIT4 + BIT5;                 //开启 P3.4、P3.5 特殊功能
  P3DIR |= BIT4;                        //设置 P3.4 为输出模式
}


//* * * * * * * * * * * * * * * * * * * * * * * * * * * * * * * * *
//        串口 0 发送数据函数
//* * * * * * * * * * * * * * * * * * * * * * * * * * * * * * * * *

void Send_Byte(unsigned char data)
{
  while((IFG1 & UTXIFG0) == 0);         //发送寄存器空的时候发送数据
    U0TXBUF = data;
}


//* * * * * * * * * * * * * * * * * * * * * * * * * * * * * * * * *
//        处理来自串口 0 的接收中断
//* * * * * * * * * * * * * * * * * * * * * * * * * * * * * * * * *
```

```
# pragma vector = UART0RX_VECTOR
_interrupt void UART0_RX_ISR(void)
{
    unsigned char data = 0;
    data = U0RXBUF;                    //接收到的数据存起来
    Send_Byte(++data);                 //将接收到的数据加1再发送出去
}
```

程序下载成功后，将 BSL_Config 区设置为串口通信模式（开关 BSL_1 向下拨动，开关 BSL_2 向上拨动），开启单片机后，利用微机端的串口调试助手软件，向单片机发送 01、02、03、04、05 五个十六进制数，随后可在接收区看到数据 02、03、04、05、06，如图 5-13 所示。

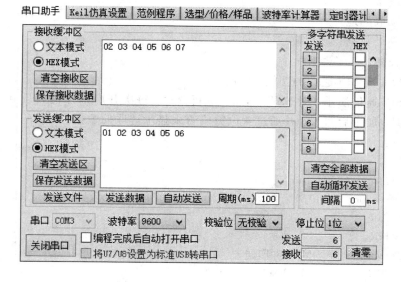

图 5-13　UART 通信演示结果

5.5　SPI 通信

SPI 是 USCI 另一种通信模式，与 I²C 模式一样，属于同步串行通信。与 I²C 模式不同的是，SPI 属于三线串行通信，三线分别为：SDO（主设备数据输出，从设备数据输入）、SDI（主设备数据输入，从设备数据输出）、SCLK（时钟信号，由主设备产生）。另外还有 CS 引脚，从设备使能信号，由主设备控制，一个从机对应一个 CS 引脚（即 CS 引脚数量由从机数量决定）。本节将通过 SPI 通信控制一种储存芯片——SST25V020 芯片。

SPI 在配置时需要注意以下几个问题：

（1）SPI 模块的使能；

（2）数据位数的选择；

（3）时钟源的选择；

（4）发送（接收）中断的使能；

（5）相关引脚的配置。

与 UART 模式的配置类似。

在 SPI 通信模式下，从机的选择主要由 CS 信号决定，不再通过从机地址来选择从机。因此，在 SPI 通信下的 SST25V020 单字节的写入与读出时序相比于 I²C 模式要来的简单。具体时序如下：

（1）SST25V020 单字节写入时序：

① 使能设备（拉低对应的 CS 引脚）；

② 发送写入的地址；

③ 发送写入的数据；

④ 禁用设备（拉高对应的 CS 引脚）。

（2）SST25V020 单字节读取时序：

① 使能设备；

② 发送读取的地址；

③ 接收一个数据；

④ 禁用设备。

本节实验实现 SPI 通信的功能，如例 15。

例 15：SPI 通信演示，对 SST25V020 进行读写。每次开启单片机后从 0x000000 处读取一字节数据，加 1 后写入，并通过 4 位数码管来显示读取的数据。

代码如下：

```
/ * * * * * * * * * * * * * * * * * * * * * * * * * * * * * * * * * * * * *
 * @file        main. c
 * @version     1. 0
 * @date        2014. 9. 16
 * @brief       SPI 演示
 * @mcu         MSP430F169
 * @IDE         IAR EW430 v5. 30
 * * * * * * * * * * * * * * * * * * * * * * * * * * * * * * * * * * * * * * /

#include <msp430x16x. h>

#define CPU_F ((double)8000000)          //CPU 主频
#define delay_ms(x) _delay_cycles((long)(CPU_F * (double)x/1000. 0))      //毫秒级延时

#define DIGITAL          P2OUT          //P2 口接 8 个 LED 灯用于测试
#define TX0_BUF_SIZE     32             //发送缓冲区大小
#define RX0_BUF_SIZE     32             //接收缓冲区大小
#define CS               BIT2
#define setCS()    P6OUT |= CS          //拉高 CS 引脚
#define rstCS()    P6OUT &= ~(CS)  //拉低 CS 引脚

unsigned char const NUM[]= {0x3F, 0x06, 0x5B, 0x4F, 0x66,
                   0x6D, 0x7D, 0x07, 0x7F, 0x6F};   //对应单位数码管 0~9
```

```
int nTX0_Len;                                    //发送数据总长度
char nTX0_Flag;                                  //发送标志位，0 代表未发送完成，1 代表发送完成
int nTX0_Cur;                                    //当前发送数据的位置
char UART0_TX_BUF[TX0_BUF_SIZE];                //发送缓冲区
int nRX0_Len;                                    //接收数据总长度
char nRX0_Flag;                                  //接收标志位，0 代表未完成接收，1 代表完成接收
int nRX0_Cur;                                    //当前接收数据的位置
char UART0_RX_BUF[RX0_BUF_SIZE];                //接收缓冲区

void Clock_Init(void);
void WDT_Init(void);
void Port_Init(void);
void SPI_Init(void);
void SPI_Send_Buf(unsigned char * buf, int size);
void SPI_Read_Buf(unsigned char * buf, int size);
void WREN(void);
void WRDI(void);
unsigned char SST25V016B_Read_Byte(unsigned long add);
void SST25V016B_Write_Byte(unsigned long add, unsigned char databuf);


// * * * * * * * * * * * * * * * * * * * * * * * * * * * * * * * * * * * *
//           主程序
// * * * * * * * * * * * * * * * * * * * * * * * * * * * * * * * * * * * *
void main(void)
{
  int i;
  int displaybuf = 0;
  int temp;

  WDT_Init();
  Clock_Init();                            //时钟初始化
  Port_Init();                             //端口初始化，用于控制 I/O 口输入或输出
  SPI_Init();

  P3OUT |= BIT6;                           //打开锁存器

  WREN();
  displaybuf = SST25V016B_Read_Byte(0x00000000);
  SST25V016B_Write_Byte(0x00000000, ++displaybuf);

  while(1){
    temp = displaybuf;
```

```
    for(i = 8; i != 0; i >>= 1){
        DIGITAL = 0x00;                //防止干扰
        P5OUT = ~i;                    //选择位
        DIGITAL = NUM[temp % 10];      //选择字
        temp /= 10;
    }
    }
}


//* * * * * * * * * * * * * * * * * * * * * * * * * * * * * * * * * * * * * *
//          系统时钟初始化
//* * * * * * * * * * * * * * * * * * * * * * * * * * * * * * * * * * * * * *
void Clock_Init()
{
    unsigned char i;
    BCSCTL1 &= ~XT2OFF;
    BCSCTL2 |= SELM1+SELS;

    do{
        IFG1 &= ~OFIFG;
        for(i = 0; i < 100; i++)
            _NOP();
    }

    while((IFG1&OFIFG) != 0)
        ;
    IFG1 &= ~OFIFG;
}


//* * * * * * * * * * * * * * * * * * * * * * * * * * * * * * * * * * * * * *
//          MSP430 内部看门狗初始化
//* * * * * * * * * * * * * * * * * * * * * * * * * * * * * * * * * * * * * *
void WDT_Init(void)
{
    WDTCTL = WDTPW + WDTHOLD;          //关闭看门狗
}


//* * * * * * * * * * * * * * * * * * * * * * * * * * * * * * * * * * * * * *
//          MSP430IO 口初始化
//* * * * * * * * * * * * * * * * * * * * * * * * * * * * * * * * * * * * * *
void Port_Init(void)
{
    P2SEL = 0x00;                      //设置 P2 口为普通 I/O 模式
```

```
    P2DIR = 0xFF;                          //设置 P2 口方向为输出
    P2OUT = 0xFF;                          //初始设置为 FF

    P3SEL = 0x00;                          //设置 P3 口为普通 I/O 模式
    P3DIR |= BIT6;                         //设置 P3.6 口方向为输出
    P3OUT = 0x00;                          //初始设置为 00

    P5SEL = 0x00;                          //设置 P5 口为普通 I/O 模式
    P5DIR = 0x0F;                          //设置 P50～P53 口方向为输出
    P5OUT = 0xFF;                          //初始设置为 FF
}


// * * * * * * * * * * * * * * * * * * * * * * * * * * * * * * * * * * * *
//           SPI 初始化
// * * * * * * * * * * * * * * * * * * * * * * * * * * * * * * * * * * * *
void SPI_Init(void)
{
    ME1 |= USPIE0;                         //SPI0 模块允许
    U0CTL = 0x00;                          //将寄存器的内容清零
    U0CTL |= CHAR + SYNC + MM;             //数据为 8 比特，选择 SPI 模式，单片机为主机模式
    U0TCTL = 0x00;                         //将寄存器的内容清零
    U0TCTL = CKPH + SSEL1 + SSEL0 + STC;        // 时钟源为 SMCLK，选择 3 线模式
    UBR0_0 = 0x20;                         //传输时钟为 SMCLK / 4
    UBR1_0 = 0x03;
    UMCTL_0 = 0x00;                        //调整寄存器，没有调整
    IE1 |= UTXIE0;                         //发送中断使能
    IE1 |= URXIE0;                         //接收中断使能
    _EINT();

    P3SEL = BIT3 + BIT2 + BIT1;            //P3.1 P3.2 P3.3 被分配为 SPI 口

    P6DIR |= CS;                           //配置 CS 引脚
    setCS();                               //禁止设备
}


// * * * * * * * * * * * * * * * * * * * * * * * * * * * * * * * * * * * *
//           串口发送中断
// * * * * * * * * * * * * * * * * * * * * * * * * * * * * * * * * * * * *
# pragma vector = UART0TX_VECTOR
_interrupt void UART0_TX_ISR(void)
{
    if(nTX0_Len ! = 0){                    //是否有数据要发送
        nTX0_Flag = 0;                     //发送未完成
```

```
        TXBUF0 = UART0_TX_BUF[nTX0_Cur];        //发送当前数据
        nTX0_Cur++;                             //发送指针向前移动

        if(nTX0_Cur >= nTX0_Len){               //发送是否完成
            nTX0_Flag = 1;                      //发送完成
            nTX0_Cur = 0;                       //重置发送指针
            nTX0_Len = 0;                       //清空待发送数据长度
        }
    }
}


// * * * * * * * * * * * * * * * * * * * * * * * * * * * * * * * * * *
//          串口接收中断
// * * * * * * * * * * * * * * * * * * * * * * * * * * * * * * * * * *
# pragma vector = UART0RX_VECTOR
_interrupt void UART0_RX_ISR(void)
{
    UART0_RX_BUF[nRX0_Cur]= RXBUF0;             //接收数据
    nRX0_Cur++;                                 //接收指针向前移动
    nRX0_Flag = 0;                              //接收未完成

    if(nRX0_Cur >= nRX0_Len){
        nRX0_Flag = 1;                          //接收完成
        nRX0_Cur = 0;                           //重置接收指针
        nRX0_Len = 0;                           //清空待接收数据长度
    }
}


// * * * * * * * * * * * * * * * * * * * * * * * * * * * * * * * * * *
//          SPI 数据发送函数
// * buf：发送的数据
//size：发送的长度
// * * * * * * * * * * * * * * * * * * * * * * * * * * * * * * * * * *
void SPI_Send_Buf(unsigned char * buf, int size)
{
    int i;

    //将发送数据放入缓冲区
    for(i = 0; i < size; i++)
        UART0_TX_BUF[i]= buf[i];

    nTX0_Len = size;                            //设置发送长度
```

```
        nTX0_Flag = 0;                      //设置正在发送
        IFG1 |= UTXIFG0;                    //设置中断标志,进入发送中断程序

        while(! nTX0_Flag)                  //等待发送完成
          ;
}


//* * * * * * * * * * * * * * * * * * * * * * * * * * * * * * * * * * * * *
//            SPI 数据接收函数
//* buf:存放接收数据的数组
//size:接收数据的长度
//* * * * * * * * * * * * * * * * * * * * * * * * * * * * * * * * * * * * *
void SPI_Read_Buf(unsigned char * buf, int size)
{
    int i;

    nRX0_Len = size;                        //设置接收长度
    while(1){
      if(1 == nRX0_Flag){                   //判断接收是否完成
        nRX0_Flag = 0;
        for(i = 0;i < size;i++)             //从缓冲区读取数据
          buf[i]= UART0_RX_BUF[i];
        break;
      }
    }
}


//* * * * * * * * * * * * * * * * * * * * * * * * * * * * * * * * * * * * *
//          用来读取状态寄存器,并返回状态寄存器的值
//* * * * * * * * * * * * * * * * * * * * * * * * * * * * * * * * * * * * *
unsigned char Read_Status_Register(void)
{
    unsigned char byte = 0x00;

    rstCS();                                //使能设备
    byte = 0x05;
    SPI_Send_Buf(&byte, 1);                 //发送读状态寄存器的命令
    SPI_Read_Buf(&byte, 1);                 //读取数据
    setCS(); //禁止设备

    return byte;
}
```

```
// * * * * * * * * * * * * * * * * * * * * * * * * * * * * * * * * * * * * *
//          写使能
// * * * * * * * * * * * * * * * * * * * * * * * * * * * * * * * * * * * * *
void WREN(void)
{
  unsigned char byte = 0x06;

  rstCS();
  SPI_Send_Buf(&byte, 1);              //发送 WREN 命令
  setCS();
}


// * * * * * * * * * * * * * * * * * * * * * * * * * * * * * * * * * * * * *
//          写禁止
// * * * * * * * * * * * * * * * * * * * * * * * * * * * * * * * * * * * * *
void WRDI(void)
{
  unsigned char byte = 0x04;

  rstCS();
  SPI_Send_Buf(&byte, 1);              //发送 WREN 命令
  setCS();
}


// * * * * * * * * * * * * * * * * * * * * * * * * * * * * * * * * * * * * *
//          从指定地址读取一字节信息
//add：读取地址
// * * * * * * * * * * * * * * * * * * * * * * * * * * * * * * * * * * * * *
unsigned char SST25V016B_Read_Byte(unsigned long add)
{
  unsigned char byte = 0x00;
  unsigned char sendbuf[4];

  sendbuf[0]= 0x03;                           //读取指令
  sendbuf[1]= (add & 0xFFFFFF) >> 16;         //地址高两位
  sendbuf[2]= (add & 0xFFFF) >> 8;            //地址中两位
  sendbuf[3]= (add & 0xFF);                   //地址低两位

  rstCS();
  SPI_Send_Buf(sendbuf, 4);
  SPI_Read_Buf(&byte, 1);
  setCS();
```

```
        return byte;
    }


//* * * * * * * * * * * * * * * * * * * * * * * * * * * * * * * * * * * *
//              从指定地址写入一字节信息
//add：写入地址
//databuf：写入信息
//* * * * * * * * * * * * * * * * * * * * * * * * * * * * * * * * * * * *
void SST25V016B_Write_Byte(unsigned long add, unsigned char databuf)
{
    unsigned char sendbuf[5];

    sendbuf[0]= 0x02;                            //读取指令
    sendbuf[1]= (add & 0xFFFFFF) >> 16;          //地址高两位
    sendbuf[2]= (add & 0xFFFF) >> 8;             //地址中两位
    sendbuf[3]= (add & 0xFF);                    //地址低两位
    sendbuf[4]= databuf;

    rstCS();
    SPI_Send_Buf(sendbuf, 5);
    setCS();
}
```

5.6　I^2C 通信

本节介绍 USCI 模块的另外一种模式——I^2C 模式。I^2C 模式与 UART 模式都为二线串行通信，不同的是，I^2C 为同步串行通信，UART 为异步串行通信。I^2C 通信同样也可以有硬件实现和软件模拟，本节以硬件来实现 I^2C 通信，驱动 AT24C02 存储芯片来进行数据的存取。本节主要目的是介绍 I^2C 通信，AT24C20 详细资料读者可自行查阅数据手册。I^2C 配置需要注意的问题：

（1）设置 P3.1 与 P3.3 为 I^2C 模式。

（2）初始化 I^2C 总线（拉低 P3.1 与 P3.3）。

（3）设置 USCI 为 I^2C 模式。

（4）选择合适的时钟信号。

配置完成后，只需写入（或读取）I^2CDRB 寄存器，就能完成数据的发送（或接收）。每次发送和接收前，都要检查总线是否繁忙，只有在总线不忙的情况下才能进行数据的发送（或接收）。和 UART 模式查询发送（或接收）是否完成类似，I^2C 模式检查总线是否繁忙，同样可以通过硬件中断和软件查询实现。硬件中断每次在数据的发送（或接收）完成后，会进入同一个中断服务程序，通过对中断向量寄存器的分析，判断产生中断的原因，从而进行相应的中断服务程序（与 TIMERA 中断类似）。软件查询是通过循环不断查询相应的中断标志位，从而判断总线是否繁忙。本节采用软件查询的方式来实现 I^2C 通信。

AT24C02 是 2 k 位串行 CMOS E^2PROM，内部含有 256 个 8 位字节，该器件通过 I^2C 总线接口进行操作。这里介绍基础的单字节写入和单字节读取。

1. AT24C02 单字节写入

（1）通过 I^2C 总线发送从机写地址。

（2）通过 I^2C 总线发送数据写入的地址。

（3）通过 I^2C 总线发送一字节数据。

2. AT24C02 单字节读取

（1）通过 I^2C 总线发送从机写地址。

（2）通过 I^2C 总线发送读取数据的地址。

（3）通过 I^2C 总线发送从机读地址。

（4）通过 I^2C 总线接收一字节的数据。

从机地址一般为 7 位，高四位为从机类型编码，低三位为从机地址编码（由芯片的地址引脚决定，详见芯片数据手册），本节实验中的 AT24C02 从机地址为 1010000B。将从机地址左移一位，最低位添"0"可得到从机写地址（10100000B），最低位添"1"可得从机读地址（10100001B），如例 16。

例 16：I^2C 通信演示，对 AT24C02 进行读写。每次开启单片机后从 0x00 处读取一字节数据，加 1 后写入，并通过 4 位数码管来显示读取的数据。

代码如下：

```
/ * * * * * * * * * * * * * * * * * * * * * * * * * * * * * * * * * * * * *
 * @file        main. c
 * @version     1. 0
 * @date        2014. 9. 16
 * @brief       I²C 演示
 * @mcu         M430F169
 * @IDE         IAR EW430 v5. 30
 * * * * * * * * * * * * * * * * * * * * * * * * * * * * * * * * * * * * * * /
#include <msp430x16x. h>

#define CPU_F ((double)8000000)                //CPU 主频
#define delay_ms(x) _delay_cycles((long)(CPU_F * (double)x/1000.0))    //毫秒级延时

#define RX_BUF_MAX 16
#define TX_BUF_MAX 16

#define DIGITAL P2OUT                          //P2 口接 8 个 LED 灯用于测试
#define SLAVE 0xA0                             //从机地址
unsigned char const NUM[] = {0x3F, 0x06, 0x5B, 0x4F, 0x66,
                    0x6D, 0x7D, 0x07, 0x7F, 0x6F};    //对应单位数码管 0～9

void Clock_Init(void);
void WDT_Init(void);
```

```c
void Port_Init(void);
void I2C_Init(void);
void I2C_TxStart(unsigned char SlaverAddr, unsigned char size);
void I2C_TxByte(unsigned char cdata);
unsigned char I2C_RxByte(void);
void I2C_TxStr(unsigned char SlaverAddr, unsigned char SubAddr,
               unsigned char * str, unsigned char size);
void I2C_RxStr(unsigned char SlaveAddr, unsigned char SubAddr,
               unsigned char * str, unsigned char size);

// * * * * * * * * * * * * * * * * * * * * * * * * * * * * * * * * * * * *
//          主程序
// * * * * * * * * * * * * * * * * * * * * * * * * * * * * * * * * * * * *
void main(void)
{
    unsigned char databuf = 0x00;
    unsigned char displaybuf;
    int i;

    WDT_Init();
    Clock_Init();                              //时钟初始化
    Port_Init();                               //端口初始化,用于控制 I/O 口输入或输出
    I2C_Init();                                //初始化硬件 I²C

    P3OUT |= BIT6;                             //打开锁存器

    I2C_RxStr(0xA0, 0x00, &databuf, 1);
    databuf++;
    I2C_TxStr(0xA0, 0x00, &databuf, 1);

    while(1){
        displaybuf = databuf;
        for(i = 8; i != 0; i >>= 1){
            DIGITAL = 0x00;                    //防止干扰
            P5OUT = ~i;                        //选择位
            DIGITAL = NUM[displaybuf % 10];    //选择字
            displaybuf /= 10;
        }
    }
}


// * * * * * * * * * * * * * * * * * * * * * * * * * * * * * * * * * * * *
//          系统时钟初始化
// * * * * * * * * * * * * * * * * * * * * * * * * * * * * * * * * * * * *
```

```
void Clock_Init(void)
{
  unsigned char i;
  BCSCTL1 &= ~XT2OFF;
  BCSCTL2 |= SELM1+SELS;

  do{
    IFG1 &= ~OFIFG;
    for(i = 0; i < 100; i++)
        _NOP();
  }while((IFG1&OFIFG) != 0);

  IFG1 &= ~OFIFG;
}


//* * * * * * * * * * * * * * * * * * * * * * * * * * * * * * * * * *
//        MSP430 内部看门狗初始化
//* * * * * * * * * * * * * * * * * * * * * * * * * * * * * * * * * *
void WDT_Init(void)
{
  WDTCTL = WDTPW + WDTHOLD;          //关闭看门狗
}


//* * * * * * * * * * * * * * * * * * * * * * * * * * * * * * * * * *
//        MSP430IO 口初始化
//* * * * * * * * * * * * * * * * * * * * * * * * * * * * * * * * * *
void Port_Init(void)
{
  P2SEL = 0x00;                      //设置 P2 口为普通 I/O 模式
  P2DIR = 0xFF;                      //设置 P2 口方向为输出
  P2OUT = 0xFF;                      //初始设置为 FF

  P3DIR |= BIT6;                     //设置 P3.6 口方向为输出
  P3OUT = 0x00;                      //初始设置为 00

  P5SEL = 0x00;                      //设置 P5 口为普通 I/O 模式
  P5DIR = 0x0F;                      //设置 P50~P53 口方向为输出
  P5OUT = 0xFF;                      //初始设置为 FF
}


  //* * * * * * * * * * * * * * * * * * * * * * * * * * * * * * * * * *
  //        I²C 模块初始化
  //* * * * * * * * * * * * * * * * * * * * * * * * * * * * * * * * * *
```

```
void I2C_Init(void)
{
  U0CTL |= I2C + SYNC;                    //选择 USART0 为 I²C 模式
  U0CTL &= ~I2CEN;                        //初始化 I²C

  I2CTCTL |= I2CSSEL_2;                   //选择时钟信号，8M
  I2CSCLH = 0x19;                         //SCL 高电平
  I2CSCLL = 0x19;                         //SCL 低电平

  U0CTL |= I2CEN;                         //使能 I²C，7 位地址模式
  U0CTL |= MST;                           //设置为主机

  P3SEL |= 0x0A;                          //设置 P3.1 与 P3.3 为 I2C 模式
  P3DIR &= ~0x0A;                         //确保 IIC 总线的初始化
}
```

```
// * * * * * * * * * * * * * * * * * * * * * * * * * * * * * * * * * * * * *
//          预启动 I2C 主发送模式
//SlaverAddr：从机地址
//size：发送字节总数
// * * * * * * * * * * * * * * * * * * * * * * * * * * * * * * * * * * * * *
void I2C_TxStart(unsigned char SlaverAddr,unsigned char size)
{
  while(I2CTCTL & I2CSTP);                //检查总线是否忙
  I2CSA = SlaverAddr;                     //从机地址
  I2CNDAT = size;                         //设置发送字节数

  U0CTL |= MST;
  I2CTCTL |= I2CTRX;                      //发送模式
  I2CTCTL |= I2CSTT + I2CSTP;             //发出起始信号，I2CNDAT 表示传输字节
                                          //  数，结束后停止位自动产生
}
```

```
// * * * * * * * * * * * * * * * * * * * * * * * * * * * * * * * * * * * * *
//          I²C 发送一字节数据
//cdata：发送的字节
// * * * * * * * * * * * * * * * * * * * * * * * * * * * * * * * * * * * * *
void I2C_TxByte(unsigned char cdata)
{
  while(! (I2CIFG & TXRDYIFG));           //等待发送准备好信号
  I2CDRB = cdata;                         //发送 1 字节数据
```

```
}


// * * * * * * * * * * * * * * * * * * * * * * * * * * * * * * * * * *
//              I²C 接收一字节数据
//cdata：发送的字节
// * * * * * * * * * * * * * * * * * * * * * * * * * * * * * * * * * *
unsigned char I2C_RxByte(void)
{
    while(! (I2CIFG & RXRDYIFG));        //等待接收准备好信号
    return(I2CDRB);                      //返回接收到的数据
}



// * * * * * * * * * * * * * * * * * * * * * * * * * * * * * * * * * *
//主机向从机发送多字节
// SlaveAddr：从机地址(7 位纯地址，不含读写位)
// SubAddr：从机的子地址
// * str：要发送的数据
// size：数据的字节数
// * * * * * * * * * * * * * * * * * * * * * * * * * * * * * * * * * *
void I2C _ TxStr ( unsigned char SlaverAddr, unsigned char SubAddr, unsigned char * str,
                unsigned char size)
{
    unsigned char i;

    I2C_TxStart((SlaverAddr>>1),(size + 1));    //设置从机地址
    I2C_TxByte(SubAddr);    //设置写入地址
    for(i = 0; i < size; i++)
    {
        while(! (I2CIFG & TXRDYIFG));
        I2CDRB = str[i];
    }
}


// * * * * * * * * * * * * * * * * * * * * * * * * * * * * * * * * * *
// 主机向从机读取多字节
// SlaveAddr：从机地址(7 位纯地址，不含读写位)
// SubAddr：从机的子地址
// * str：要发送的数据
// size：数据的字节数
// * * * * * * * * * * * * * * * * * * * * * * * * * * * * * * * * * *
void I2C_RxStr(unsigned char SlaveAddr,unsigned char SubAddr,unsigned char * str,unsigned
```

```
                              char size)
          {
              unsigned char i;
              while (I2CDCTL & I2CBUSY);          //等待其他操作完成
              I2CSA = SlaveAddr >> 1;             //设置冲击地址(读模式)

              U0CTL |= MST;
              I2CNDAT = 0x01;                     //设置发送一个字节

              I2CIFG &= ~TXRDYIFG;                //清除发送准备好标志位
              I2CIFG &= ~ARDYIFG;                 //清除准备成功标志
              I2CTCTL |= I2CTRX;                  //手动停止模式 restart 模式
              I2CTCTL &= ~I2CSTP;                 //清除 I2C 停止操作位
              I2CTCTL |= I2CSTT;                  //启动发送
              I2C_TxByte(SubAddr);               //发送子地址

              while (!(I2CIFG & ARDYIFG));        //等待其他操作完成
              I2CNDAT = size;                     //设置读取总字节数
              I2CTCTL &= ~I2CTRX;                 //清除发送位,切换到接收模式
              I2CIFG &= ~ARDYIFG;                 //清除准备成功标志位
              I2CTCTL |= I2CSTT + I2CSTP;         //发出起始信号,I2CNDAT 表示传输字节
                                                  //  数,结束后停止位自动产生
              for(i = 0; i < size; i++)
                {
                   str[i] = I2C_RxByte();         //接收信息存储
                }
          }
```

成功下载程序后,读者可按复位键观察 4 位数码管上数字的变化。

5.7 比较器模块的应用

多数传感器以电压的形式表示结果,通常要经过 ADC(模数转换)得到数字量。但有些时候,我们并不需要知道具体量,只需知道是否大于或小于某个值。这时选用 ADC 太过大材小用,比较器就能满足需求。下面利用比较器 A,实现单输入 P23 的电压低于 0.25 Vcc 时,使蜂鸣器鸣叫,否则关闭蜂鸣器。

蜂鸣器的控制方法和 LED 灯类似,只要通过控制 I/O 口的高低电平即可。如图 5-14 所示,为蜂鸣器常用的一种连接方式。由于 I/O 的驱动电流过小,不能直接驱动蜂鸣器,需要通过三极管放大电流。蜂鸣器分为两类:有源蜂鸣器与无源蜂鸣器,有源蜂鸣器发出的声音频率固定,只需给高低电平即可鸣叫;无源蜂鸣器必须用 2 k~5 kHz 的方波去驱动。

使用比较器时,需要注意比较器正负端的设定。关于比较器举例,如例 17。

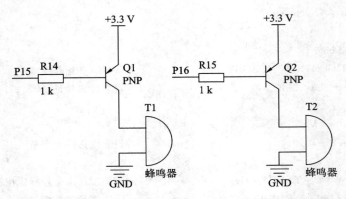

图 5-14　蜂鸣器电路图(左边为无源蜂鸣器,右边为有源蜂鸣器)

例 17:当 P23 输入电压高于 0.25 Vcc 时关闭蜂鸣器,否则开启蜂鸣器(悬空不能视为接 0 V)。

代码如下:

```c
/* * * * * * * * * * * * * * * * * * * * * * * * * * * * * * * * * * * * * *
 *  @file       main. c
 *  @version    1.0
 *  @date       2014.9.16
 *  @brief      当 P23 输入电压高于 0.25 Vcc 时关闭蜂鸣器,否则开启蜂鸣器
 *  @mcu        M430F169
 *  @IDE        IAR EW430 v5.30
 * * * * * * * * * * * * * * * * * * * * * * * * * * * * * * * * * * * * * */

#include <msp430x16x. h>

#define CPU_F ((double)8000000)                //CPU 主频
#define delay_ms(x) _delay_cycles((long)(CPU_F * (double)x/1000.0))     //毫秒级延时

void Clock_Init(void);
void WDT_Init(void);
void Port_Init(void);
void Compa_Init(void);


// * * * * * * * * * * * * * * * * * * * * * * * * * * * * * * * * * * * * *
//          主函数
// * * * * * * * * * * * * * * * * * * * * * * * * * * * * * * * * * * * * *
void main(void)
{
  WDT_Init();
  Clock_Init();            //时钟初始化
  Port_Init();             //端口初始化,用于控制 I/O 口输入或输出
```

```
    Compa_Init();                              //初始化比较器 A

    P4OUT &= ~BIT7;                            //关闭寄存器, 排除干扰

    while(1){
      if((CAOUT & CACTL2)){                    //检查比较器输出
        P1OUT |= BIT6;                         //开启蜂鸣器
      }else{
        P1OUT &= ~BIT6;                        //关闭蜂鸣器
      }
    }
}


//* * * * * * * * * * * * * * * * * * * * * * * * * * * * * * * * * *
//           系统时钟初始化
//* * * * * * * * * * * * * * * * * * * * * * * * * * * * * * * * * *
void Clock_Init(void)
{
    unsigned char i;
    BCSCTL1 &= ~XT2OFF;
    BCSCTL2 |= SELM1+SELS;

    do{
      IFG1 &= ~OFIFG;
      for(i = 0; i < 100; i++)
          _NOP();
    }while((IFG1&OFIFG) != 0);

    IFG1 &= ~OFIFG;
}


//* * * * * * * * * * * * * * * * * * * * * * * * * * * * * * * * * *
//           MSP430 内部看门狗初始化
//* * * * * * * * * * * * * * * * * * * * * * * * * * * * * * * * * *
void WDT_Init(void)
{
    WDTCTL = WDTPW + WDTHOLD;          //关闭看门狗
}


//* * * * * * * * * * * * * * * * * * * * * * * * * * * * * * * * * *
//           MSP430IO 口初始化
//* * * * * * * * * * * * * * * * * * * * * * * * * * * * * * * * * *
void Port_Init(void)
```

```
{
    P1SEL = 0x00;                              //设置 P1 口为普通 I/O 模式
    P1DIR |= BIT6;                             //设置 P16 口方向为输出
    P1OUT |= BIT6;                             //关闭蜂鸣器

    P4SEL = 0x00;                              //设置 P4 口为普通 I/O 模式
    P4DIR |= BIT7;                             //设置 P46 口方向为输出
}


//* * * * * * * * * * * * * * * * * * * * * * * * * * * * * * * * * * * *
//          比较器 A 初始化
//* * * * * * * * * * * * * * * * * * * * * * * * * * * * * * * * * * * *
void Compa_Init(void)
{
    CACTL1 = CARSEL + CAREF0 + CAON;   //0.25 Vcc 加到正端，打开比较器
    CACTL2 = P2CA0;                            //P2.3 加到比较器负端
}
```

5.8　ADC12

在 MSP430 的实时控制和智能仪表等应用系统中，控制或测量对象的有关变化量，往往是一些连续变化的量，如压力、温度、流量、速度等。利用传感器把各种物理量测量出来，转换为电信号，经过模/数转换（Analog to Digital Conversion）转变成数字量，这样模拟量才能被 MSP430 处理和控制。MSP430F169 自带的 ADC 模块为 12 位模/数转换模块 ADC12，如果基准电压 Vref=2.5 V，则分辨率为 2.5 V/4096=0.6 mV。

ADC12 模块一共提供了 4 种转换模式：

（1）单通道单次转换。

（2）序列通道单次转换。

（3）单通道多次转换。

（4）序列通道多次转换。

无论使用何种模式，都需要注意以下问题：

（1）设置具体的转换模式。

（2）输入模拟信号。

（3）选择启动信号。

（4）关注结束信号。

（5）存放转换数据。

（6）采用查询或者中断方式来读取数据。

本节利用锯齿电位器分压，将电压信号送入通道 0（P60），采用单通道多次转换模式，利用中断方式读取数据，通过四位数码管显示结果。

使用 ADC12 一般需要以下几个步骤：

（1）根据选择的转换模式、参考电压源、时钟源等，正确配置相关寄存器。

（2）正确选择通道，并将相关引脚配置为第二功能模式。

（3）若需要中断，配置相关中断寄存器，并编写相关中断服务程序。

举例如例 18。

例 18：ADC12 模块演示，滚动锯齿电位器改变输入电压，利用中断方式读取数据，通过四位数码管显示结果，实现简易数字电压表功能。

代码如下：

```c
/* * * * * * * * * * * * * * * * * * * * * * * * * * * * * * * * * * * * * *
 *  @file        main. c
 *  @version     1. 0
 *  @date        2014. 9. 16
 *  @brief       ADC12 模块演示，滚动锯齿电位器改变输入电压
 *  @mcu         M430F169
 *  @IDE         IAR EW430 v5. 30
 * * * * * * * * * * * * * * * * * * * * * * * * * * * * * * * * * * * * * */

#include <msp430x16x. h>

#define CPU_F ((double)8000000)                  //CPU 主频
#define delay_ms(x) _delay_cycles((long)(CPU_F * (double)x/1000.0))     //毫秒级延时

#define DIGITAL P2OUT                      //P2 口接 8 个 LED 灯用于测试
unsigned char const NUM[]= {0x3F, 0x06, 0x5B, 0x4F, 0x66,
                            0x6D, 0x7D, 0x07, 0x7F, 0x6F};    //对应单位数码管 0~9

int VALUE = 0;

void Clock_Init(void);
void WDT_Init(void);
void Port_Init(void);
void ADC12_CH0_Init(void);



//* * * * * * * * * * * * * * * * * * * * * * * * * * * * * * * * * * * * *
//          主程序
//* * * * * * * * * * * * * * * * * * * * * * * * * * * * * * * * * * * * *
void main(void)
{
    int i;
    int temp;

    WDT_Init();
```

```
    Clock_Init();                              //时钟初始化
    Port_Init();                               //端口初始化,用于控制 I/O 口输入或输出
    ADC12_CH0_Init();

    P3OUT |= BIT6;                             //打开锁存器

    while(1){
      temp = (int)(VALUE * 2.5 / 4.096);       //数值处理,结果为实际电压值的 1000 倍

      for(i = 8; i != 0; i >>= 1){
        DIGITAL = 0x00;                        //防止干扰
        P5OUT = ~i;                            //选择位
        DIGITAL = NUM[temp % 10];              //选择字
        if(1 == i)
          DIGITAL |= 0x80;                     //显示小数点
        temp /= 10;
      }
    }
}


// * * * * * * * * * * * * * * * * * * * * * * * * * * * * * * * * * * * * * *
//           系统时钟初始化
// * * * * * * * * * * * * * * * * * * * * * * * * * * * * * * * * * * * * * *
void Clock_Init()
{
  unsigned char i;
  BCSCTL1 &= ~XT2OFF;
  BCSCTL2 |= SELM1+SELS;

  do{
    IFG1 &= ~OFIFG;
    for(i = 0; i < 100; i++)
        _NOP();
  }while((IFG1&OFIFG) != 0);

  IFG1 &= ~OFIFG;
}

// * * * * * * * * * * * * * * * * * * * * * * * * * * * * * * * * * * * * * *
//           MSP430 内部看门狗初始化
// * * * * * * * * * * * * * * * * * * * * * * * * * * * * * * * * * * * * * *
void WDT_Init()
{
```

```
    WDTCTL = WDTPW + WDTHOLD;              //关闭看门狗
}


// * * * * * * * * * * * * * * * * * * * * * * * * * * * * * * * * * * * *
//          MSP430IO 口初始化
// * * * * * * * * * * * * * * * * * * * * * * * * * * * * * * * * * * * *
void Port_Init()
{
    P2SEL = 0x00;                          //设置 P2 口为普通 I/O 模式
    P2DIR = 0xFF;                          //设置 P2 口方向为输出
    P2OUT = 0xFF;                          //初始设置为 00

    P3SEL = 0x00;                          //设置 P3 口为普通 I/O 模式
    P3DIR |= BIT6;                         //设置 P36 口方向为输出
    P3OUT = 0x00;                          //初始设置为 00

    P5SEL = 0x00;                          //设置 P5 口为普通 I/O 模式
    P5DIR = 0x0F;                          //设置 P50~P53 口方向为输出
    P5OUT = 0xFF;                          //初始设置为 FF

    P6SEL |= BIT0;                         //(2) 设置 P60 为 ADC 通道

}


// * * * * * * * * * * * * * * * * * * * * * * * * * * * * * * * * * * * *
//          ADC12 初始化，单通道多次转换
// * * * * * * * * * * * * * * * * * * * * * * * * * * * * * * * * * * * *
void ADC12_CH0_Init(void)
{
    //(1) ADC12 寄存器设置
    //内核开启，启动内部基准，选择 2.5 V，设置采样保持时间为 16 个 CLK，多次转换需设
    //置 MSC
    ADC12CTL0 = ADC12ON + REFON + REF2_5V + SHT0_2 + MSC;
    //时钟源为内部振荡器，触发信号来自采样定时器，转换地址为 ADC12MCTL4
    ADC12CTL1 = ADC12SSEL_0 + SHP + CONSEQ_2 + CSTARTADD_4;

    //(2) 设置转换通道
    ADC12MCTL4 = SREF_1 + INCH_0 + EOS;

    //(3) 使能中断
    ADC12IE = 0x0010;
    _EINT();
```

```
    ADC12CTL0 |= ENC + ADC12SC;            //开启转换(启动信号)
}

//* * * * * * * * * * * * * * * * * * * * * * * * * * * * * * * * * * *
//            (3) ADC 中断程序
//* * * * * * * * * * * * * * * * * * * * * * * * * * * * * * * * * * *
# pragma vector = ADC_VECTOR
_interrupt void ADC12_IRQ(void)
{
    VALUE = ADC12MEM4;                     //读取转换结果
}
```

5.9　DAC12

　　DAC 为 ADC 的逆过程,MSP430 带有 DAC12 模块,可以将运算处理的结果转换为模拟量,以便操作被控制对象的工作过程。

　　DAC12 使用的时候需要注意的问题:

　　(1) 参考电压的选择,如果使用内部参考电压则需要在 ADC12 模块里面打开内部参考电压发生器,ADC12 内核不用开。

　　(2) 在 MSP430F169 单片机上,DAC12 的 0 通道使用的是 A6,1 通道使用的是 A7 的引脚。注意如果使用了 DAC12 的 2 个通道,A6 和 A7 就不能使用。

　　(3) 校正 DAC12 的偏移误差。

　　(4) 设置 DAC12 的位数和满量程电压(满量程电压最高为 AVcc)。

　　(5) 设置 DAC12 的触发模式。

　　本节通过 DAC0(P60)输出 1 V 电压,成功烧入程序后,可用电压表去观察。使用 DAC12 一般需要以下几个步骤:

　　(1) 选择合适的参考电压;

　　(2) 校验 DAC;

　　(3) 根据选择的模式,正确配置相关寄存器;

　　(4) 根据输出电压 VOUT 计算出 DAC12_xDAT 的值。计算公式如表 5-2 所示。

表 5-2　不同配置下输出电压计算公式

位数	DAC12RES	DAC12IR	输出电压格式
12 位	0	0	$Vout = Vref \times 3 \times (DAC12\_xDAT) / 4096$
12 位	0	1	$Vout = Vref \times 1 \times (DAC12\_xDAT) / 4096$
8 位	1	0	$Vout = Vref \times 1 \times (DAC12\_xDAT) / 4096$
8 位	1	1	$Vout = Vref \times 1 \times (DAC12\_xDAT) / 256$

　　举例如例 19。

　　例 19:DAC12 模块演示,使 P60 输出 1 V 电压。

　　代码如下:

```
/ * * * * * * * * * * * * * * * * * * * * * * * * * * * * * * * * * * * * * *
 *  @file        main. c
 *  @version     1. 0
 *  @date        2014. 9. 16
 *  @brief       DAC12 某块演示，使 P60 输出 1 V 电压
 *  @mcu         M430F169
 *  @IDE         IAR EW430 V5. 30
 * * * * * * * * * * * * * * * * * * * * * * * * * * * * * * * * * * * * * * /

#include <msp430x16x. h>

#define CPU_F  ((double)8000000)                      //CPU 主频
#define delay_ms(x)  _delay_cycles((long)(CPU_F * (double)x/1000.0))     //毫秒级延时

#define LED8        P2OUT                    //P2 口接 8 个 LED 灯用于测试
#define KEY4        P1IN                     //P1 口低四位接按键
int LED_FLAG = 0x00;

void Clock_Init(void);
void WDT_Init(void);
void DAC120_Init(void);
void Port_Init(void);


// * * * * * * * * * * * * * * * * * * * * * * * * * * * * * * * * * * * * *
//          主函数
// * * * * * * * * * * * * * * * * * * * * * * * * * * * * * * * * * * * * *
void main(void)
{
  WDT_Init();
  Clock_Init();                           //时钟初始化
  Port_Init();
  DAC120_Init();

  DAC12_0DAT = 0x0666;                    //④输出 1 V 电压
  while(1)
     ;
}


// * * * * * * * * * * * * * * * * * * * * * * * * * * * * * * * * * * * * *
//          系统时钟初始化
// * * * * * * * * * * * * * * * * * * * * * * * * * * * * * * * * * * * * *
void Clock_Init(void)
{
```

```
    unsigned char i;
    BCSCTL1 &= ~XT2OFF;
    BCSCTL2 |= SELM1+SELS;
    do{
        IFG1 &= ~OFIFG;
        for(i = 0; i < 100; i++)
            _NOP();
    }while((IFG1&OFIFG) != 0);

    IFG1 &= ~OFIFG;
}


//* * * * * * * * * * * * * * * * * * * * * * * * * * * * * * * * * * * *
//          MSP430 内部看门狗初始化
//* * * * * * * * * * * * * * * * * * * * * * * * * * * * * * * * * * * *
void WDT_Init(void)
{
    WDTCTL = WDTPW + WDTHOLD;                    //关闭看门狗
}


//* * * * * * * * * * * * * * * * * * * * * * * * * * * * * * * * * * * *
//          MSP430IO 口初始化
//* * * * * * * * * * * * * * * * * * * * * * * * * * * * * * * * * * * *
void Port_Init(void)
{


}


//* * * * * * * * * * * * * * * * * * * * * * * * * * * * * * * * * * * *
//          DAC12 通道 0 初始化
//* * * * * * * * * * * * * * * * * * * * * * * * * * * * * * * * * * * *
void DAC120_Init(void)
{
    //①设置参考电压
    ADC12CTL0 = REF2_5V+REFON;
    //②效验 DAC12 通道 0
    DAC12_0CTL |= DAC12CALON;                        //启动效验 DAC
    while((DAC12_0CTL & DAC12CALON) != 0)       //等待效验完成
        _NOP();

    //③控制寄存器设置
    //选择输入缓冲器中速中电流，输出缓冲器中速中电流，12 位 DAC，
    //满电压输出为内基准，自动更新数据
```

DAC12_0CTL = DAC12AMP_5 + DAC12IR + DAC12LSEL_0；

DAC12_0CTL |= DAC12SREF_0；

DAC12_0CTL |= DAC12ENC；

DAC12_0DAT = 0x0000；　　　　　　　　　//设置初始电压为 0

　　}

5.10　LCD 显示

　　前面我们提到用 LED 灯、数码管、LED 点阵作为显示，除了 LED 灯，后两者都要不停地扫描才能完成显示，对 CPU 资源的占用比较大。除此之外，显示的内容和长度都有限。如果需要显示汉字或图像，这时就需要用到 LCD 液晶屏，这里介绍常用的 LCD12864 液晶屏。

5.10.1　LCD12864 概述

　　LCD12864 是一种具有 4/8 位并行、2/3 线串行多种接口方式，分为带字库和不带字库两种，带字库的内部含有国标一级、二级简体中文字库的点阵图形液晶显示模块，本书采用的为带字库的 LCD12864，型号为 SYN12864K-ZK；其显示分辨率为 128×64，内置 8192 个 16×16 点汉字和 128 个 16×8 点 ASCII 字符集。利用该模块灵活的接口方式和简单、方便的操作指令，可构成全中文人机交互图形界面。其可以显示 8×4 行 16×16 点阵的汉字，也可完成图形显示。低电压低功耗是其又一显著特点。

5.10.2　SYN12864K-ZK 模块接口说明

　　SYN12864K-ZK 模块引脚功能说明如表 5-3 所示。

表 5-3　SYN12864K-ZK 模块引脚功能说明

管脚号	管脚名称	电平	管脚功能描述
1	Vss	0 V	电源地
2	Vcc	3.0~5 V	电源正
3	V0	—	对比度（亮度）调整
4	RS(CS)	H/L	RS="H"，表示 DB7~DB0 为显示数据 RS="L"，表示 DB7~DB0 为显示指令数据
5	R/W̄(SID)	H/L	R/W="H"，E="H"，数据被读到 DB7~DB0 R/W="L"，E="H→L"，DB7~DB0 的数据被写到 IR 或 DR
6	E(SCLK)	H/L	使能信号
7	DB0	H/L	三态数据线
8	DB1	H/L	三态数据线
9	DB2	H/L	三态数据线
10	DB3	H/L	三态数据线
11	DB4	H/L	三态数据线

管脚号	管脚名称	电平	管脚功能描述
12	DB5	H/L	三态数据线
13	DB6	H/L	三态数据线
14	DB7	H/L	三态数据线
15	PSB	H/L	H：8 位并口方式，L：串口方式
16	NC	—	空脚
17	/RESET	H/L	复位端，低电平有效
18	VOUT	—	LCD 驱动电压输出端
19	A	VDD	背光源正端（+5 V）
20	K	VSS	背光源负端

5.10.3　模块主要硬件构成说明

控制器接口信号说明：

（1）RS，R/$\overline{\text{W}}$ 的配合选择决定控制界面的 4 种模式，如表 5 - 4 所示。

表 5 - 4　RS，R/$\overline{\text{W}}$ 的配合选择决定控制界面的 4 种模式表

RS	R/$\overline{\text{W}}$	功能说明
L	L	MPU 写指令到指令暂存器（IR）
L	H	读出忙标志（BF）及地址计数器（AC）的状态
H	L	MPU 写入数据到数据暂存器（DR）
H	H	MPU 从数据暂存器（DR）中读出数据

（2）E 信号功能如表 5 - 5 所示。

表 5 - 5　E 信号功能表

E 状态	执行动作	结　果
高——>低	I/O 缓冲——>DR	配合/W 进行写数据或指令
高	DR——>I/O 缓冲	配合 R 进行读数据或指令
低/低——>高	无动作	—

① 忙标志：BF。BF 标志提供内部工作情况。BF＝1 时表示模块在进行内部操作，此时模块不接收外部指令和数据。BF＝0 时，模块为准备状态，随时可接收外部指令和数据。

② 字型产生 ROM（CGROM）。字型产生 ROM（CGROM）提供的 8192 个触发器是用于模块屏幕显示开和关的控制。DFF＝1 为开显示（DISPLAY ON），DDRAM 的内容就显示在屏幕上，DFF＝0 为关显示（DISPLAY OFF）。DFF 的状态是由指令 DISPLAY ON/OFF 和 RST 信号来控制的。

③ 显示数据 RAM（DDRAM）。模块内部显示数据 RAM 提供了 64×2 个位元组的空间，最多可控制 4 行 16 字（64 个字）的中文字型显示，当写入显示数据 RAM 时，可分别显示 CGROM 与 CGRAM 的字型。此模块可显示三种字型，分别是半角英文数字型（16×8）、CGRAM 字型及 CGROM 的中文字型，三种字型的选择，由在 DDRAM 中写入的编码来选

择，在 0000H～0006H 的编码中(其代码分别是 0000、0002、0004、0006 共 4 个)将选择 CGRAM 的自定义字型，02H—7FH 的编码中将选择半角英文数字的字型，至于 A1 以上的编码将自动地结合下一个位元组，组成两个位元组的编码形成中文字型的编码 BIG5 (A140～D75F)，GB(A1A0～F7FFH)。

④ 字型产生 RAM(CGRAM)。字型产生 RAM 提供图像定义(造字)功能，可以提供四组 16×16 点的自定义图像空间，使用者可以将内部字型没有提供的图像字型自行定义到 CGRAM 中，便可和 CGROM 中的定义一样地通过 DDRAM 显示在屏幕中。

⑤ 地址计数器 AC。地址计数器是用来储存 DDRAM/CGRAM 之一的地址，它可由设定指令暂存器来改变，之后只要读取或是写入 DDRAM/CGRAM 的值时，地址计数器的值就会自动加 1，当 RS 为"0"时而 R/W 为"1"时，地址计数器的值会被读取到 DB6～DB0 中。

⑥ 光标/闪烁控制电路。此模块提供了光标及闪烁控制电路，由地址计数器的值来指定 DDRAM 中的光标或闪烁位置。

5.10.4　指令说明

模块控制芯片提供两套控制命令：基本指令和扩充指令。

(1) 基本指令如表 5-6 所示(RE=0：基本指令)。

表 5-6　基本指令表

指令	指　令　码										功　能
	RS	R/W	D7	D6	D5	D4	D3	D2	D1	D0	—
清除显示	0	0	0	0	0	0	0	0	0	1	将 DDRAM 填满"20H"，并且设定 DDRAM 的地址计数器(AC)到"00H"
地址归位	0	0	0	0	0	0	0	0	1	X	设定 DDRAM 的地址计数器(AC)到"00H"，且将游标移到开头原点位置；这个指令不改变 DDRAM 的内容
显示状态开/关	0	0	0	0	0	0	1	D	C	B	D=1：整体显示 ON C=1：游标 ON B=1：游标位置反白允许
进入点设定	0	0	0	0	0	0	0	1	I/D	S	指定在数据的读取与写入时，设定游标的移动方向及指定显示的移位
游标或显示移位控制	0	0	0	0	0	1	S/C	R/L	X	X	设定游标的移动与显示的移位控制位；这个指令不改变 DDRAM 的内容
功能设定	0	0	0	0	1	DL	X	RE	X	X	DL=0/1：4/8 位数据 RE=1：扩充指令操作 RE=0：基本指令操作
设定 CGRAM 地址	0	0	0	1	AC5	AC4	AC3	AC2	AC1	AC0	设定 CGRAM 地址

续表

	指　令　码										功　能
设定 DDRAM 地址	0	0	1	0	AC5	AC4	AC3	AC2	AC1	AC0	设定 DDRAM 地址(显示位址) 第一行:80H~87H 第二行:90H~97H
读取忙标志和地址	0	1	BF	AC6	AC5	AC4	AC3	AC2	AC1	AC0	读取忙标志(BF)可以确认内部动作是否完成,同时可以读出地址计数器(AC)的值
写数据到 RAM	1	0	数据								将数据 D7~D0 写入到内部的 RAM(DDRAM/CGRAM/IRAM/GRAM)
读出 RAM 的值	1	1	数据								从内部 RAM 读取数据 D7~D0 (DDRAM/CGRAM/IRAM/GRAM)

(2) 扩充指令如表 5 - 7 所示(RE＝1:扩充指令)。

表 5 - 7　扩 充 指 令 表

指令	指　令　码										功　能
	RS	R/$\overline{W}$	D7	D6	D5	D4	D3	D2	D1	D0	—
待命模式	0	0	0	0	0	0	0	0	0	1	进入待命模式,执行其他指令都终止待命模式
卷动地址开关开启	0	0	0	0	0	0	0	0	1	SR	SR＝1:允许输入垂直卷动地址 SR＝0:允许输入 IRAM 和 CGRAM 地址
反白选择	0	0	0	0	0	0	0	1	R1	R0	选择两行中的任一行作反白显示,并可决定反白与否。初始值 R1R0＝00,第一次设定为反白显示,再次设定变回正常
睡眠模式	0	0	0	0	0	1	SL	X	X		SL＝0:进入睡眠模式 SL＝1:脱离睡眠模式
扩充功能设定	0	0	0	0	1	CL	X	RE	G	0	CL＝0/1:4/8 位数据 RE＝1:扩充指令操作 RE＝0:基本指令操作 G＝1/0:绘图开关
设定绘图 RAM 地址	0	0	1	0 AC6	0 AC5	0 AC4	AC3 AC3	AC2 AC2	AC1 AC1	AC0 AC0	设定绘图 RAM 先设定垂直(列)地址 AC6AC5…AC0 再设定水平(行)地址 AC3AC2 AC1AC0 将以上 16 位地址连续写入即可

备注:IC1 在接收指令前,微处理器必须先确认其内部是否处于非忙碌状态,即读取 BF 标志。BF 为零时,方可接收新的指令;如果在送出一个指令前并不检查 BF 标志,那么在前一个指令和这个指令中间必须延长一段较长的时间,即是等待前一个指令确实被执行完成。

5.10.5　LCD12864 液晶 8 位并行数据传输时序

LCD12864 液晶 8 位并行数据传输时序如图 5-15 和图 5-16 所示。

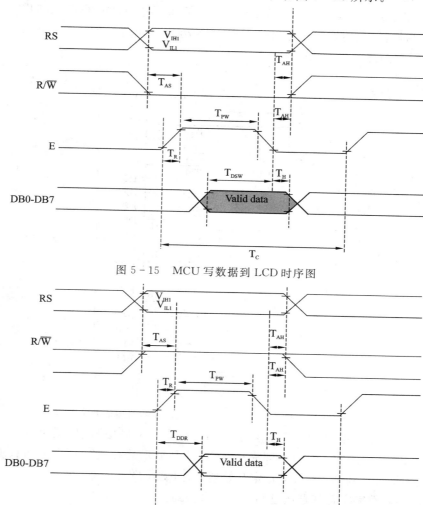

图 5-15　MCU 写数据到 LCD 时序图

图 5-16　MCU 从 LCD 读数据时序图

在本书采用的型号为 SYN12864K-ZK 液晶显示屏是一种具有 4/8 位并行、2 线或 3 线串行多种接口方式,低电压低功耗是其又一显著特点,基本特性:

(1) 低电源电压(VDD: +3.0~+5.5 V);

(2) 内置汉字字库,提供了 8192 个 16×16 点阵汉字(简繁体可选);

(3) 内置 128 个 16×8 点阵字符;

(4) 2 MHz 时钟频率;

(5) 背光方式:侧部高亮黄色 LED;

(6) 通信方式:串行、并口可选;

(7) 内置 DC-DC 转换电路,无需外加负压;

（8）无需片选信号，简化软件设计；

（9）工作温度：0℃～＋55℃；

（10）存储温度：－20℃～＋60℃。

单片机与液晶显示器接口电路图如图 5－17 所示。SYN12864K-ZK 的 DB0～DB7 接单片机的 P1 口进行数据传输。引脚 RS、RW、EN 分别接单片机的 P2.0、P2.1、P2.2 口，PSB 接高，设置为并行传输数据。

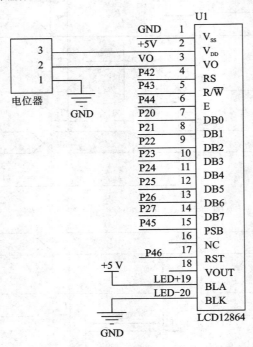

图 5－17　单片机与 LCD12864 液晶显示器接口电路图

SYN12864K-ZK 型的 LCD 液晶屏显示器软件设计从底层写起，逐步提高，最后完成显示一个 code 区域的数据功能。即先往 LCD 液晶显示器发送"一"字节的数据或指令写起，逐步上升，最后到画一个图，指定开始列，上下层，图形的宽度，图形指针固定高度为 16 的图。汉字和数字字符都是通过调用字库来得到。

① 往 LCD 液晶显示器发送以字节的数据或指令子程序。

调用方式：void LCD12864_write_com(unsigned char com)；

函数说明：发送指令 com 到 LCD。

调用方式：void LCD12864_write_data(unsigned char data)；

函数说明：发送指令 data 到 LCD。先判断芯片是否忙，忙则等待，不忙则可以发数据或指令，其流程图如图 5－18 所示。

如果 LCD 屏幕信息刷新速率不快，可以用延时来代替。

② LCD 液晶屏初始化子程序。

调用方式：void LCD12864_init(void)；

函数说明：LCD 液晶屏初始化，开机后仅调用一次。主要负责设置 LCD 屏的一些状态，包括芯片复位、选择通信方式为并口、关芯片显示、设置 8 位数据且为基本指令集、设

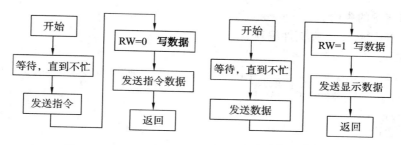

图 5-18　LCD 液晶指令(左)、数据(右)发送流程图

置芯片显示关、清除显示、指定在数据的读取与写入时，设定游标的移动方向及指定显示的移位。LCD 初始化完成后就可以显示各种图形和字符了，即进入正常的工作状态。

③ 清屏子程序。

调用方式：void LCD12864_clear(void)；

函数说明：清屏。清屏子程序是在整个画面上画一个空白的图片。

④ 显示单个字符程序。

调用方式：void LCD12864_putchar(int x，int y，char ch)；

函数说明：在屏幕 x 行 y 列开始输出 ch 这个字符。

⑤ 显示字符串程序。

调用方式：void LCD12864_puts(int x，int y，unsigned char * str)；

函数说明：在屏幕 x 行 y 列开始输出 str 这个字符串，不支持自动换行。

⑥ 显示整型程序。

调用方式：void LCD12864_putnum(int x，int y，int num)；

函数说明：在屏幕 x 行 y 列开始输出 num 这个整数。

⑦ 画图子程序。

调用方式：void LCD12864_display(unsigned char * bmp)；

函数说明：显示数组 bmp[] 里面的图像。

5.10.6　LCD12864 液晶显示代码设计

经过前面一系列的实验，可以看出显示基本是单片机应用系统里必备的一个模块。为了让 LCD12864 显示的代码方便被以后的项目使用，在此，没有将 LCD12864 的代码直接写进主函数 main. c 里，单独写为 LCD12864. H 与 LCD12864. C。以后需要用到 LCD12864，只需将 LCD12864. C 和 main. c 一起编译，并在 main. c 里包含 LCD12864. H 头文件之后就可以在 main. c 调用上面提到的 LCD12864 显示程序。以下介绍相关知识点以及 LCD12864. C 和 LCD12864. H 的编写方法，如例 20。

*. H 文件称为头文件，头文件一般包括以下内容：

(1) 明显常量——例如 LCD12864. H(见下文)定义 MAX_ROW_ASCII、MAX_ROW _ASCII 等。

(2) 其他文件需要用到的宏函数。

(3) 函数声明。

(4) 类型定义——例如 typedef unsigned char uchar 等。

（5）外部变量的声明。

例 20：LCD12864. H 头文件编程。

代码如下：

```
/* * * * * * * * * * * * * * * * * * * * * * * * * * * * * * * * * * * * *
 * @file        LCD12864. H
 * @version     1.0
 * @date        2014.9.16
 * @brief       LCD12864 驱动头文件
 * @mcu         MSP430F169
 * @IDE         IAR EW430 v5.30
 * * * * * * * * * * * * * * * * * * * * * * * * * * * * * * * * * * * * */
#ifndef _LCD12864_H_
#define _LCD12864_H_


#include <msp430x16x. h>


// * * * * * * * * * * * * * * * * * * * * * * * * * * * * * * * * * * * *
//12864 液晶的引脚定义
// * * * * * * * * * * * * * * * * * * * * * * * * * * * * * * * * * * * *
#define DataSEL      P2SEL
#define DataDIR      P2DIR                    //数据口方向
#define DataPort     P2OUT                    //P2 口为数据口
#define ConSEL       P4SEL
#define ConDIR       P4DIR                    //控制口方向
#define ConPort      P4OUT                    //P4 口为控制口
#define RS           BIT2
#define RW           BIT3
#define EN           BIT4
#define PSB          BIT5
#define RST          BIT6


// * * * * * * * * * * * * * * * * * * * * * * * * * * * * * * * * * * * *
//         12864 液晶控制管脚操作
// * * * * * * * * * * * * * * * * * * * * * * * * * * * * * * * * * * * *
#define RS_CLR       ConPort &= ~RS       //RS 置低
#define RS_SET       ConPort |= RS        //RS 置高

#define RW_CLR       ConPort &= ~RW       //RW 置低
#define RW_SET       ConPort |= RW        //RW 置高

#define EN_CLR       ConPort &= ~EN       //E 置低
#define EN_SET       ConPort |= EN        //E 置高
```

```
# define PSB_CLR          ConPort &= ~PSB    //PSB 置低，串口方式
# define PSB_SET          ConPort | = PSB    //PSB 置高，并口方式


# define RST_CLR          ConPort &= ~RST    //RST 置低
# define RST_SET          ConPort | = RST    //RST 置高


// * * * * * * * * * * * * * * * * * * * * * * * * * * * * * * * * * * *
//12864 应用指令集
// * * * * * * * * * * * * * * * * * * * * * * * * * * * * * * * * * * *
# define CLEAR_SCREEN         0x01        //清屏指令：清屏且 AC 值为 00H
# define AC_INIT              0x02        //将 AC 设置为 00H。且游标移到原点位置
# define CURSE_ADD            0x06        //设定游标移到方向及图像整体移动方向
                                          //（默认游标右移，图像整体不动）
# define FUN_MODE             0x30        //工作模式：8 位基本指令集
# define DISPLAY_ON           0x0c        //显示开，显示游标，且游标位置反白
# define DISPLAY_OFF          0x08        //显示关
# define CURSE_DIR            0x14        //游标向右移动：AC＝AC＋1
# define SET_CG_AC            0x40        //设置 AC，范围为：00H～3FH
# define SET_DD_AC            0x80        //设置 DDRAM AC
# define FUN_MODEK            0x36        //工作模式：8 位扩展指令集


# define MAX_ROW_ASCII        4          //显示 ASCII 码的最大行数
# define MAX_COL_ASCII        16         //显示 ASCII 码的最大列数
# define MAX_ROW_CH           4          //显示汉字的最大行数
# define MAX_COL_CH           16         //显示汉字的最大列数


# define X1address            0x80       //12864 上半屏 X 轴起始地址
# define X2address            0x88       //12864 下半屏 X 轴起始地址
# define Yaddress             0x80       //Y 轴起始地址


// * * * * * * * * * * * * * * * * * * * * * * * * * * * * * * * * * * *
//            函数声明
// * * * * * * * * * * * * * * * * * * * * * * * * * * * * * * * * * * *
void LCD12864_write_com(unsigned char com);
void LCD12864_write_data(unsigned char data);
void LCD12864_clear(void);
void LCD12864_init(void);
void LCD12864_putchar(int x, int y, char ch);
void LCD12864_puts(int x, int y, unsigned char * str);
void LCD12864_putnum(int x, int y, int num);
void LCD12864_display(const unsigned char * bmp);
# endif
```

注意：头文件中

```
#ifndef _LCD12864_H_
#define _LCD12864_H_
/* 其他定义 */
#endif
```

这三行代码是用来防止头文件重复包含的，假如头文件名为 DEMO. H，其格式一般为：

```
#ifndef _DEMO_H_
#define _DEMO_H_
#endif
```

具体的读者可以去查阅 C 语言的预处理器部分的内容。

　　编写完 LCD12864. H 后，我们继续编写 LCD12864. C。在 LCD12864. H 中我们声明了许多函数，接下来我们需要在 LCD12864. C 中完成它们的实现。如例 21。*. C 文件一般包括：

（1）变量的定义（包括内部与外部）。

（2）实现相应的头文件中声明的函数。

（3）内部函数。

例 21：以 LCD12864. C 文件编程。

代码如下：

```
/* * * * * * * * * * * * * * * * * * * * * * * * * * * * * * * * * * *
 * @file       LCD12864.C
 * @version    1.0
 * @date       2014.9.16
 * @brief      LCD12864C 驱动
 * @mcu        MSP430F169
 * @IDE        IAR EW430 v5.30
 * * * * * * * * * * * * * * * * * * * * * * * * * * * * * * * * * * */
#include <msp430x16x.h>
#include "LCD12864.H"


//LCD12864 专用延时函数
#define LCD12864_CPU_F ((double)8000000)           //外部高频晶振 8 MHz
#define LCD12864_delay_us(x) _delay_cycles((long)(LCD12864_CPU_F * (double)x/1000000.0))
#define LCD12864_delay_ms(x) _delay_cycles((long)(LCD12864_CPU_F * (double)x/1000.0))


//汉字显示坐标
static unsigned char addr_tab[4][8]=
     {0x80, 0x81, 0x82, 0x83, 0x84, 0x85, 0x86, 0x87,
      0x90, 0x91, 0x92, 0x93, 0x94, 0x95, 0x96, 0x97,
      0x88, 0x89, 0x8A, 0x8B, 0x8C, 0x8D, 0x8E, 0x8F,
      0x98, 0x99, 0x9A, 0x9B, 0x9C, 0x9D, 0x9E, 0x9F};


// * * * * * * * * * * * * * * * * * * * * * * * * * * * * * * * * * *
```

```
//          初始化 LCD 相关引脚
// * * * * * * * * * * * * * * * * * * * * * * * * * * * * * * * * * * * *
static void LCD12864Port_Init(void)
{
    DataSEL = 0x00；
    DataDIR = 0xFF；
    ConSEL = 0x00；
    ConDIR |= RS + RW + EN + PSB + RST；
    PSB_SET；              //液晶并口方式
    RST_SET；             //复位脚 RST 置高
}


// * * * * * * * * * * * * * * * * * * * * * * * * * * * * * * * * * * * *
//          显示屏命令写入函数
// * * * * * * * * * * * * * * * * * * * * * * * * * * * * * * * * * * * *
void LCD12864_write_com(unsigned char com)
{
    RS_CLR；
    RW_CLR；
    EN_SET；
    DataPort = com；
    LCD12864_delay_ms(5)；
    EN_CLR；
}


// * * * * * * * * * * * * * * * * * * * * * * * * * * * * * * * * * * * *
//          显示屏数据写入函数
// * * * * * * * * * * * * * * * * * * * * * * * * * * * * * * * * * * * *
void LCD12864_write_data(unsigned char data)
{
    RS_SET；
    RW_CLR；
    EN_SET；
    DataPort = data；
    LCD12864_delay_ms(5)；
    EN_CLR；
}


// * * * * * * * * * * * * * * * * * * * * * * * * * * * * * * * * * * * *
//          显示屏清空显示
// * * * * * * * * * * * * * * * * * * * * * * * * * * * * * * * * * * * *

void LCD12864_clear(void)
```

```
{
    LCD12864_write_com(0x01);
    LCD12864_delay_ms(5);
}


// * * * * * * * * * * * * * * * * * * * * * * * * * * * * * * * * * * * * * *
//           在指定坐标输出一个字符
// * * * * * * * * * * * * * * * * * * * * * * * * * * * * * * * * * * * * * *
void LCD12864_putchar(int x, int y, char ch)
{
    //写入地址
    if(x >= 0 && y >= 0){
            LCD12864_write_com(addr_tab[x][y]);
            LCD12864_delay_ms(5);
    }


    LCD12864_write_data(ch);
    LCD12864_delay_ms(5);
}


// * * * * * * * * * * * * * * * * * * * * * * * * * * * * * * * * * * * * * *
//           在指定坐标输出一个字符串
// * * * * * * * * * * * * * * * * * * * * * * * * * * * * * * * * * * * * * *
void LCD12864_puts(int x, int y, unsigned char * str)
{
    //写入地址
    if(x >= 0 && y >= 0){
            LCD12864_write_com(addr_tab[x][y]);
            LCD12864_delay_ms(5);
    }


    //显示汉字
    while( * str){
            LCD12864_write_data( * str++);
            LCD12864_delay_ms(5);
    }
}


// * * * * * * * * * * * * * * * * * * * * * * * * * * * * * * * * * * * * * *
//           将一个整型转为字符串
// * * * * * * * * * * * * * * * * * * * * * * * * * * * * * * * * * * * * * *
static void int_to_str(int num, unsigned char * str)
{
```

```
        unsigned char i, j, temp;
        if(num == 0){
            str[0]= '0';
            str[1]= 0;
        }//if
        else{
            i = 0;
            while(num){
                str[i]= num % 10 + '0';
                i++;
                num /= 10;
            }//while
            str[i]= 0;

            //将 str 逆序
            j = 0;
            i--;
            while(j < i){
                temp = str[j];
                str[j]= str[i];
                str[i]= temp;
                j++;
                i--;
            }

        }//else
    }


//*********************************************
//          输出一个整数
//*********************************************
void LCD12864_putnum(int x, int y, int num)
{
    unsigned char str[8];
    int_to_str(num, str);
    LCD12864_puts(x, y, str);
}


//*********************************************
//          显示屏初始化函数
//*********************************************
void LCD12864_init(void)
```

```
{
    LCD12864Port_Init();                          //配置相关引脚
    LCD12864_delay_ms(100);

    LCD12864_write_com(FUN_MODE);                 //显示模式设置
    LCD12864_delay_ms(5);
    LCD12864_write_com(FUN_MODE);                 //显示模式设置
    LCD12864_delay_ms(5);
    LCD12864_write_com(DISPLAY_ON);               //显示开
    LCD12864_delay_ms(5);
    LCD12864_write_com(CLEAR_SCREEN);             //清屏
    LCD12864_delay_ms(5);
}


// * * * * * * * * * * * * * * * * * * * * * * * * * * * * * * * * * * * *
//                输出一个 128×64 图片
// * * * * * * * * * * * * * * * * * * * * * * * * * * * * * * * * * * * *
void LCD12864_display(const unsigned char * bmp)
{
    int i,j;

    LCD12864_write_com(FUN_MODEK);                //扩展指令，开绘图显示
    for(i = 0; i < 32; i++){                      //上半屏 32 行
        LCD12864_delay_us(50);

        LCD12864_write_com(Yaddress+i);           //先写垂直地址，即 Y 地址，不能自动加一
        LCD12864_delay_us(50);

            LCD12864_write_com(X1address);        //再写水平地址，即 X 地址
            LCD12864_delay_us(50);

        for(j = 0; j < 8; j++){   //连续写入 2 个字节的数据，一共 8 次，为一行，即 16×8 位数据
            LCD12864_write_data(bmp[i * 16 + j * 2]);
            LCD12864_delay_us(50);                //这个延时是必需的，因为没有对液晶进行
                                                  //判忙操作，所以进行延时
            LCD12864_write_data(bmp[i * 16 + j * 2+1]);
            LCD12864_delay_us(50);
        }


    }


    for(i = 0; i < 32; i++){                      //下半屏 32 行
        LCD12864_write_com(Yaddress+i);           //先写垂直地址，即 Y 地址，不能自动加一
```

```
            LCD12864_delay_us(50);
            LCD12864_write_com(X2address);        //再写水平地址，即 X 地址
            LCD12864_delay_us(50);
            for(j = 0; j < 8; j++){        //连续写入 2 个字节的数据，一共 8 次，为一行，即 16
                                          ×8 位数据
                LCD12864_write_data(bmp[(i+32) * 16 + j * 2]);
                LCD12864_delay_us(50);
                LCD12864_write_data(bmp[(i+32) * 16 + j * 2+1]);
                LCD12864_delay_us(50);
            }
        }
        LCD12864_write_com(FUN_MODE);        //关闭绘图显示
}
```

最后，编写 main. c 对其进行测试，如例 22。

例 22：LCD12864 液晶显示主函数 main. c 编程举例。

```
/ * * * * * * * * * * * * * * * * * * * * * * * * * * * * * * * * * * * *
 * @file        main. c
 * @version     1. 0
 * @date        2014. 9. 16
 * @brief       LCD12864 演示
 * @mcu         MSP430F169
 * @IDE         IAR EW430 V5. 30
 * * * * * * * * * * * * * * * * * * * * * * * * * * * * * * * * * * * * */

# include <msp430x16x. h>
# include "LCD12864. H"

# define CPU_F ((double)8000000)                //cpu 主频
# define delay_ms(x) _delay_cycles((long)(CPU_F * (double)x/1000.0))        //毫秒级延时

# define LED8 P2OUT                        //P2 口接 8 个 LED 灯用于测试

const unsigned char jqm_bmp[]= {
/ * — — 宽度 x 高度＝128x64 — — * /
0x00, 0x00, 0x1F, 0xFF, 0xFF, 0xFF, 0xFF, 0xFF, 0xFF, 0x80, 0x00, 0x00, 0x00, 0x00, 0x00, 0x00,
0x00, 0x00, 0xFF, 0xFF, 0xFF, 0xFF, 0xFF, 0xFF, 0xFF, 0xE0, 0x00, 0x00, 0x00, 0x00, 0x00, 0x00,
0x00, 0x01, 0xFF, 0xFF, 0xFF, 0xFF, 0xFF, 0xFF, 0xFF, 0xF0, 0x00, 0x00, 0x00, 0x00, 0x00, 0x00,
0x00, 0x07, 0xFF, 0xFF, 0xFF, 0xFF, 0xFF, 0xFF, 0xFF, 0xFC, 0x00, 0x00, 0x00, 0x00, 0x00, 0x00,
0x00, 0x1F, 0xFF, 0xFF, 0xFF, 0xFF, 0xFF, 0xFF, 0xFF, 0xFE, 0x00, 0x00, 0x00, 0x00, 0x00, 0x00,
0x00, 0x7F, 0xFF, 0xFF, 0xFF, 0xFF, 0xFF, 0xFF, 0xFF, 0xFF, 0x00, 0x00, 0x00, 0x00, 0x00, 0x00,
0x00, 0xFF, 0xFF, 0xFF, 0xFF, 0xFF, 0xFF, 0xFF, 0xFF, 0x80, 0x00, 0x00, 0x00, 0x00, 0x00, 0x00,
0x01, 0xFF, 0xFF, 0xFF, 0xFF, 0xFF, 0xFF, 0xFF, 0xFF, 0xC0, 0x00, 0x00, 0x00, 0x00, 0x00, 0x00,
```

0x03, 0xFF, 0xFF, 0xFF, 0xFF, 0x00, 0x01, 0xFF, 0xFF, 0xFF, 0xE0, 0x00, 0x00, 0x00, 0x00, 0x00,
0x07, 0xFF, 0xFF, 0xFF, 0xF0, 0x00, 0x00, 0x03, 0xFF, 0xFF, 0xF0, 0x00, 0x00, 0x00, 0x00, 0x00,
0x0F, 0xFF, 0xFF, 0xFF, 0x80, 0x00, 0x00, 0x00, 0x7F, 0xFF, 0xF0, 0x00, 0x00, 0x00, 0x00, 0x00,
0x1F, 0xFF, 0xFF, 0xFE, 0x00, 0x00, 0x00, 0x00, 0x1F, 0xFF, 0xF8, 0x00, 0x00, 0x00, 0x00, 0x00,
0x1F, 0xFF, 0xC3, 0xF8, 0x01, 0x00, 0x10, 0x00, 0x07, 0xFF, 0xFC, 0x00, 0x00, 0x00, 0x00, 0x00,
0x3F, 0xFE, 0x00, 0x30, 0x02, 0x00, 0x20, 0x00, 0x01, 0xFF, 0xFE, 0x00, 0x00, 0x00, 0x00, 0x00,
0x7F, 0xF8, 0x00, 0x08, 0x02, 0x00, 0x40, 0x00, 0x00, 0x7F, 0xFE, 0x00, 0x00, 0x00, 0x00, 0x00,
0x7F, 0xF0, 0x00, 0x04, 0x02, 0x7F, 0x40, 0x10, 0x00, 0x3F, 0xFF, 0x00, 0x00, 0x00, 0x00, 0x00,
0xFF, 0xE0, 0x00, 0x02, 0x03, 0x00, 0xE0, 0x20, 0x00, 0x1F, 0xFF, 0x00, 0x00, 0x00, 0x7F, 0xC0,
0xFF, 0xE0, 0x00, 0x01, 0x0C, 0x00, 0x10, 0x40, 0x00, 0x0F, 0xFF, 0x00, 0x00, 0x03, 0x80, 0x3C,
0xFF, 0xE0, 0x00, 0x01, 0x10, 0x00, 0x08, 0x80, 0x00, 0x07, 0xFF, 0x00, 0x00, 0x04, 0x00, 0x03,
0xFF, 0xE0, 0x00, 0x01, 0x10, 0x00, 0x07, 0xFC, 0x00, 0x03, 0xFF, 0xE0, 0x00, 0x08, 0x00, 0x00,
0xFF, 0xE0, 0x00, 0x01, 0x20, 0x00, 0x07, 0xFF, 0xFF, 0xE1, 0xFF, 0xE8, 0x00, 0x10, 0x00, 0x00,
0xFF, 0xF1, 0xE0, 0x02, 0x20, 0x00, 0x03, 0xFF, 0xFF, 0xFF, 0xFF, 0xF0, 0x20, 0x00, 0x00,
0xFF, 0xF9, 0xE0, 0x0C, 0x20, 0x00, 0x07, 0xFF, 0xFF, 0xFF, 0xFF, 0xFF, 0x60, 0x00, 0x00,
0xFE, 0x0C, 0xC0, 0x10, 0x20, 0x00, 0x07, 0xFF, 0xFF, 0xFF, 0xFF, 0xFF, 0xC0, 0x00, 0x00,
0xF8, 0x07, 0x00, 0xC0, 0x10, 0x00, 0x0F, 0xFF, 0xFF, 0xFF, 0xFF, 0xFF, 0xC0, 0x00, 0x00,
0xF0, 0x0F, 0x67, 0xF0, 0x10, 0x00, 0x0F, 0xFF, 0xFF, 0xFF, 0xFF, 0xFF, 0xC0, 0x00, 0x00,
0xE0, 0x0F, 0x2F, 0xFC, 0x0C, 0x00, 0x3F, 0xFF, 0xFF, 0xFF, 0xFF, 0xFF, 0xC0, 0x00, 0x00,
0xC0, 0x00, 0x1F, 0xFC, 0x03, 0x80, 0xE1, 0xFF, 0xFF, 0xFF, 0xFF, 0xFF, 0xE0, 0x00, 0x00,
0xC0, 0x00, 0x3F, 0xFE, 0x00, 0x7E, 0x40, 0x07, 0xFF, 0xFF, 0xFF, 0xFF, 0xE0, 0x00, 0x00,
0xC0, 0x00, 0x3F, 0xFC, 0x00, 0x00, 0x80, 0x00, 0x3F, 0xFF, 0xFF, 0xFF, 0xF0, 0x00, 0x00,
0xE0, 0x00, 0x3F, 0xFC, 0x00, 0x00, 0x00, 0x00, 0x03, 0xFF, 0xFF, 0xFF, 0xF8, 0x00, 0x00,
0xF0, 0x00, 0x1F, 0xF8, 0x00, 0x00, 0x00, 0x00, 0x00, 0x0F, 0xFF, 0xFF, 0xFC, 0x00, 0x00,
0xF8, 0x00, 0x27, 0xE2, 0x00, 0x00, 0x00, 0x00, 0x00, 0x07, 0xFF, 0xFF, 0xFF, 0xFC, 0x00, 0x00,
0xFC, 0x00, 0x80, 0x00, 0xE0, 0x00, 0x00, 0x00, 0x00, 0x0F, 0xFF, 0xFF, 0xFF, 0xFF, 0x00, 0x00,
0xFF, 0x86, 0x00, 0x00, 0x18, 0x00, 0x00, 0x00, 0x00, 0x1F, 0xFF, 0xFF, 0xFF, 0xFF, 0x80, 0x00,
0xFE, 0x00, 0x00, 0x00, 0x03, 0x80, 0x00, 0x00, 0x00, 0x1F, 0xF0, 0x00, 0x7F, 0xFF, 0xE0, 0x00,
0xFE, 0x00, 0x00, 0x00, 0x00, 0x30, 0x00, 0x00, 0x00, 0x3F, 0xC0, 0x00, 0x0F, 0xFF, 0xF8, 0x00,
0xFE, 0x00, 0x00, 0x00, 0x40, 0x00, 0x00, 0x00, 0x7E, 0x00, 0x00, 0x03, 0xFF, 0xFF, 0x83,
0x7F, 0x00, 0x0C, 0x00, 0x00, 0x80, 0x00, 0x00, 0x00, 0xFC, 0x00, 0x00, 0x00, 0xFF, 0xFF, 0xBC,
0x7F, 0x00, 0x70, 0x00, 0x00, 0x80, 0x20, 0x10, 0x01, 0xFC, 0x00, 0x00, 0x00, 0x3F, 0xFF, 0xE0,
0x3F, 0x01, 0x80, 0x00, 0x00, 0x80, 0x20, 0x00, 0x03, 0xFE, 0x00, 0x00, 0x00, 0x3F, 0xFF, 0xC0,
0x1F, 0x86, 0x00, 0x00, 0x00, 0xC0, 0x40, 0x10, 0x0F, 0xFF, 0x00, 0x00, 0x00, 0x1F, 0xFF, 0x80,
0x0F, 0x98, 0x00, 0x00, 0x00, 0x31, 0xA0, 0x30, 0x0F, 0xFF, 0x80, 0x01, 0xE0, 0x0F, 0xFF, 0x00,
0x07, 0xC0, 0x00, 0xC0, 0x40, 0x0E, 0x18, 0x40, 0x1F, 0xFF, 0x80, 0x02, 0x10, 0x0F, 0xFE, 0x00,
0x03, 0xE0, 0x01, 0x00, 0x40, 0x00, 0x07, 0x80, 0x7F, 0xE3, 0x00, 0x04, 0x08, 0x0F, 0xFC, 0x00,
0x01, 0xF0, 0x02, 0x00, 0x80, 0x00, 0x00, 0x00, 0x7F, 0xE7, 0x00, 0x18, 0x04, 0x0F, 0xF8, 0x00,
0x00, 0x78, 0x04, 0x00, 0x80, 0x00, 0x00, 0x00, 0xFF, 0xF6, 0x00, 0x20, 0x04, 0x0F, 0xF0, 0x00,
0x00, 0x3E, 0x08, 0x00, 0x80, 0x00, 0x00, 0x03, 0xF8, 0xFC, 0x00, 0xC0, 0x04, 0x0F, 0xE0, 0x00,
0x00, 0x0E, 0x00, 0x00, 0x80, 0x00, 0x00, 0x07, 0xE0, 0x00, 0x01, 0x80, 0x04, 0x0F, 0xC0, 0x00,
0x00, 0x07, 0x80, 0x00, 0x80, 0x00, 0x00, 0x1F, 0xC0, 0x00, 0x02, 0x00, 0x04, 0x1F, 0xB0, 0xFC,
0x00, 0x01, 0xE0, 0x00, 0x00, 0x00, 0x00, 0x7F, 0xC0, 0x00, 0x0C, 0x00, 0x04, 0x1E, 0x1F, 0xFE,

```
0x00, 0x00, 0x78, 0x00, 0x00, 0x00, 0x03, 0xFF, 0xC0, 0x00, 0x10, 0x00, 0x08, 0x3E, 0x01, 0xFE,
0x00, 0x00, 0x0F, 0x00, 0x00, 0x00, 0x3F, 0xFF, 0xC0, 0x00, 0x20, 0x00, 0x10, 0x3C, 0x01, 0xFE,
0x00, 0x00, 0x01, 0xF8, 0x00, 0x0F, 0xFF, 0xFF, 0xC0, 0x00, 0x40, 0x00, 0x20, 0x78, 0x01, 0xFC,
0x00, 0x00, 0x01, 0x03, 0xFF, 0xFF, 0xFF, 0xFF, 0xE0, 0x00, 0x80, 0x00, 0x40, 0xF8, 0x00, 0x30,
0x00, 0x00, 0x01, 0x00, 0x00, 0x3F, 0xFF, 0xFF, 0xF0, 0x01, 0x00, 0x00, 0x81, 0xF0, 0x00, 0x00,
0x00, 0x00, 0x01, 0x00, 0x00, 0x7F, 0xFF, 0xF0, 0x08, 0x02, 0x00, 0x03, 0x03, 0xE0, 0x00, 0x00,
0x00, 0x00, 0x01, 0x80, 0x00, 0x7C, 0x00, 0x00, 0x06, 0x03, 0x00, 0x1C, 0x0F, 0xC0, 0x00, 0x00,
0x00, 0x00, 0x00, 0xC0, 0x00, 0x80, 0x00, 0x00, 0x03, 0x00, 0xFF, 0xE0, 0x1F, 0x80, 0x00, 0x00,
0x00, 0x00, 0x00, 0x20, 0x02, 0x00, 0x00, 0x00, 0x80, 0x00, 0x00, 0x7F, 0x00, 0x00, 0x00,
0x00, 0x00, 0x00, 0x0E, 0xB8, 0x00, 0x00, 0x00, 0x00, 0x60, 0x00, 0x03, 0xFF, 0x00, 0x00, 0x00,
0x00, 0x00, 0x00, 0x00, 0x00, 0x00, 0x00, 0x00, 0x00, 0x18, 0x00, 0x3F, 0xFE, 0x00, 0x00, 0x00,
0x00, 0x00, 0x00, 0x00, 0x00, 0x00, 0x00, 0x00, 0x00, 0x1F, 0xFF, 0xFF, 0xFE, 0x00, 0x00, 0x00,
0x00, 0x00, 0x00, 0x00, 0x00, 0x00, 0x00, 0x00, 0x00, 0x3F, 0xFF, 0xFF, 0xFE, 0x00, 0x00, 0x00
};

void Clock_Init(void);
void WDT_Init(void);
void Port_Init(void);


//* * * * * * * * * * * * * * * * * * * * * * * * * * * * * * * * * * * * * *
//          主函数
//* * * * * * * * * * * * * * * * * * * * * * * * * * * * * * * * * * * * * *
void main(void)
{
    WDT_Init();
    Clock_Init();                        //时钟初始化
    Port_Init();                         //端口初始化,用于控制 IO 口输入或输出

    delay_ms(100);                       //延时 100 ms
    LCD12864_init();                     //液晶参数初始化设置
    LCD12864_clear();                    //清屏


    while(1){
        LCD12864_putchar(0, 0, 'X');               //输出一个字符
        LCD12864_puts(1, 0, "Hello World");        //输出一个字符串
        LCD12864_puts(2, 0, "你好世界");            //输出汉字
        LCD12864_putnum(3, 0, 12345);              //输出一个数字 */
        delay_ms(1000);
        delay_ms(1000);
        delay_ms(1000);
        LCD12864_clear();                          //清屏
        LCD12864_display(jqm_bmp);                 //输出一幅图片
```

```
        delay_ms(1000);
        delay_ms(1000);
        delay_ms(1000);
        LCD12864_clear();                        //清屏
    }
}


//* * * * * * * * * * * * * * * * * * * * * * * * * * * * * * * * * * *
//            系统时钟初始化
//* * * * * * * * * * * * * * * * * * * * * * * * * * * * * * * * * * *
void Clock_Init(void)
{
    unsigned char i;
    BCSCTL1 &= ~XT2OFF;
    BCSCTL2 |= SELM1+SELS;

    do{
        IFG1 &= ~OFIFG;
        for(i = 0; i < 100; i++)
            _NOP();
    }while((IFG1&OFIFG) ! = 0);

    IFG1 &= ~OFIFG;
}


//* * * * * * * * * * * * * * * * * * * * * * * * * * * * * * * * * * *
//            MSP430 内部看门狗初始化
//* * * * * * * * * * * * * * * * * * * * * * * * * * * * * * * * * * *
void WDT_Init(void)
{
    WDTCTL = WDTPW + WDTHOLD;            //关闭看门狗
}


//* * * * * * * * * * * * * * * * * * * * * * * * * * * * * * * * * * *
//            MSP430IO 口初始化
//* * * * * * * * * * * * * * * * * * * * * * * * * * * * * * * * * * *
void Port_Init(void)
{
    //保留,使用其他模块自行添加
}
```

　　编译时,要把 main. c 和 LCD12864. C 共同添加到工程里。程序运行后,可以在 LCD12864 液晶显示屏上看到:

　　X

Hello World
你好世界
12345

　　3 秒后会切换到机器猫图片，如图 5 - 19 所示，整机图如图 5 - 20 所示，机器猫原图如图 5 - 21 所示。

图 5 - 19　LCD12864 显示机器猫

图 5 - 20　显示整机图

图 5 - 21　机器猫原图

　　读者可以选择图片进行取模操作，得到相应的数据，就可以在液晶屏上显示相应的图片。具体步骤如下：

　　（1）准备软件 MATLAB，Photoshop，zimo221，windows 自带画图软件。

　　（2）用 MATLAB 把图片转为二值图，具体代码如下：

RGB=imread('A123.jpg');

BW=rgb2gray(RGB);

Y＝imresize(BW, [128, 64]);

如果图片转换效果不好，可以通过调整阈值修改，需要添加如下代码：

bw ＝ im2bw(Y, 0.95);

调整第二个参数，直到二值图效果最佳，并保持。

（3）使用 Photoshop 编辑第二步中生成的二值图，去除多余的白色背景，并把图像大小设置为 128×64。

（4）在 zimo221 软件中打开修改后的图片，如图 5－22 所示（提示无法打开看第 5 步），在"参数设置"-"其他选项"里设置为横向取模，并取消字节反序。最后在"取模方式"里选择"C51 格式"生成数组。参数设置如图 5－23 所示，取模成功后的界面如图 5－24 所示。

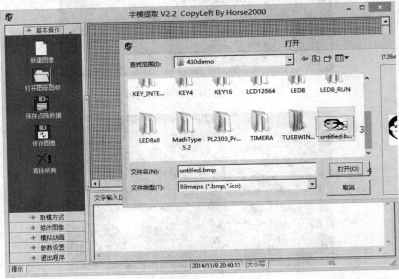

图 5－22　zimo221 软件中打开修改后的图片

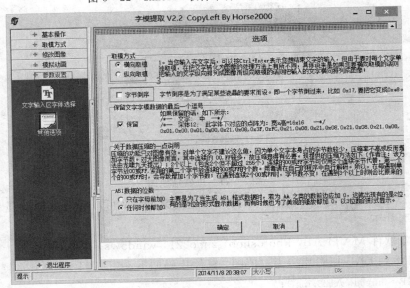

图 5－23　参数设置截图

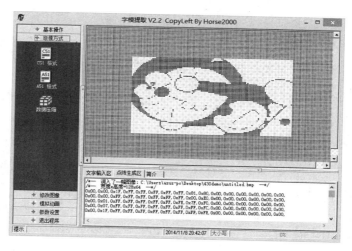

图 5 - 24　取模界面截图

若 zimo221 提示图片无法打开，请用 Windows 自带画图软件打开第三步修改后的图片，依次点击菜单栏"文件"-"属性"，在弹出窗口中设置单位为"像素"，颜色为"黑白"，如图 5 - 25 所示。确定后保存图片，然后在 zimo221 软件中进行取模操作。

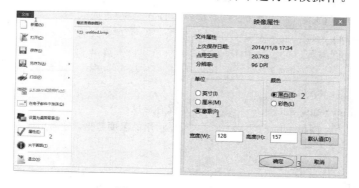

图 5 - 25　图片修改方法

备注：若操作系统在 Windows 7 及以上，可以直接用 Windows 自带软件进行第三步操作。

5.11　其他模块应用举例

5.11.1　DS18B20 数字温度计

口袋实验板自带 DS18B20 实时温度传感器，使用 DS18B20 制作一个简易数字温度计，如例 23。关于 DS18B20 芯片数据手册，请读者自行查阅相关文献，在此不再赘述。

例 23：DS18B20 演示，通过 LCD12864 显示温度。

代码如下：

```
/ * * * * * * * * * * * * * * * * * * * * * * * * * * * * * * * * * * * * * * * * * *
 * @file          main.c
```

```
*  @version        1.0
*  @date           2014.9.16
*  @brief          DS18B20 演示
*  @mcu            MSP430F169
*  @IDE            IAR EW430 v5.30
* * * * * * * * * * * * * * * * * * * * * * * * * * * * * * * * * */


#include <msp430x16x.h>
#include "LCD12864.H"


#define CPU_F ((double)8000000)                          //cpu 主频
#define delay_us(x) _delay_cycles((long)(CPU_F*(double)x/1000000.0))    //微妙级延时
#define delay_ms(x) _delay_cycles((long)(CPU_F*(double)x/1000.0))       //毫秒级延时


//DS18B20 控制脚，单脚控制
#define DQ               (BIT7)
#define DQ_IN            P1DIR &= ~DQ       //设置输入，DS18B20 接单片机 P17 口
#define DQ_OUT           P1DIR |= DQ        //设置输出
#define DQ_CLR           P1OUT &= ~DQ       //置低电平
#define DQ_SET           P1OUT |= DQ        //置高电平
#define DQ_R             P1IN & DQ          //读电平


unsigned int temp_value;            //保存温度
unsigned char Displaybuf[5];        //显示用的温度数据，分离用放入数组准备调用

void Clock_Init(void);
void WDT_Init(void);
void Port_Init(void);
unsigned char ds18b20_Reset(void);
unsigned char ds1b820_read_byte(void);
void ds18b20_write_byte(unsigned char value);
void ds18b20_start(void);
unsigned int ds18b20_read_temp(void);
void data_to_display(unsigned int temp_d);


// * * * * * * * * * * * * * * * * * * * * * * * * * * * * * * * * * *
//          主程序
// * * * * * * * * * * * * * * * * * * * * * * * * * * * * * * * * * *
void main(void)
{
  WDT_Init();
```

```
    Clock_Init();                          //时钟初始化
    Port_Init();                           //端口初始化，用于控制 I/O 口输入或输出
    LCD12864_init();

    ds18b20_Reset();
    while(1){
      ds18b20_start();                     //启动一次转换
      ds18b20_read_temp();                 //读取温度数值
      data_to_display(temp_value);         //处理数据，得到要显示的值
      LCD12864_puts(0, 0, Displaybuf);
      delay_ms(500);
    }
  }


// * * * * * * * * * * * * * * * * * * * * * * * * * * * * * * * * * * * * * * *
//            系统时钟初始化
// * * * * * * * * * * * * * * * * * * * * * * * * * * * * * * * * * * * * * * *
void Clock_Init(void)
{
  unsigned char i;
  BCSCTL1 &= ~XT2OFF;
  BCSCTL2 |= SELM1+SELS;

  do{
    IFG1 &= ~OFIFG;
    for(i = 0; i < 100; i++)
      _NOP();
  }while((IFG1&OFIFG) != 0);

  IFG1 &= ~OFIFG;
}


// * * * * * * * * * * * * * * * * * * * * * * * * * * * * * * * * * * * * * * *
//            MSP430 内部看门狗初始化
// * * * * * * * * * * * * * * * * * * * * * * * * * * * * * * * * * * * * * * *
void WDT_Init(void)
{
  WDTCTL = WDTPW + WDTHOLD;                 //关闭看门狗
}


// * * * * * * * * * * * * * * * * * * * * * * * * * * * * * * * * * * * * * * *
//            MSP430IO 口初始化
// * * * * * * * * * * * * * * * * * * * * * * * * * * * * * * * * * * * * * * *
```

```
void Port_Init(void)
{

}


// * * * * * * * * * * * * * * * * * * * * * * * * * * * * * * * * * * * *
//            DS18B20 初始化
// * * * * * * * * * * * * * * * * * * * * * * * * * * * * * * * * * * * *
unsigned char ds18b20_Reset(void)                    //初始化和复位
{
    unsigned char i;
    DQ_OUT;
    DQ_CLR;
    delay_us(500);                              //延时 500 μs(480-960)
    DQ_SET;
    DQ_IN;
    delay_us(80);                               //延时 80 μs
    i = DQ_R;
    delay_us(500);                              //延时 500 μs(保持>480 us)

    if (i)
    {
      return 0x00;
    }
    else
    {
      return 0x01;
    }
}


// * * * * * * * * * * * * * * * * * * * * * * * * * * * * * * * * * * * * *
//            DS18B20 读一个字节函数
// * * * * * * * * * * * * * * * * * * * * * * * * * * * * * * * * * * * * *
unsigned char ds18b20_read_byte(void)
{
    unsigned char i;
    unsigned char value = 0;
    for (i = 8; i ! = 0; i--)
    {
      value >>= 1;
      DQ_OUT;
      DQ_CLR;
      delay_us(4);                              // * 延时 4 μs
```

```
        DQ_SET;
        DQ_IN;
        delay_us(10);                          // * 延时 10 μs
        if (DQ_R)
        {
          value|=0x80;
        }
          delay_us(60);                        // * 延时 60 μs
      }
      return(value);
  }


// * * * * * * * * * * * * * * * * * * * * * * * * * * * * * * * * * * * * *
//            向 DS18B20 写一个字节函数
// * * * * * * * * * * * * * * * * * * * * * * * * * * * * * * * * * * * * *
void ds18b20_write_byte(unsigned char value)
{
    unsigned char i;
    for (i = 8; i != 0; i--)
    {
      DQ_OUT;
      DQ_CLR;
      delay_us(4);                             //延时 4 μs
      if (value & 0x01)
      {
        DQ_SET;
      }
      delay_us(80);                            //延时 80 μs
      DQ_SET;                                  //位结束
      value >>= 1;
    }
}
// * * * * * * * * * * * * * * * * * * * * * * * * * * * * * * * * * * * * *
//          发送温度转换命令
// * * * * * * * * * * * * * * * * * * * * * * * * * * * * * * * * * * * * *
void ds18b20_start(void)
{
  ds18b20_Reset();
  ds18b20_write_byte(0xCC);                    //勿略地址
  ds18b20_write_byte(0x44);                    //启动转换
}


// * * * * * * * * * * * * * * * * * * * * * * * * * * * * * * * * * * * * *
//            DS8B20 读取温度信息
```

```
// * * * * * * * * * * * * * * * * * * * * * * * * * * * * * * * * * * * * * *
unsigned int ds18b20_read_temp(void)
{
    unsigned int i;
    unsigned char buf[9];

    ds18b20_Reset();
    ds18b20_write_byte(0xCC);                    //勿略地址
    ds18b20_write_byte(0xBE);                    //读取温度
    for (i = 0; i < 9; i++)
    {
        buf[i]= ds18b20_read_byte();
    }
    i = buf[1];
    i <<= 8;
    i |= buf[0];
    temp_value=i;
//乘以 0.0625 的原因是为了把小数点后一位数据也转化为可以显示的数据
    temp_value=(unsigned int)(temp_value * 0.625);
//比如温度本身为 27.5 度，为了在后续的数据处理程序中得到 BCD 码，我们先放大到 275
//然后在显示的时候确定小数点的位置即可，就能显示出 27.5 度了
    return i;
}


// * * * * * * * * * * * * * * * * * * * * * * * * * * * * * * * * * * * * * *
//          温度数据处理函数
// * * * * * * * * * * * * * * * * * * * * * * * * * * * * * * * * * * * * * *
void data_to_display(unsigned int temp_d)
{
    unsigned char A1,A2,A3;                      //定义的变量，显示数据处理
    unsigned int A2t;

    A1=temp_d/100;                               //分出百，十和个位
    A2t=temp_d%100;
    A2=A2t/10;
    A3=A2t%10;
    Displaybuf[0]=A1+0x30;
    Displaybuf[1]=A2+0x30;
    Displaybuf[2]='.';
    Displaybuf[3]=A3+0x30;
    Displaybuf[4]='C';
}
```

5.11.2　DS1302 电子万年历

口袋实验板自带 DS1302 实时时钟芯片,使用 DS1302 制作一个简易电子万年历,如例 24。关于 DS1302 芯片数据手册,请读者自行查阅相关文献,在此不再赘述。

例 24:DS1302 实现简易电子万年历功能。

代码如下:

```c
/ * * * * * * * * * * * * * * * * * * * * * * * * * * * * * * * * * * * * * * *
 *  @file        main. c
 *  @version     1. 0
 *  @date        2014. 9. 16
 *  @brief       DS18B20 演示
 *  @mcu         M430F169
 *  @IDE         IAR EW430 v5. 30
 * * * * * * * * * * * * * * * * * * * * * * * * * * * * * * * * * * * * * * */
# include <MSP430X16X. h>
# include "LCD12864. H"

# define CPU_F ((double)8000000)          //cpu 主频
# define delay_ms(x) _delay_cycles((long)(CPU_F * (double)x/1000.0))     //毫秒级延时
# define CE       BIT1      //P61
# define SDA      BIT4      //P14
# define SCLK     BIT7      //P37

char TIME_VALUE[7];

void Clock_Init(void);
void WDT_Init(void);
void Port_Init(void);
void CE_Enable(void);
void CE_Disable(void);
void SCLK_HI(void);
void SCLK_LO(void);
void WriteByte(char nVal);
char ReadByte(void);
void WriteTo1302(char nAddr, char nVal);
char ReadFrom1302(char nAddr);
void BurstWriteTime(char * pWClock);
void BurstReadTime(char * pRClock);
void BurstWriteRam(char * pWReg);
void BurstReadRam(char * pRReg);
void SetTime(char * pClock);
void GetTime(char pTime[]);
```

```
void show_time(void);

//**********************************************
//          主函数
//**********************************************
void main(void)
{
  WDT_Init();
  Clock_Init();                      //时钟初始化
  Port_Init();                       //端口初始化，用于控制 I/O 口输入或输出
  LCD12864_init();

  TIME_VALUE[0]= 0;                  //设置秒
  TIME_VALUE[1]= 0;                  //设置分
  TIME_VALUE[2]= 0;                  //设置时
  TIME_VALUE[3]= 0x21;               //设置日
  TIME_VALUE[4]= 0x11;               //设置月
  TIME_VALUE[5]= 0x05;               //设置星期
  TIME_VALUE[6]= 0x11;               //设置年

  SetTime(TIME_VALUE);
  while(1){
    GetTime(TIME_VALUE);
    show_time();
  }
}


//**********************************************
//          系统时钟初始化
//**********************************************
void Clock_Init(void)
{
  unsigned char i;
  BCSCTL1 &= ~XT2OFF;
  BCSCTL2 |= SELM1+SELS;

  do{
    IFG1 &= ~OFIFG;
    for(i = 0; i < 100; i++)
        _NOP();
  }while((IFG1&OFIFG) != 0);

  IFG1 &= ~OFIFG;
```

```
    }


// * * * * * * * * * * * * * * * * * * * * * * * * * * * * * * * * * * *
//            MSP430 内部看门狗初始化
// * * * * * * * * * * * * * * * * * * * * * * * * * * * * * * * * * * *
void WDT_Init(void)
{
    WDTCTL = WDTPW + WDTHOLD;     //关闭看门狗
}


// * * * * * * * * * * * * * * * * * * * * * * * * * * * * * * * * * * *
//            MSP430IO 口初始化
// * * * * * * * * * * * * * * * * * * * * * * * * * * * * * * * * * * *
void Port_Init(void)
{
    P1SEL = 0x00;

    P6SEL = 0x00;                        //设置 P6 口为普通 I/O 模式
    P6DIR |= CE;                         //设置 P6 口方向为输出

    P3SEL = 0x00;                        //设置 P3 口为普通 I/O 模式
    P3DIR |= SCLK;                       //设置 P3 口方向为输出
}


// * * * * * * * * * * * * * * * * * * * * * * * * * * * * * * * * * * *
//            拉高 CE 引脚
// * * * * * * * * * * * * * * * * * * * * * * * * * * * * * * * * * * *
void CE_Enable(void)
{
    P6OUT |= CE;
}


// * * * * * * * * * * * * * * * * * * * * * * * * * * * * * * * * * * *
//            拉低 CE 引脚
// * * * * * * * * * * * * * * * * * * * * * * * * * * * * * * * * * * *
void CE_Disable(void)
{
    P6OUT &= ~(CE);
}


// * * * * * * * * * * * * * * * * * * * * * * * * * * * * * * * * * * *
//            拉高 SCLK 引脚
// * * * * * * * * * * * * * * * * * * * * * * * * * * * * * * * * * * *
```

```
void SCLK_HI(void)
{
  P3OUT |= SCLK;
}


//* * * * * * * * * * * * * * * * * * * * * * * * * * * * * * * * * * * *
//          拉低 SCLK 引脚
//* * * * * * * * * * * * * * * * * * * * * * * * * * * * * * * * * * * *
void SCLK_LO(void)
{
  P3OUT &= ~(SCLK);
}


//* * * * * * * * * * * * * * * * * * * * * * * * * * * * * * * * * * * *
//          写入一字节
//* * * * * * * * * * * * * * * * * * * * * * * * * * * * * * * * * * * *
void WriteByte(char nVal)
{
  char i;
  char nTemp = nVal;
  char nSend;

  P1DIR |= SDA;                        //设置 DATA 为输出管脚
  _NOP();
  _NOP();
  _NOP();
  _NOP();
  for(i = 0; i < 8; i++){
    nSend = (nTemp & 0x01);
    if(nSend == 1)
      P1OUT |= SDA;
    else
      P1OUT &= ~(SDA);
    SCLK_HI();
    delay_ms(20);
    SCLK_LO();
    delay_ms(20);
    nTemp >>= 1;
  }
}


//* * * * * * * * * * * * * * * * * * * * * * * * * * * * * * * * * * * *
//          读取一字节
```

```
//********************************************
char ReadByte(void)
{
  char nTemp = 0;
  int i;

  P1DIR |= SDA;                        //设置 DATA 为输入管脚
  _NOP();
  _NOP();
  _NOP();
  _NOP();
  for(i = 0; i < 8; i++){
    SCLK_HI();
    if(P1IN & SDA)
      nTemp |= (0x01 << i);
    delay_ms(20);
    SCLK_LO();
  }
  return nTemp;
}


//********************************************
//          向 DS1302 写入一字节
//********************************************
void WriteTo1302(char nAddr, char nVal)
{
  CE_Disable();
  SCLK_LO();
  CE_Enable();
  WriteByte(nAddr);                    //地址，命令
  WriteByte(nVal);                     //写 1Byte 数据
  SCLK_HI();
  CE_Disable();
}


//********************************************
//          向 DS1302 读取一字节
//********************************************
char ReadFrom1302(char nAddr)
{
  char nData;

  CE_Disable();
```

```
    SCLK_LO();
    CE_Enable();
    WriteByte(nAddr);                       //地址, 命令
    nData = ReadByte();                     //读 1Byte 数据
    SCLK_HI();
    CE_Disable();

    return(nData);
}


// * * * * * * * * * * * * * * * * * * * * * * * * * * * * * * * * * * * *
//          发送写时间指令
// * * * * * * * * * * * * * * * * * * * * * * * * * * * * * * * * * * * *
void BurstWriteTime(char * pClock)
{
    char i;

    WriteTo1302(0x8e,0x00);                 //控制命令, WP=0, 写操作
    CE_Disable();
    SCLK_LO();
    CE_Enable();

    WriteByte(0xbe);                        //0xbe: 时钟多字节写命令

    //8Byte = 7Byte 时钟数据 + 1Byte 控制
    for (i = 8; i > 0; i——){
        WriteByte( * pClock);
        pClock++;
    }
    SCLK_HI();
    CE_Disable();
}


// * * * * * * * * * * * * * * * * * * * * * * * * * * * * * * * * * * * *
//          发送读时间指令
// * * * * * * * * * * * * * * * * * * * * * * * * * * * * * * * * * * * *
void BurstReadTime(char * pClock)
{
    char i;

    CE_Disable();
    SCLK_LO();
    CE_Enable();
```

```
    WriteByte(0xbf);                    //0xbf：时钟多字节读命令
    for (i = 8; i > 0; i−−){
      * pClock = ReadByte();
      pClock++;
    }
    SCLK_HI();
    CE_Disable();
}


// * * * * * * * * * * * * * * * * * * * * * * * * * * * * * * * *
//          随机写指令
// * * * * * * * * * * * * * * * * * * * * * * * * * * * * * * * *
void BurstWriteRam(char * pReg)
{
    char i;

    WriteTo1302(0x8e,0x00);             //控制命令，WP=0，写操作
    CE_Disable();
    SCLK_LO();
    CE_Enable();
    WriteByte(0xfe);                    //0xfe：时钟多字节写命令
    for (i = 31; i > 0; i−−){
      WriteByte( * pReg);
      pReg++;
    }
    SCLK_HI();
    CE_Disable();
}


// * * * * * * * * * * * * * * * * * * * * * * * * * * * * * * * *
//          随机读指令
// * * * * * * * * * * * * * * * * * * * * * * * * * * * * * * * *
void BurstReadRam(char * pReg)
{
    char i;

    CE_Disable();
    SCLK_LO();
    CE_Enable();
    WriteByte(0xff);                    //0xff：时钟多字节读命令
    for (i = 31; i > 0; i−−){
      * pReg = ReadByte();
      pReg++;
```

```
        }
    SCLK_HI();
    CE_Disable();
}


//* * * * * * * * * * * * * * * * * * * * * * * * * * * * * * * * * * * * *
//          写入时间
//* * * * * * * * * * * * * * * * * * * * * * * * * * * * * * * * * * * * *
void SetTime(char pClock[])
{
    char i;
    char nAddr = 0x80;

    WriteTo1302(0x8e,0x00);                 //控制命令，WP=0，写操作
    for(i = 0; i < 7; i++){
        WriteTo1302(nAddr,pClock[i]);       //秒 分 时 日 月 星期 年
        nAddr += 2;
    }

    WriteTo1302(0x8e,0x80);                 //控制命令，WP=1，写保护
}


//* * * * * * * * * * * * * * * * * * * * * * * * * * * * * * * * * * * * *
//          读取时间
//* * * * * * * * * * * * * * * * * * * * * * * * * * * * * * * * * * * * *
void GetTime(char pTime[])
{
    char i;
    char nAddr = 0x81;

    for (i = 0; i < 7; i++){
        pTime[i] = ReadFrom1302(nAddr);     //格式为：秒 分 时 日 月 星期 年
        nAddr += 2;
    }
}


//* * * * * * * * * * * * * * * * * * * * * * * * * * * * * * * * * * * * *
//          显示时间
//* * * * * * * * * * * * * * * * * * * * * * * * * * * * * * * * * * * * *
void show_time(void)
{
    int sec, min, hour, day, month, week, year;
```

```
sec = (TIME_VALUE[0]>> 4) * 10 + (TIME_VALUE[0]& 0x0F);
min = (TIME_VALUE[1]>> 4) * 10 + (TIME_VALUE[1]& 0x0F);
hour = (TIME_VALUE[2]>> 4) * 10 + (TIME_VALUE[2]& 0x0F);
day = (TIME_VALUE[3]>> 4) * 10 + (TIME_VALUE[3]& 0x0F);
month = (TIME_VALUE[4]>> 4) * 10 + (TIME_VALUE[4]& 0x0F);
week = TIME_VALUE[5];
year = 2000 + (TIME_VALUE[6]>> 4) * 10 + (TIME_VALUE[6]& 0x0F);

LCD12864_putnum(0, 0, year);
LCD12864_puts(0, 2, "年");
LCD12864_putnum(0, 3, month);
LCD12864_puts(0, 4, "月");
LCD12864_putnum(0, 5, day);
LCD12864_puts(0, 6, "日");
LCD12864_puts(1, 0, "星期");
LCD12864_putnum(1, 3, week);
LCD12864_putnum(2, 0, hour);
LCD12864_puts(2, 1, "时");
LCD12864_putnum(2, 2, min);
LCD12864_puts(2, 3, "分");
LCD12864_putnum(2, 4, sec);
LCD12864_puts(2, 5, "秒");
}
```

第六章　　MSP430 应用系统设计

前面几章介绍了 MSP430 单片机硬件结构、工作原理、硬件设计与接口技术等。本章围绕工程项目应用系统设计与开发的一般问题，介绍单片机应用系统设计的一般方法，并通过几个具体案例，介绍 MSP430 单片机的应用。

6.1　单片机嵌入式系统设计

6.1.1　单片机嵌入式系统开发基础知识

在 IT 行业，应用系统设计可以分成两大类：一类用于科学计算、数据处理、企业管理和 Internet 网站建立等；另一类用于工业过程检测控制、智能仪表仪器和自动化设备、小型电子系统、通信设备和家用电器等。

对于前一类的应用系统设计，通常都是基于通用计算机系统和网络的系统开发，硬件设备也是通用的，可以从市场购买，而其主要的工作是软件开发，使用的开发平台以 C++、VB、数据库系统、网站建立开发平台等为。

而后一类应用系统的设计则同前一类有很大不同。它涉及的应用系统是一个专用的系统，往往要从零开始，即必须根据实际的需求从系统硬件的构成设计与实现，到相应的软件设计与实现，两者并重，相辅相成，缺一不可。

第二类应用系统的特点是：

（1）系统功能、要求、性能的多样性和专用；

（2）硬件电路和软件设计的不可分割和专；

（3）可靠性高，抗干扰能力强；

（4）体积小、重量轻、功耗省、投资少；

（5）开发周期短。

单片机嵌入式应用系统设计归属于第二用系统的范畴。对于从事单片机嵌入式系统设计、开发的电子工程师和专业人员，不熟悉各种电子器件和 IC 芯片的特性和使用，具备模拟电路、数字电路等各类硬件电硬件系统的设计能力，还必须具有很强的计算机综合应用和软件编程设计能力。

如今，单片机嵌入式系统的硬件设计编程、系统仿真调试和程序的编程下载，可以在 PC 的支撑下实现。因此，单片机系统设计开发人员所具备的另一个重要的技能是熟练使用 PC，熟悉相关设计软件 um Designer、VHDL），具有较高的软件设计编程能力，同时对 PC 的硬件接口（串行通信口、USB 接口等）也要有一定的了解。

当设计的单片机嵌入式系统是一理控制系统的下位机，或要与 Internet 或局域网中的数据库联网时，除了要熟练掌握与单片机有关的硬件(模拟电路、数字电路、单片机等)和软件开发技术外，还要具备与整个系统有关的基础和技术(如数据库、Internet 协议、VB、VC 等)。因此，对高级电子工程师来讲，对 PC 机的熟练掌握程度，以及软件设计和编程的能力，决不应亚于计算机专业的人员，甚至在某些方面比计算机专业的人员要求还高，还要全面。

　　要想具备较高的硬件系统设计开发能力和水平，不是在短期内通过理论和书本的学习就能实现的，需要经过一定时间的积累，将理论与实际相结合，动手去做，才能打下良好的基础。不亲自动手实践，是不可能真正掌握设计开发单片机嵌入式系统技术的。有了良好的基础，加上长期的实践经验，以及紧跟世界半导体器件的最新发展，才能成为一个真正的电子工程师。

6.1.2　单片机嵌入式系统设计流程

　　单片机应用系统设计遵循"软硬结合，缺一不可"的原则，任何单片机系统都包含软件系统和硬件系统两个部分。单片机嵌入式系统开发流程图如图 6-1 所示。

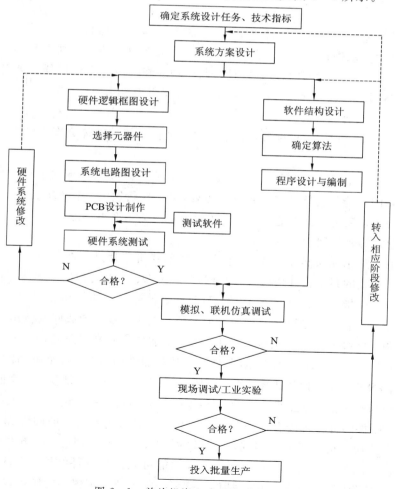

图 6-1　单片机嵌入式系统开发流程

对于一个具体的单片机系统的设计，需要从以下几个方面考虑：

1. 调研、立项、确定系统设计任务

对于即将进行的项目，需要进行市场调研。市场调研包括三个方面：第一，了解市场需求。通过各种渠道，了解当前市场上有无同类产品及产品的价格、规格等方面信息。掌握当前市场对该产品的需求量及发展的情况，分析市场前景是否良好。第二，了解客户要求。通过和客户的交流，了解客户的需求是什么，对产品的性能等各方面指标有什么特殊要求。第三，分析客户要求，转变成客户需求。市场调研完成后，撰写市场调研分析，明确客户需求及攻关难点。

市场调研完成后，就需要进行立项工作。

项目立项时，首先需要明确项目的需求、完成项目所需要的时间、需要配合的部门、预计花费的金额与项目各部分的功能规格等，并完成可行性方案、项目总体方案书、项目需求说明书、项目规格说明书四个文件的初稿。针对初稿开会讨论，明确各自的任务，并认真记录会议纪要，对各部门提出的要求汇总。经多次讨论确认项目方案后，完成最终版本。经各相关部门经理确认，总工程师审核，总经理核准后，开始进行项目的开发，相关文件存档。

项目的开发要严格按照可行性方案、项目总体方案书、项目需求说明书、项目规格说明书四个文件的要求进行。如出现意外情况，需要修改其中内容，则需要和各相关部门讨论，经总工程师同意，总经理核准后才能进行修改。修改后的文件同样需要各相关部门经理确认、总工程师审核、总经理核准。版本号升级，并存档。

2. 系统方案设计

在系统设计任务和技术指标确定以后，即可进行系统的总体方案设计。总体方案设计一般包括：

（1）单片机芯片的选择。单片机芯片的选择应适合于应用系统的要求。不仅要考虑单片机芯片本身的性能是否能够满足系统的需要，如：执行速度、中断功能、I/O 驱动能力与数量、系统功耗以及抗干扰性能等，同时还要考虑开发和使用是否方便、市场供应情况与价格、封装形式等其他因素。

（2）外围电路芯片和器件的选择。仅仅一片单片机芯片是不能构成一个完整的嵌入式系统的。一个典型的系统往往由输入部分（按键、A/D、各种类型的传感器与输入接口转换电路），输出部分（指示灯、LED 显示、LCD 显示、各种类型的传动控制部件），存储器（用于系统数据记录与保存），通信接口（用于向上位机交换数据、构成联网应用），电源供电等多个单元组成。这些不同的单元涉及模拟、数字、弱电、强电以及它们相互之间的协调配合、转换、驱动、抗干扰等。因此，对于外围芯片和器件的选择、整个电路的设计、系统硬件机械结构的设计、接插件的选择、甚至产品结构、生产工艺等，都要进行全面和细致考虑。任何一个忽视和不完善，都会给整个系统带来隐患，甚至造成系统设计和开发的失败。

（3）软、硬件的分工与配合的综合考虑。单片机嵌入式系统中的硬件和软件具有一定的互换性，有些功能可以用硬件实现，也可以用软件来实现。因此，在方案设计阶段要认真考虑软、硬件的分工和配合。采用软件实现功能可以简化硬件结构，降低成本，但软件系统则相应的复杂化，增加了软件设计的工作量。而用硬件实现功能则可以缩短系统的开

发周期，使软件设计简单，相对提高了系统的可靠性，但可能会提高成本。在设计过程中，软、硬件的分工与配合需要取得协调才能设计出好的应用系统。

3. 系统硬件设计

开发人员在全面了解要设计开发系统所具备的功能和要求，制定出整体的系统设计方案后，接下来就是根据具体的需求和设计方案，选择能可靠实现全部功能的单片机芯片和相应的外围电路器件，设计整个系统的电路原理图。原理图设计完成后，还要根据实际需要设计相应的印刷板（PCB）图。这个阶段常使用的软件平台是电子线路 CAD 软件，如 Altium Designer 软件等。

为了保证系统开发的顺利进行，应按统一的规则命名原理图的相关文档。一般原理图文档、PCB 图文档命名规则如下：项目名称_电路板名称_完成日期_版本号.schdoc；项目名称_电路板名称_完成日期_版本号.pcbdoc；同一版本的原理图和 PCB 图需要完全对应。并在图中标明该版本对应上一版本修改了哪些地方。原理图和 PCB 图完成一个版本后，入档。

单片机嵌入式系统的硬件系统设计是一个综合能力的表现，它全面反映和体现了设计开发人员所具有的技术水平和创新设计能力。比如说，设计一个具备相同功能的单片机嵌入式系统，如采用传统并行总线扩展外围设备的设计思路，设计出的硬件系统就相对庞大和复杂，因为仅地址线和数据线就有 $16+8=24$ 根，还需要相应的锁存器和地址译码器等器件，稳定性、抗干扰性都相对差一些。如采用新型的单片机，CMOS 器件，选用串行接口的大容量存储器、AD/DA 等器件，就可减少硬件开发的工作量，大大缩短了系统设计开发的周期，同时也提高了系统的可靠性。

4. 系统软件设计

在硬件系统设计的基础上，则要根据系统的功能要求和硬件电路的结构设计来编写系统软件。作为单片机系统软件设计人员，应该具备扎实的硬件功底，不仅是对系统的功能和要求有深入的了解，而且对实现的硬件系统、使用的芯片和外围电路的性能也要很好的掌握，这样才能设计出可靠的系统程序。

一个嵌入式系统的系统软件实际上就是该系统的监控程序。对于一些小型嵌入式系统的应用程序一般采用汇编语言编写。对于中、大型的嵌入式系统，常采用高级语言（如：C 语言、Basic 语言）来编写。软件设计和编写也是开发嵌入式系统过程中非常重要和困难的任务之一，因为它直接关系到实现系统的功能和系统的性能。

程序设计需要完成程序烧录文件、程序修改文件。程序烧录文件的命名规则为（以 HEX 烧录文件为例）：项目名称_对应电路板名称_完成日期_版本号.hex。程序修改文件需要压缩成 *.rar 文件入档。程序修改文件的命名规则为：项目名称_对应电路板名称_完成日期_版本号.rar。程序修改文件入档需要另附一份程序修改说明。在程序修改说明中需列出：程序修改文件中共有几个文件，对应于上一个版本来说修改了哪些文件，修改了哪些功能等内容。

程序完成后，生成软件测试文档。软件测试文档应注明程序测试条件、测试过程、需要的工具、测试重点、测试的要求等方面。经批准后，修改版本号，入档。

5. 系统的调试

当硬件和软件设计好后，就可以进行系统调试了。硬件电路系统调试检查分为静态检查和动态检查。硬件的静态检查主要检查电路制作的正确性，如路线、焊接等。动态检查一般首先要使用仿真系统（对于采用 ISP 技术的系统可直接）输入各种单元部分的系统调试和诊断程序，检查系统的各个部分的功能是否能正常工作。硬件电路调试完成后可进行系统的软硬件联调。先将各功能模块程序分别调试完毕，然后组合，进行完整的系统运行程序调试。最后还要进行各种工业测试和现场测试，考验系统在实际应用环境中是否能正常可靠的工作，是否达到设计的性能和指标。

系统的调试往往要经过多次的反复。硬件系统设计的不足、软件程序中的漏洞，都可能造成系统调试出现问题。系统调试要具备相当水平和实践经验，它全面反映了嵌入式系统设计开发者的水平和能力。

学习和掌握单片机嵌入式系统的设计、开发与应用，要在学习中实践、在实践中加深学习，只有这样才能不断巩固、加强和深入下去，才能真正地掌握这门技术。

以下几个小节，通过几个具体实例来详细介绍单片机嵌入式系统设计。

6.2　基于 MSP430F169 的嵌入式以太网远程网络温湿度监控系统

在温湿度传感器、单片机以及网络应用的理论知识基础上，选用 TI 公司的 MSP430F169 来完成一种可以提供不间断监控记录，提供网络远程终端，本地主机终端和本地液晶三种显示工作方式，以及能够报警的远程网络温湿度监控系统，系统结构如图 6-2 所示。

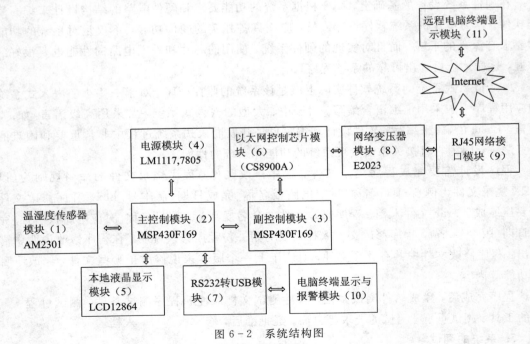

图 6-2　系统结构图

6.2.1　单片机选择

一般温湿度传感器传输的数据量不大，MCU 对数据的处理也比较简单。考虑到本设计需要有三种显示工作方式，I/O 接口需要的比较多，因此选择 TI 公司的 MSP430F169 单片机。

6.2.2　AM2301 数字温湿度传感器简介

AM2301 数字温湿度传感器是一款含有已校准数字信号输出的温湿度复合传感器，其中应用了专用的数字模块采集技术和温湿度传感技术，可确保产品具有极高的可靠性与卓越的长期稳定性。传感器包括一个电阻式感湿元件和一个 NTC 测温元件，并与一个高性能 8 位单片机相连接。因此该产品具有品质卓越、超快响应、抗干扰能力强、性价比高等优点。AM2301 的温度测量范围：－40～80 ℃；湿度测量范围：0～100％RH；分辨率：0.1 ℃/0.1％RH。其采用单线制串行接口，使系统集成变得简易快捷，而且只有超小的体积、极低的功耗，信号传输距离则可达 20 米以上。该产品为 3 引线（单总线接口），连接方便。表 6－1 给出了 AM2301 的主要性能指标。图 6－3 给出了 AM2301 接口说明和引脚图。

表 6－1　AM2301 接收模块主要性能指标

参数	条件	Min	Typ	Max	单位
湿度					
分辨率	—	—	0.1	—	％RH
	—	—	16	—	Bit
重复性	—	—	±1	—	％RH
精度	25 ℃	—	±3	—	％RH
	0～50 ℃	—	—	±5	％RH
互换性	可完全互换				
采样周期	—	1	2	—	S
响应时间	1/e(63％)25 ℃ lm/s 空气	—	2	—	S
迟滞	—	—	±0.3	—	％RH
长期稳定性	典型值	—	±1	—	％RH/yr
温度					
分辨率	—	—	0.1	—	℃
	—	—	16	—	Bit
重复性	—	—	±0.5	—	℃
精度	—	—	—	±1	℃
量程范围	—	－40	—	80	℃
响应时间	1/e(63％)	6	—	20	S

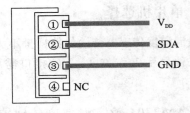

引脚	颜色	名称	描　　述
1	红色	VDD	电源(3.5~5.5 V)
2	黄色	SDA	串行数据，双向口
3	黑色	GND	地
4		NC	空脚

图 6-3　AM2301 接口说明和引脚图

电源引脚(VDD，GND)：AM2301 的供电电压范围为 3.5~5.5 V，建议供电电压为 5 V。电源引脚(VDD，GND)之间可增加一个 100 nF 的电容，去耦滤波。

串行数据引脚(SDA)：SDA 引脚为三态结构，用于读、写传感器数据。

6.2.3　AM2301 单总线通信

微处理器与 AM2301 连接的典型应用电路如图 6-4 所示。单总线通信模式时，SDA 上拉后与微处理器的 I/O 端口相连。

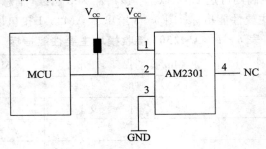

图 6-4　AM2301 典型应用电路

SDA 用于微处理器与 AM2301 之间的通讯和同步，采用单总线数据格式，一次通讯时间为 5 ms 左右，当前数据传输为 40 bit，高位先出。数据格式：40 bit 数据=16 bit 湿度数据+16 bit 温度数据+8 bit 校验。

用户主机(MCU)发送一次开始信号后，AM2301 从低功耗模式转换到高速模式，等待主机开始信号结束后，AM2301 发送响应信号，送出 40 bit 的数据，并触发一次信号采集。如图 6-5 所示(注：主机从 AM2301 读取的温湿度的数据总是前一次的测量值，如两次测量间隔时间很长，请连续读两次以获得实时的温湿度值)。

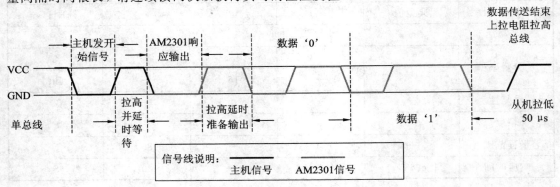

图 6-5　AM2301 单总线通信时序图

空闲时总线为高电平，通讯开始时主机（MCU）拉低总线 500 μs 后释放总线，延时 20～40 μs 后主机开始检测从机（AM2301）的响应信号。

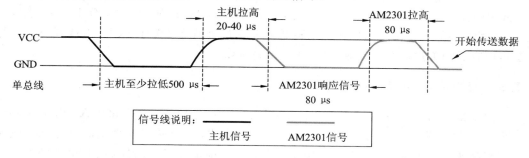

图 6-6　AM2301 单总线通信时序图

从机的响应信号是一个 80 μs 左右的低电平，随后从机再拉高总线 80 μs 左右代表即将进入数据传送。如图 6-6 所示，高电平后就是数据位，每 1 bit 数据都是由一个低电平时隙和一个高电平组成。低电平时隙就是一个 50 μs 左右的低电平，它代表数据位的起始，其后的高电平的长度决定数据位所代表的数值，较长的高电平代表"1"，如图 6-7 所示，较短的高电平代表"0"，如图 6-8 所示。共 40 bit 数据，当最后一个 bit 数据传送完毕后，从机将再次拉低总线 50 μs 左右，随后释放总线，由上拉电阻拉高。

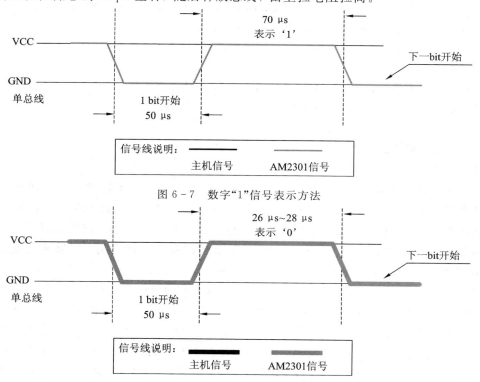

图 6-7　数字"1"信号表示方法

图 6-8　数字"0"信号表示方法

6.2.4　LCD12864 模块

带中文字库的 LCD12864 是一种具有 4/8 位并行、2/3 线串行多种接口方式，内部含有国标一级、二级简体中文字库的点阵图形液晶显示模块；显示分辨率为 128×64，内置 8192 个 16×16 点汉字和 128 个 16×8 点 ASCII 字符集。利用该模块灵活的接口方式和简单、方便的操作指令，可构成全中文人机交互图形界面。可以显示 8×4 行 16×16 点阵的汉字，也可完成图形显示。低电压低功耗是其又一显著特点。关于 LCD12864 具体的使用方法可以查看相关数据手册或参照 5.10 节相关内容。

6.2.5　网络模块的选择和简介

市面上常用的网络模块一般有 ENC28J60、W5100、W5200、CS8900A。由于 W5100 和 W5200 价格较贵，而 ENC28J60 只支持 SPI 传输方式，数据传输速率最高只有 10 Mb/s，无法实现高速数据传输，另外 ENC28J60 的发热问题也很难解决，故采用 CS8900A。

CS8900A 芯片是 Cirrus Logic 公司生产的一种局域网处理芯片，在嵌入式领域中使用非常常见。采用 100-pin TQFP 封装，内部集成了片上 RAM、10BASE-T 收发滤波器，并且提供 8 位和 16 位两种接口。在单片机中，一般使用 CS8900 的 8 位接口模式。串行 E^2PROM 接口能存储地址和其他配置信息，电源有 5 V 和 3.3 V 两种，本设计中使用 3.3 V 供电。

CS8900A 芯片有 20 根地址总线，虽然控制器支持 8 位和 16 位数据，但对 8 位数据有一些限制，当配置为 8 位数据时，控制器不支持中断，CPU 必须断开，以确定接收到的帧何时有用，何时完成发送，或何时出现错误，对于 8 位数据，该芯片没有 E^2PROM 接口，不支持 DMA，也没有自动增加的 Packet Page 指针。其特点包括：

(1) 符合 IEEE 802.3 以太网标准，并有 ISA 接口；

(2) 片内 4 KB RAM；

(3) 适用于 I/O 操作模式，存储器操作模式和 DMA 操作模式；

(4) 支持 10BASE2，10BASE5 和 10BASE-T 连接接口；

(5) 最大电流消耗为 55 mA(5 V 电源)；

(6) 全双工操作；

(7) 支持外部 E^2PROMPROM。

CS8900A 内部功能模块主要是 802.3 介质访问控制块(MAC)。802.3 介质访问控制块支持全双工操作，完全依照 IEEE 802.3 以太网标准。它负责处理有关以太网数据帧的发送和接收，包括：冲突检测、帧头的产生和检测、CRC 校验码的生成和验证。通过对发送控制寄存器的初始化配置，MAC 自动完成帧头的冲突后重新发送。如果帧的数据部分少于 46 个字节，它能生成填充字段使数据帧达到 802.3 所要求的最短长度。

CS8900A 在接收到主机发来的数据包后，将其存到自己的发送缓存中，然后侦听网络线路，如果线路空闲，就立即发送该数据帧，否则等待直到线路空闲再发送。发送时，首先给主机发来的数据包加上以太网帧头，然后生成 CRC 校验码，最后将数据帧发送到以太网上。接收时，它将从以太网上接收到的数据帧经过解码，剥去帧头和帧尾和地址检验等步骤后，存到自己的接收缓存中。通过 CRC 校验后，根据初始化的配置情况，通知主机已收到了数据帧，最后用某种传输方式传到主机的存储区中。

CS8900A 有 100 个引脚，如图 6-9 所示。其中与本设计相关的引脚描述如表 6-2 所示。

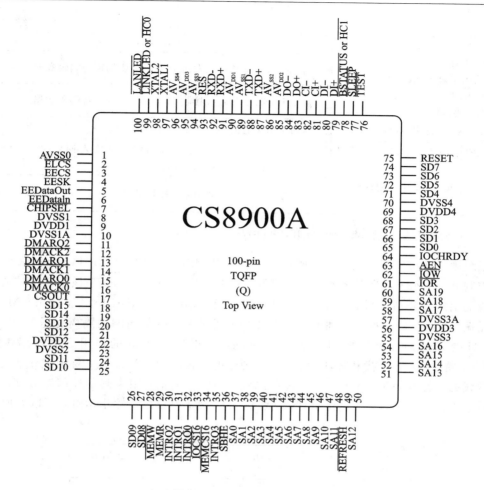

图 6-9　CS8900A 引脚图

表 6-2　CS8900A 部分引脚说明

引　脚	说　明
SA[0~19]：系统地址总线（引脚 37~48，50~54，58~60）	本设计中只用到 SA0~SA3 共四条地址总线，分别与 MSP430F169 的 P3.0~P3.3 相连，用来在 I/O 模式下访问 CS8900A 的 16 个寄存器里的 8 个 I/O 端口
SD[0:15]：系统数据总线（引脚 65~68，71~74，24~27，18~21）	本设计中只用到 SD0~SD7 共 8 位数据总线，分别与 MSP430F169 的 P4.0~P4.7 相连，用来在 MSP430 和 CS8900A 之间进行数据传输
IOR/IOW：读/写控制总线（引脚 61，62）	读/写控制总线，分别与 MSP430F169 的 P5.4、P5.3 相连，用来表示系统中是否有读写访问，均低电平有效。当 IOR 处于低电平或检测到一个有效地址时，表明 CS8900A 正从 16 位 I/O 寄存器向系统数据总线输出数据，若 REFRESH 引脚处于低电平，IOR 失效；当 IOW 处于低电平或检测到一个有效地址时，表明 CS8900A 正从系统数据总线向 16 位 I/O 寄存器输入数据，若 REFRESH 引脚处于低电平，IOW 失效

引　脚	说　明
TXD＋/TXD－：10BASE-T 信号发送（输出引脚 87，88）	向 10BASE-T 传输线发送 10 MB/s 曼彻斯特编码数据
RXD＋/RXD－：10BASE-T 信号接收（输入引脚 87，88）	从 10BASE-T 传输线接收 10 MB/s 曼彻斯特编码数据
XTAL1，XTAL2（引脚 97，98）	这两个引脚之间连接一个 20 MHz 晶振
LINKLED：网络连接 LED（引脚 99）	显示发光二极管是否接入网络，当接入网络并且检测到 10BASE-T 脉冲信号后，二极管发光
LANLED：网络活动 LED（引脚 100）	当有数据发送或接收时，二极管发光

6.2.6　CS8900A 以太网 Server 的硬件结构

　　系统硬件连接框图如图 6－10 所示，其中采用 MSP430F169 为 MCU，CS8900A 为以太网控制器，AM2301 为温湿度测量传感器。其中两片 MSP430F169 是该系统的核心，通过相应的引脚来分别控制 CS8900A（MCU2 控制）和 AM2301（MUC 控制），使用 8 MHz 的高频晶振，对时序的把握会更加准确。CS8900A 通过一个带扼流圈的隔离变压器（E2023）将 MCU 要发送的数据发送到网络上，接收数据亦然。E2023 的作用是将外部线路与 CS8900A 隔开，防止干扰和烧坏元器件，实现带电插拔功能。RJ45 是 8 针模式化插孔，对应于网线的 8 针水晶头。AM2301 通过单总线与 MCU 通信，用来测量外部温湿度；电路上同时给出三个指示灯：加电指示灯，网线接入指示灯和数据传输指示灯，可以方便地看到 Server 的工作情况。

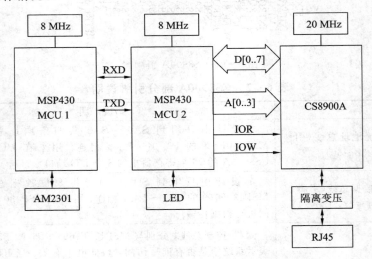

图 6－10　系统硬件连接框图

6.2.7　各硬件电路设计

　　电源电路设计，MSP430F169 单片机最小系统设计，LCD12864 显示设计的相关内容可以参考第四章相关小节内容。本节仅介绍 CS8900A 电路、单片机与温湿度传感器模块接口电路及串口电路的设计。

　　CS8900A 电路原理图如图 6 - 11 所示，以太网电路的 MSP430F169 原理图如图 6 - 12 所示，单片机与温湿度传感器模块接口电路如图 6 - 13 所示，串口电路如图 6 - 14 所示。

　　在图 6 - 11、图 6 - 12 中，以太网控制模块采用 8 位 I/O 模式，以太网的 SA0～SA3 引脚作为地址总线连接到主控芯片，SA4～SA19 引脚中除 SA8 和 SA9 接 3.3 V 电压外其余全部接地；SD0～SD7 引脚作为数据线接到主控模块，剩下 SD8～SD15 引脚全部接地；IOW 读信号引脚和 IOR 写信号引脚接到主控芯片；AVDD1～AVDD3 引脚，DVDD1～DVDD4 引脚提供数字和模拟电压接 3.3 V 电压；AVSS0～AVSS3，DVSS1～DVSS4 引脚，DVSS1A，DVSS3A 引脚提供数字模拟电压接地；系统没有用到 DMA 所以 DMRCK0～DMRCK2 引脚接 3.3 V 电压；REFRESH 引脚接 3.3 V 电压；系统没有用到外部 LA 解码逻辑所以 ELCS 引脚接地；XTAL1 与 XTAL2 引脚之间接 20 M 晶振；SLEEP 引脚连一个 4.7 k 电阻后接 3.3 V 电压，正常模式 TEST 引脚接 3.3 V 电压，RES 引脚经 4.99 k 的电阻后接地；为了使用 I/O 模式 AEN 引脚必须接地，CHIPSEL 引脚接地；系统没有外部 E^2PROM，所以 EEDIN 引脚接地，MEMR，MEMW 引脚接 3.3 V 电压；因为采用了 8 位 I/O 模式没有用到 SD8～SD15 故 SBHE 引脚接 3.3 V 电压；LANLED 和 LINKLED 引脚外接一个 LED 当物理链路接通后 LANLED 灯亮，当有数据传输时 LINKLED 灯亮；RXD＋、RXD－引脚并接一个 100 Ω 的电阻后分别连接到 E2023 的 1、3 引脚，TXD＋、

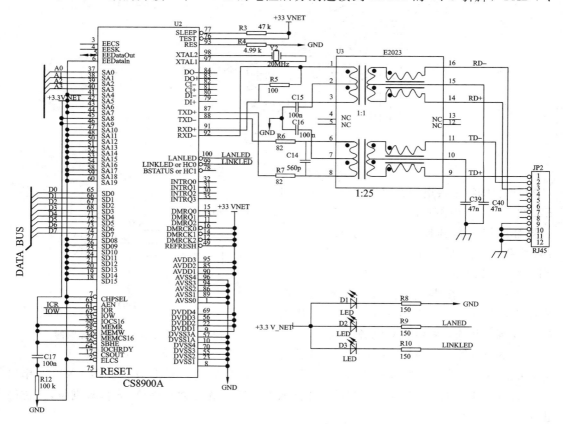

图 6 - 11　以太网电路 CS8900A 原理图

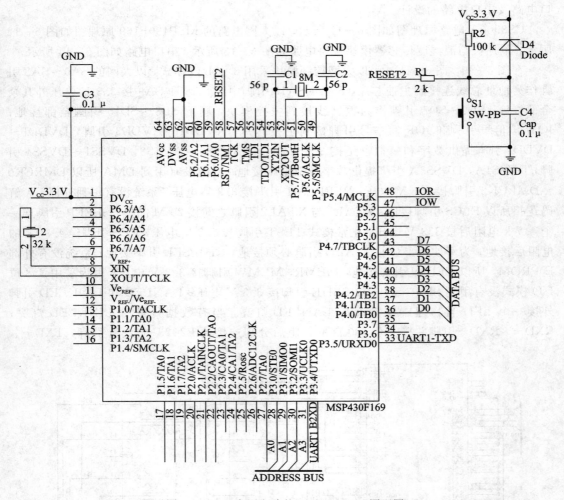

图 6-12　以太网电路的 MSP430F169 原理图

　　TXD－引脚经串接电阻并接电容后分别连到 E2023 的 6、7 引脚；E2023 的 2、7、10、15 引脚都串接电容到地，E2023 的 9、11、14、16 引脚连接到 RJ45 端口的 YPTX＋、TPTX－、TPRX＋、TPRX－引脚。

　　本系统中，温湿度传感器采用单总线传输形式，SDA 接 5.1 k 电阻上拉后与单片机的 I/O 端口相连，采用 5 V 电源供电。

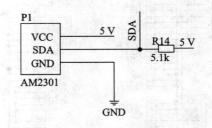

图 6-13　单片机与温湿度传感器
模块接口电路图

　　本系统主控制芯片和终端采用串口通信方式如图 6-14 所示，控制芯片的 UART0_TXD 和 UART0_RXD 连接到 MAX3221 串口芯片上与本地终端相互通信，串口波特率设置为 9600。无奇偶校验位，8 位数据位，1 位停止位。

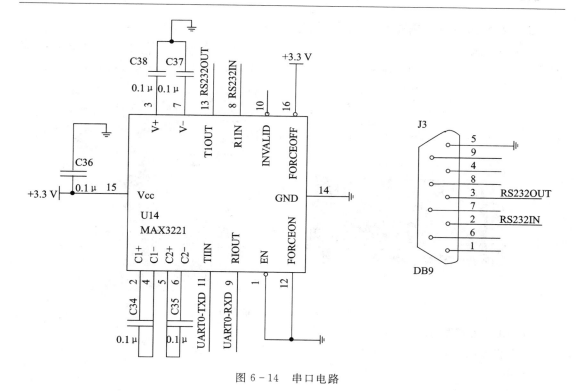

图 6-14　串口电路

6.2.8　系统软件设计

1. 系统程序流程

系统软件运行总体设计流程如下：上电后系统初始化，显示开机画面，系统每 2 s 进一次中断，串行中断接收温度传感器模块的输出信息，并将数据处理后通过 UART0 和 UART1 传送给 PC 和副控制芯片，副控制芯片再传给 CS8900A 以太网芯片发送方给远程主机。

主程序流程图如图 6-15 所示。

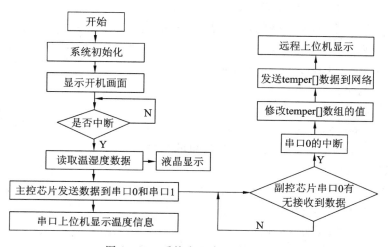

图 6-15　系统主程序设计流程图

2. LCD12864 开机画面的 MATLAB 辅助设计

系统开机显示南京航空航天金城学院校徽，如图 6 - 16 所示。该图案用 MATLAB 软件和 Image2Lcd 制作。制作流程可以参考第五章 LCD12864 显示部分内容。

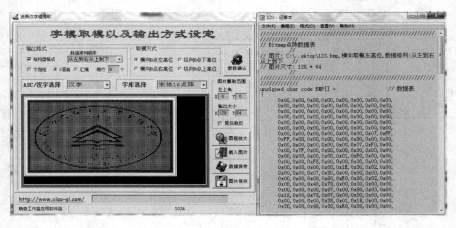

图 6 - 16   开机图片的制作

3. LCD 液晶显示器程序

（1）向 LCD 液晶显示器发送 1 字节的数据或指令子程序：

调用方式：void LCD12864WriteDat(byte dat)。

函数说明：发送指令 cmd 到 LCD。

调用方式：void LCD12864WriteDat(byte dat)。

函数说明：发送指令 data 到 LCD。

（2）芯片判忙子程序：

调用方式：void LCD12864CheckBusy(void)。

函数说明：等待 LCD 内部操作完成，判忙。

（3）LCD 液晶屏初始化子程序：

调用方式：void InitLCD12864(void)。

函数说明：LCD 液晶屏初始化，开机后仅调用一次。

（4）清屏子程序：

调用方式：void LCD12864Clear(void)。

函数说明：清屏。

（5）显示字符串程序：

调用方式：void DispString(byte buff[])。

函数说明：在显示屏上输出 buff[]数组里的字符串。

（6）显示单个字符程序：

调用方式：void DispChar(byte ch)。

函数说明：在显示屏上输出一个字符。

（7）字符显示位置子程序：

调用方式：void LCD12864Pos(byte x，byte y)。

函数说明：在屏幕 x 行 y 列显示。

（8）画图子程序：

调用方式：void DispBmp(void)。

函数说明：显示数组 buff[]里面的图像。

4. 温湿度接收子程序

温湿度接收子程序主要用于接收 AM2301 模块发送的串行数据。这个程序在串行中断里面完成。通信的波特率默认为 9600，1 个起始位，1 个停止位，无奇偶校验位。

由于温湿度模块一次性发送 40 位数据，前 16 位为湿度数据，17 到 32 位为湿度数据，后 8 位为校验数据。

（1）读取温湿度子程序：

调用方式：void receive(void)。

函数说明：循环 40 次，通过串行总线将数据每 8 位存到 DHT21_Code[0]～DHT21_Code[4]里面。

（2）校验和处理温湿度子程序：

调用方式：void Read(void)。

函数说明：校验。

DHT21_Code[4]＝DHT21_Code[0]＋DHT21_Code[1]＋DHT21_Code[2]＋DHT21_Code[3]

若相等，处理温湿度数据转换为十进制存放到 tab[0]～tab[5]中。

5. 嵌入式 SERVER 子程序

嵌入式 SERVER 子程序包括：以太网控制模块子程序(CS8900.h，CS8900.C)；TCP/IP 模块子程序(tcp.h，tcpp.c)。

1）以太网控制模块

以太网控制模块针对 MSP430F169 对 CS8900A 的驱动和通信，主要任务是在 CPU 与以太网之间传输数据，包括 CS8900.H 和 CS8900.C。其中头文件 CS8900.H 主要包含：各种端口的配置、相关的存储器及其他地址的宏定义、相关变量的定义和申明、各函数的申明；CS8900.C 则包含了相关变量的初始化、定义及各个函数的实现。该部分主要函数如下：

（1）初始化网卡芯片：

调用方式：Void Init8900(void)。

（2）对指定的端口地址写入一个整数(小端方式)：

调用方式：Void Write8900(unsigned charAddress，unsigned intData)。

（3）向发送数据帧端口写入一个整数(小端方式)，等同于 Write8900(TX_FRAME_PORT，Data)：

调用方式：Void WriteFrame8900(unsigned int Data)。

（4）从指定的端口地址读取一个整数(小端方式)：

调用方式：Unsigned int Read8900(unsignedcharAddress)。

（5）从接收数据帧端口读取一个整数(小端方式)，等同于 Read8900(RX_FRAME_PORT)调用：

调用方式：Unsigned int ReadFrame8900(void)。

（6）从特殊的端口地址读取一个整数(小端方式)，例如 RxStatus 寄存器：

注意：其中必须先读取地址（Address＋1）为整数高 8 位，再读取地址（Address）为低 8 位。

调用方式：Unsigned int ReadHB1ST8900(unsigned char Address)。

（7）从接收数据帧端口读取一个整数（大端方式），通常用于读取 TCP/IP 数据：

调用方式：Unsigned int ReadFrameBE8900(void)。

（8）复制一个指定数组的数据到 CS8900 的内部缓冲区（对 TX_FRAME_PORT 端口的连续写）：

调用方式：Void CopyToFrame8900(void ＊Source, unsigned intSize)。

（9）从 CS8900 的内部缓冲区复制数据到单片机（对 RX_FRAME_PORT 端口的连续读）：

调用方式：Void CopyFromFrame8900(void ＊Dest, unsigned intSize)。

（10）对 RX_FRAME_PORT 端口的连续读取指定的次数，但是不返回数据，空读：

调用方式：Void DummyReadFrame8900(unsigned intSize)。

（11）请求指定长度的内部缓冲区空间（准备用来发送）：

调用方式：Void RequestSend(unsigned int FrameSize)。

（12）检查 CS8900 是否准备好开始发送数据：

调用方式：Unsigned int Rdy4Tx(void)。

以太网控制模块流程图如图 6－17 所示，首先必须要初始化 CS8900A（调用 Init8900()）。在这部分中，以太网控制器被重置，存储在 const TInitseq Initseq[]的配置序列被发送，这其中就包括 CS8900A 上网 MAC 地址，常数中的每一个实体都包括一个地址和一个数值，初始化结束后，传输数据。

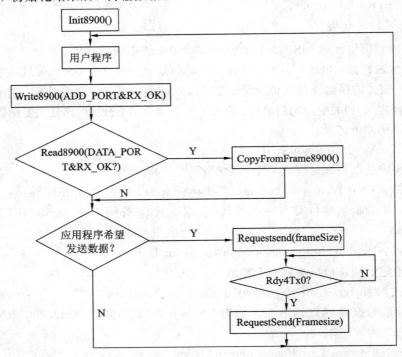

图 6－17　以太网控制模块流程图

在接收或者发送数据前，首先要看 CS8900A 的发送缓存或接收缓存是否准备好，如果未准备好就等待，直到缓存中有足够的存储空间，再对数据进行发送和接收。

2）TCP/IP 模块

TCP/IP 模块包含 tcpip. h 和 tcpip. c，下面仅对主要变量和函数做简介：

（1）缓存。MSP430F169 共设置了 3 个缓存：Tx_Frame1，Tx_Frame2，RxTCP-Buffer。缓存大小可以根据实际情况进行修改，各个缓存的作用如下：

Tx_Frame1：存放所有需要发送的 TCP 数据帧，包括所有需要的帧头。

Tx_Frame2：只存放 TCP 的非数据帧，包括所有需要的帧头和 ARP、ICMP 协议的帧。

RxTCPBuffer：用来存放接收到的 TCP 数据帧。

（2）建立/关闭连接。建立连接：当检测到一个连接请求时，调用 TCPPassiveOpen()来建立被动连接；当发送缓存里有数据需要发送的时候，调用 TCPActiveOpen()来建立主动连接。二者不同之处主要是，建立主动连接之前首先要设定远程 TCP 的 IP 地址、本地端口号、远程端口号，之后还要立即发送一个 ARP 的请求获得目的主机的 MAC 地址。

关闭连接：一种情况是本地或者远程用户通过调用 TCPClose()函数来关闭连接；一种是重传计数器超出，或者收到一个带复位标签的数据段，导致连接断开。

（3）接收帧信号处理。对接收帧信号的处理流程如图 6-18 所示，首先调用 DONet-workStuff()判断是否接收到数据帧。接收到帧后，用目的地址来识别它是单播包还是广播包。若是单播包，执行 ProcessEthIAFrame()：首先检查是否是 ARP 请求响应，如果是，就可以从中提取对方的 MAC 地址，用于本地通信；如果是 IP 类型的数据帧，且它的目的地址和本地 IP 匹配，则根据 IP 协议号调用函数 ProcessICMPFrame()或者 ProcessTCP_Frame()。如果是广播包，且属于 ARP 请求，则执行 ProcessEthBroadcastFrame()：检查是否生成 ARP 回复帧，即执行 PrepareARP_ANSWER()。

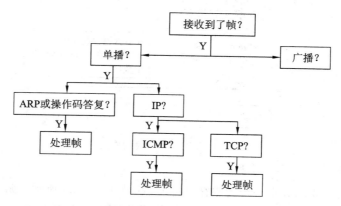

图 6-18　以太网芯片对接收帧信号的处理流程

（4）发送数据。两个站点建立连接后，就可以传输数据了。只有当传输缓存里的数据被释放后才能再次传输数据。要传输数据，首先要把数据写到 Tx_Frame1 缓存里，可以通过指针变量 TCP_TX_BUF 来直接访问 Tx_Frame1 缓存。TCPTransmitTx_Buffer()为了确保数据传输的进行，先要检查发送数据是否被允许，并设置标签 SEND_FRAME1，然后就可以传输数据了。

（5）数据重传。传输数据的丢失可能导致 TCP 连接中断。为了避免这种情况，应用时间控制的数据重传机制，如果数据重传的次数超过设定的最大值，关闭目前的 TCP 通信，并且报告错误。

（6）TCP/IP 模块的使用流程。在本模块的众多应用函数接口中，DoNetworkStuff() 是最为重要的一个，因为它通过组织使用模块中其他函数，实现对 TCP/IP 模块整体的应用。DoNetworkStuff() 的流程，代表了 TCP/IP 模块的使用流程，如图 6-19 所示。

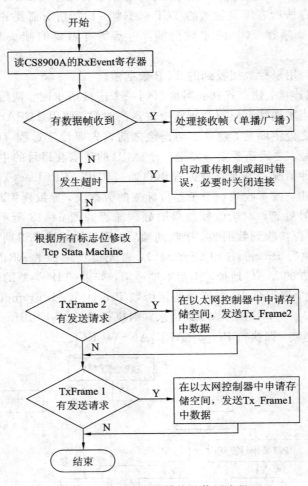

图 6-19　TCP/IP 模块的使用流程

3）SERVER 的软件实现流程

SERVER 的主要部分由一个无限循环来实现，如图 6-20 所示。循环的主体为：首先监听连接是否打开，如果有主机想访问该服务器并且还没有打开连接，主机建立被动连接，建立连接后就可以传输数据了，通过函数 DoNetworkStuff() 来实现对接收帧的接收和处理重传机制的启动一级 CPU 缓存中数据的发送等，最后通过 Memcpy(TCP_TX_BUF，temper，n) 和 TCPTransmitTxBuffer() 将数据发送给访问主机。

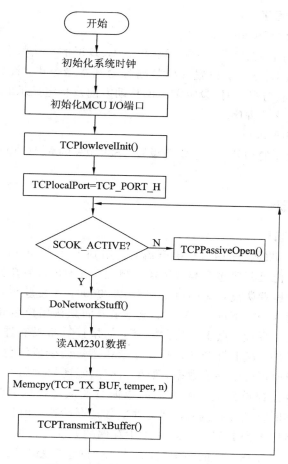

图 6 - 20　SERVER 软件实现流程图

6. 初始化子程序

系统初始化包括系统时钟的初始化、端口的初始化、串口中断初始化和 LCD 的初始化。这些在 main()主函数开始时就需要进行初始化。

（1）端口初始化子程序：

调用方式：void initial_IO(void)。

函数说明：设置 P4 口为液晶数据口，P2.0、P2.1、P2.2 为液晶控制口，P3.4、P3.5、P3.6、P3.7 为特殊功能。

（2）系统时钟初始化子程序：

调用方式：void initClock(void)。

函数说明：将 MCLK、SMCLK 选择 XT2CLK 1 分频，设置为 8 MHz。

（3）串口初始化子程序：

调用方式：void initUART0_9600(void)；void initUART1_9600(void)。

函数说明：初始化主控制芯片串口 0 和串口 1，设置波特率为 9600，N，8，1；副控制芯片波特率为 9600，N，8，1，接收中断。

（4）LCD 初始化子程序：

调用方式：void lcd_init(void)。

函数说明：LCD 液晶屏初始化，主要负责设置 LCD 屏的一些状态，包括芯片复位，选择通信方式为并口，关芯片显示，设置 8 位数据且为基本指令集，设置芯片显示关，清除显示，指定在数据的读取与写入时，设定游标的移动方向及指定显示的移位。

（5）CS8900A 初始化子程序：

调用方式：void init8900(void)。

函数说明：CS8900A 的初始化，主要是设置 CS8900A 的 MAC 地址以及设置接收帧的类型等。

6.2.9 上位机的设计

1. 串口上位机的设计

系统终端串口上位机的程序由 VB 语言编写，用到了 MSComm 控件。如图 6-21 所示，该串口主机终端上位机程序包含温湿度监控单元、温湿度设置单元、温湿度查询单元，如图 6-22 所示。上位机默认设置为串口 1，波特率 9600，无校验位，8 位数据位，1 位停止位，报警温湿度设置为 70%RH，17℃。系统登录界面默认用户名和密码为"admin"，点击登录后，软件进入监控界面。点击"打开端口"，如果计算机没有连接硬件，软件会弹窗警告，如果已连接上硬件，点击打开端口后，登录状态灯会变成绿色，同时温湿度的显示单元会 2 s 更新一次当前环境温湿度数据。如果当前温湿度超过温湿度设置单元里面设定的温湿度阈值，温湿度监控单元显示框里面的数值会变成红色同时报警灯会变成红色报警。上位机软件能够实时存储接收到温湿度数据，数据存储到当前目录下 DATA.txt 文本中。温湿度查询单元可以查询 DATA.txt 文本中存储的温湿度数据，在查询界面中的时间框中输入如"2013/5/25 15.43.00"的一个时间，点击"确定"按钮后，DATA.txt 文本中该时刻的温湿度数据就会显示在查询界面的"湿度"和"温度"后的显示框中，如图 6-23 所示。存储的 DATA.txt 数据可以导出和备份。下次使用时，可以直接放到软件当前目录下，软件可以直接查询到。

图 6-21 串口上位机登录界面

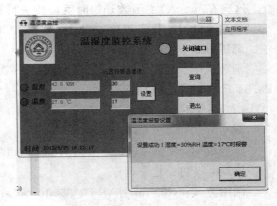

图 6-22 温湿度阈值设置界面

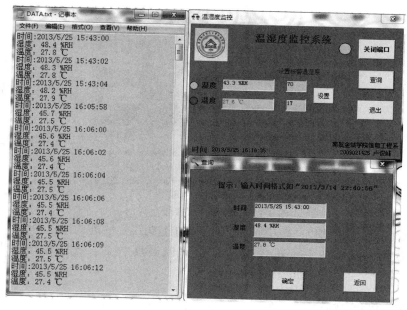

图 6 - 23 串口上位机监控和查询界面以及存储文本

2. 以太网的上位机设计

系统终端以太网的上位机程序由 VB 语言编写，用到了 Winsock 控件。该以太网的上位机包含端口设置单元、温湿度显示单元、报警设置单元。端口设置单元用于设置嵌入式服务器的 IP 地址，TCP 连接的本地端口和目的端口。系统默认本地端口 4000，目的端口 2025，目的 IP：192.168.1.190。连接上硬件后，点击"连接"按钮，如果本地端口已占用，本地端口自动加"1"；如果本地端口没被占用，连接状态灯变成绿色，按钮状态变成"断开"，同时"获取温湿度"按钮被激活。点击"获取温湿度"按钮，软件上位机会自动连接硬件获取温湿度数据，并加以显示，如图 6 - 24 所示。如果当前温湿度超过温湿度设置单元里面设定的温湿度阈值，温湿度监控单元显示框里面的数值会变成红色同时报警灯会变成红色报警。报警设置单元用于设置报警温湿度阈值，分别在设置框中填写完后，点击"设置"按钮，报警温湿度就会被设定成设定值，如图 6 - 25 所示。软件上位机还能自动每 2 s 更新一

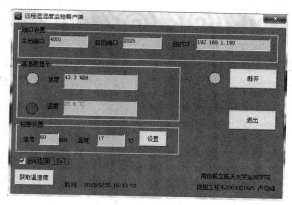

图 6 - 24 以太网上位机监控界面

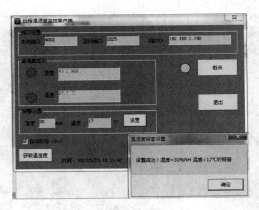

图 6-25　温湿度报警设置界面

次当前温湿度数据,只要把"自动获取"前面的框打上钩,上位机就能自动每 2 s 更新一次当前温湿度数据。该软件上位机还能自动存储温湿度数据,数据存储到当前目录下DATA. txt文本中,可以导出和备份温湿度数据。

6.2.10　软硬系统调试

(1) 先将元器件准备好,然后按设计的原理图搭建硬件电路。

(2) 硬件搭建完成后,先检查电源是否能正常工作,输出的电压是否正常。如果正常,则检查单片机、LCD、AM2301、CS8900A 的布线是否正确,是否虚焊。如果不正常,则查找可能出现故障的原因,并修改直到硬件电路能正常工作。

(3) 根据设计好的流程图编写软件,编写完成后就进行软件编译,如果不正确则修改程序直到编译通过,然后进行软件的调试。如果不正确则修改程序,直到逻辑上都正确,能按预定的设计正确地显示。

6.2.11　整机系统测试

系统上电后,系统上电指示灯亮,插上串口线和网线把硬件和计算机连接起来,串口的指示灯亮,网孔的指示灯亮,用万用表测量 LM1117 输出端电压为 3.3 V。然后,检测给单片机供电的电压是否为 3.3 V,LCD12864 供电电压是否为 5 V,AM2301 的供电电压是否为 5 V。设置电脑终端 IP 为 192.168.1.180,子网掩码为 255.255.255.0,网关为192.168.1.1。设置电脑串口为 COM1,9600,N,8,1。

正常情况下,系统上电后可以在液晶上看到开机的画面(校徽),2 s 后显示设计者、课题、专业信息,再3 s 后系统显示温湿度信息。同时向主机终端发送温湿度数据,串口数据发送指示灯闪烁。打开"串口远程温湿度监控. exe",点击"打开端口"按钮后,端口连接指示灯亮,可以在界面上看到温湿度数据,同时软件能够在当前目录下生成一个保存数据的 TXT 文本。改变报警温湿度数值,当温湿度超过设定阈值后会报警,软件界面的绿灯会变成红灯。

嵌入式以太网服务器连接正常时可以在电脑上 Ping 通嵌入式服务器(嵌入式服务器默认 IP 为 192.168.1.190),有数据传输时,D2 指示灯会闪烁,打开"以太网远程温湿度监控. exe",点击"连接"按钮后 TCP 连接指示灯亮,勾上"自动获取"可以在界面上看到实时温湿度数据。同时软件能够在当前目录下生成一个保存数据的 TXT 文本。改变报警温湿度数值,当温湿度超过设定值后会报警,软件界面的报警指示灯会变成红灯。嵌入式服务器连通测试如图 6 - 26 所示,开机界面如图 6 - 27 所示,温湿度本地液晶监控界面如图 6 - 28 所示,以太网客户端监控界面如图 6 - 29 所示,串口客户端监控界面如图 6 - 30 所示,串口客户端查询界面如图 6 - 31 所示,存储记录文本如图 6 - 32 所示,3 种监控方式对照图如图 6 - 33 所示。

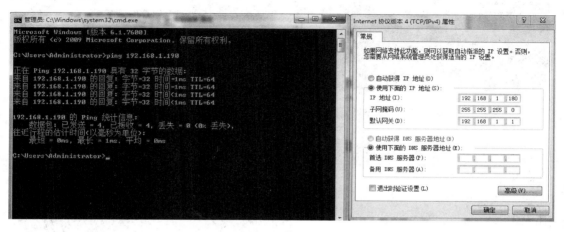

图 6 - 26　嵌入式服务器连通测试

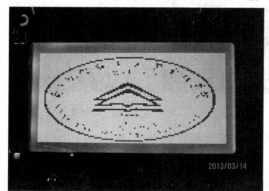

图 6 - 27　开机画面

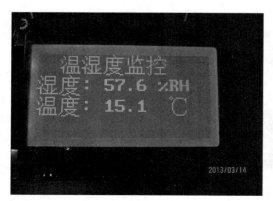

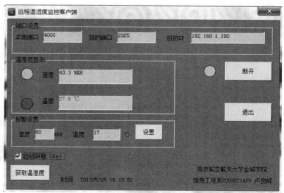

图 6 - 28　温湿度本地液晶监控界面　　　　　图 6 - 29　以太网客户端监控界面

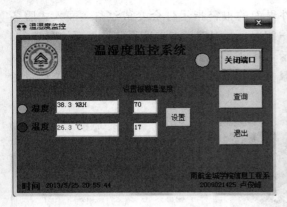

图 6-30　串口客户端监控界面　　　　　　图 6-31　串口客户端查询界面

图 6-32　存储记录文本　　　　　　图 6-33　3 种监控方式对照图

详细代码和参考资料请参照本书电子资源，以下给出部分代码：

＊＊＊＊＊＊＊＊＊初始化端口＊＊＊＊＊＊＊＊＊＊＊＊＊＊＊＊＊＊＊＊

```
void Initial_Io()
{
    P4SEL＝0X00;
    P2SEL＝0x00;
    P4DIR|＝0xff;
    P2DIR|＝BIT0＋BIT1＋BIT2＋BIT3＋BIT4;

    P3SEL |＝ 0xf0;
    P3DIR |＝ 0x50;
    P3DIR & ＝ ～0xA0;
}
```

＊＊＊＊＊＊＊＊＊＊读取 AM2301 温湿度计＊＊＊＊＊＊＊＊＊＊＊＊＊＊＊＊

```
void receive(void)
{
    unsigned char Value = 0x00;
```

```
unsigned char i = 0;
unsigned char j = 0;
for (i = 0; i < 5; i++)
        {
            for (j = 0; j < 8; j++)
                {
                    while(! (P2IN&BIT7));
                    delay_us(50);
                    if (P2IN&BIT7)
                        {
                            Value |= (0x80 >> j);
                            while(P2IN&BIT7);
                        }
                }
            DHT21_Code[i] = Value;
            Value = 0x00;
        }
}
```

* * * * * * * * * *校验和处理 AM2301 温湿度 * * * * * * * * * * * * * * * * *

```
void Read(void)
  {
    P2DIR|=BIT7;
    HIGH;
    LOW;
    delay_ms(20);
    HIGH;
    delay_us(30);
    P2DIR&=~BIT7;
    while(P2IN&BIT7);
    while(! (P2IN&BIT7));
    while(P2IN&BIT7);
    receive();
    if (DHT21_Code[4]= DHT21_Code[0]+DHT21_Code[1]+DHT21_Code[2]+DHT21_
                    Code[3])
    {
    DHTData1= DHT21_Code[0];
    DHTData1<<=8;
    DHTData1|=DHT21_Code[1];
    tab[0]=DHTData1/100+0x30;
    tab[1]=DHTData1%100/10+0x30;
    tab[2]=DHTData1%10+0x30;
    DHTData2= DHT21_Code[2];
    DHTData2<<=8;
```

```
            DHTData2|=DHT21_Code[3];
            if(DHTData2&0x8000)
        {
            flagtemp=1;
            DHTData2&=0x7FFF;
        }
    tab[3]=DHTData2/100+0x30;
    tab[4]=DHTData2%100/10+0x30;
    tab[5]=DHTData2%10+0x30;
        }
```

＊＊＊＊＊＊＊＊＊＊＊＊＊初始化 UART＊＊＊＊＊＊＊＊＊＊＊＊＊＊＊＊＊＊＊＊＊

```
void initUART1_9600(void)
{
    U1CTL = SWRST;
    U1BR0 = 0x03;
    U1BR1 = 0x00;
    U1MCTL = 0x4A;
    U1CTL = SWRST+CHAR;
    U1TCTL = SSEL0;
    U1RCTL = 0;
    ME2 |= URXE1 +UTXE1;
    P3SEL |= 0xC0;
    P3DIR |= 0x40;
    P3DIR &= ~0x80;
    U1CTL &= ~SWRST;
    IE2 |= 0;
}
```

＊＊＊＊＊＊＊＊＊主控制器定时器终端函数＊＊＊＊＊＊＊＊＊＊＊＊＊＊＊＊＊＊＊

```
# pragma vector=TIMERA1_VECTOR
_interrupt void Timer_A(void)
{
    switch( TAIV )
    {
        case 2: break;
        case 4: break;
        case 10:
            Read();
            Display();
            Send_Byte(0xff);
            Send_Byte(tab[0]);
            Send_Byte_ART1(tab[0]);
            Send_Byte(tab[1]);
            Send_Byte_ART1(tab[1]);
```

```
        Send_Byte(tab[2]);
        Send_Byte_ART1(tab[2]);
        Send_Byte(tab[3]);
        Send_Byte(tab[4]);
        Send_Byte_ART1(tab[4]);
        Send_Byte(tab[5]);
        Send_Byte_ART1(tab[5]);
        Send_Byte_ART1(0xff);
        Send_Byte(0xff);
        break;
    }
}
/* * * * * * * * *副控制器 main 函数* * * * * * * * * * * * * * * * * * * * * * * * * * */
void main(void)
{
    volatile unsigned int i;
    TCPLocalPort = 2025;
    WDTCTL = WDTPW + WDTHOLD;
    Init_IO();
    Init_430_Reg();
    initUART0_9600();
    TCPLowLevelInit();
    P1OUT &= ~(LED1+LED2);
    delay_ms(15);
    P1OUT |= (LED1+LED2);
    _EINT();
    while (1)
    {
        if (! (SocketStatus & SOCK_ACTIVE)) TCPPassiveOpen();
        DoNetworkStuff();
        if(SocketStatus & SOCK_DATA_AVAILABLE)
        {
            for(unsigned int i=0;i<5;i++)
            {
                RX_DATA[(2 * i)]=RxTCPBufferMem[i];
                RX_DATA[(2 * i)+1]=RxTCPBufferMem[i]>> 8;
            }
            if((RX_DATA[0]==0x35)&&(RX_DATA[1]==0x35))
            {
                if (SocketStatus & SOCK_TX_BUF_RELEASED)
                {
                    TCPTxDataCount = 7;
                    memcpy(TCP_TX_BUF, temper, 7);
```

```
            TCPTransmitTxBuffer();
        }
    }
    SocketStatus &= ~SOCK_DATA_AVAILABLE;
    }
  }
}
```

* * * * * * * *副控制器串口 0 接收中断函数* * * * * * * * * * * * * *

```
#pragma vector=UART0RX_VECTOR
_interrupt void usart0_rx ()
{

    while ((IFG1 & UTXIFG0) == 0);

    a[j++]= RXBUF0;
        if(j==7)
        {
        temper[0]=a[0];
        temper[1]=a[1];
        temper[2]=a[2];
        temper[3]=a[3];
        temper[4]=a[4];
        temper[5]=a[5];
        temper[6]=a[6];
        j = 0;
        }
}
```

* * * * * * * * * * *部分上位机源程序* * * * * * * * * * * * * * *
* * * * * * * * * * *串口初始化* * * * * * * * * * * * * * * * * *

```
Private Sub initial_com(com_num As Integer)
  MSComm1. CommPort = com_num
  MSComm1. OutBufferSize = 1024
  MSComm1. InBufferSize = 1024
  MSComm1. InputMode = 1
  MSComm1. InputLen = 0
  MSComm1. InBufferCount = 0
  MSComm1. OutBufferCount = 0
  MSComm1. RThreshold = 7
  MSComm1. Settings = "9600,n,8,1"
  MSComm1. PortOpen = True
  Command1. Caption = "关闭端口"
  Shape1. FillColor = RGB(0, 255, 0)
  Shape2. FillColor = RGB(0, 255, 0)
```

```
        Shape4. FillColor = RGB(0，255，0)

        Me. Show
        Command1. SetFocus
        Text3. Text = "70"
        Text4. Text = "17"
        A = Text3. Text
        B = Text4. Text
        shidu() = Text3. Text
        wendu() = Text4. Text
End Sub
＊＊＊＊＊＊＊＊＊串口上位机显示和存储＊＊＊＊＊＊＊＊＊＊＊＊＊＊＊＊＊＊＊＊
Private Sub MSComm1_OnComm()
    Dim bytInput() As Byte
    Dim intInputLen As Integer
    Dim n As Integer
    Dim teststring As String
    Select Case MSComm1. CommEvent
        Case comEvReceive
            intInputLen = MSComm1. InBufferCount
            Text4. Text = intInputLen
            bytInput = MSComm1. Input
                If bytInput(6) = 255 Then
                        If bytInput(0) > shidu(0) Or (bytInput(0) = shidu(0) And bytInput(1)
                                    >= shidu(2)) Then
                                Text1. ForeColor = &HFF&
                                Shape2. FillColor = &HFF&
                                Beep
                        Else
                                Text1. ForeColor = &H0&
                                Shape2. FillColor = &HFF00&
                        End If
                        If bytInput(3) > wendu(0) Or (bytInput(3) = wendu(0) And bytInput(4)
                                    >= wendu(2)) Then
                                Text2. ForeColor = &HFF&
                                Shape4. FillColor = &HFF&
                                Beep
                        Else
                                Text2. ForeColor = &H0&
                                Shape4. FillColor = &HFF00&
                        End If
                    Text1. Text = Chr(bytInput(0)) & Chr(bytInput(1)) & ". " & Chr(bytInput(2)) & " %
                        RH"
```

```
            Text2. Text = Chr(bytInput(3)) & Chr(bytInput(4)) & "." & Chr(bytInput(5)) &
                " ℃"
        Dim savefileid As Integer
        Dim filedcount As Integer
        Dim strfilename As String
        savefileid = FreeFile()
        strfilename = App. Path + "" + "DATA. txt"
        Open strfilename For Append Shared As # savefileid
        Print # savefileid, "时间:" + Label6. Caption
        Print # savefileid, "湿度: " + Text1. Text
        Print # savefileid, "温度: " + Text2. Text
        Close # savefileid
      End If
    End Select
End Sub


* * * * * * * * * * * * * * * *以太网上位机初始化* * * * * * * * * * * * * *
Private Sub Form_Load()
    Text1. Text = 4000
    remote. Text = 2025
    reip. Text = "192. 168. 1. 190"
    Shape1. FillColor = RGB(0, 0, 0)
      Shape2. FillColor = RGB(0, 0, 0)
      Shape3. FillColor = RGB(0, 0, 0)
  shidu() = Text4. Text
  wendu() = Text5. Text
With Winsock1
  . RemoteHost = reip. Text
  . RemotePort = remote. Text
  . LocalPort = Text1. Text
  . Close
End With
constate = 0
bautosend = 0
Command1. Enabled = False
Winsock1. Protocol = sckTCPProtocol
End Sub
* * * * * * * * * * * * * * * *以太网上位机显示和存储* * * * * * * * * * * *
Private Sub Winsock1_DataArrival(ByVal bytesTotal As Long)
    Dim i As Integer
    Dim strData As String
    Dim DATA(7) As Integer
    Dim str As String
```

```
        If constate = 0 Then
            Winsock1. GetData strData, vbString
            Exit Sub
        End If
            Winsock1. GetData strData, vbString
            'txtoutput. Text = strData
            For i = 1 To Len(strData)
            str = Mid(strData, i, 1)
            If IsNumeric(str) = True Then
                DATA(i) = str
        End If
            Next
        Text2. Text = DATA(1) & DATA(2) & ". " & DATA(3) & " %RH"
        Text3. Text = DATA(4) & DATA(5) & ". " & DATA(6) & " ℃"
    If DATA(1) > Chr(shidu(0)) Or (DATA(1) = Chr(shidu(0)) And DATA(2)
                                    >= Chr(shidu(1))) Then
                    Text2. ForeColor = &HFF&
                    Shape1. FillColor = &HFF&
                    'Beep
            Else
                    Text2. ForeColor = &H0&
                    Shape1. FillColor = &HFF00&
                End If
    If DATA(4) > Chr(wendu(0)) Or (DATA(4) = Chr(wendu(0)) And DATA(5) >=
    Chr(wendu(2))) Then
                    Text3. ForeColor = &HFF&
                    Shape2. FillColor = &HFF&
                    'Beep
            Else
                    Text3. ForeColor = &H0&
                    Shape2. FillColor = &HFF00&
                End If
            Dim savefileid As Integer
            Dim filedcount As Integer
            Dim strfilename As String
            savefileid = FreeFile()
            strfilename = App. Path + "" + "DATA. txt"
            Open strfilename For Append Shared As # savefileid
            Print # savefileid, "时间:" + Label13. Caption
            Print # savefileid, "湿度: " + Text2. Text
            Print # savefileid, "温度: " + Text3. Text
            Close # savefileid
    End Sub
```

6.2.12 小结

本设计主要完成远程温湿度监控，可提供多种显示、监控以及报警方式。完成本设计除了按照文中给出的设计流程和参考程序外，还需要读者查阅相关的文献资料和使用辅助软件和小工具。这部分的内容请参考本书电子资源，本设计有许多可以改进和扩展的地方，比如增加温湿度传感器数量，设计成多路温湿度监控，也可以添加温湿度自动调节模块，如增加风机和加热模块使监控场所的温湿度保持在设定范围内等，从而使本设计更有实际意义。

6.3 基于 MSP430F169 的 GPS 定位器的设计

GPS 全球定位系统，具有性能好、精度高、应用广的特点，是迄今最好的导航定位系统。本设计以 SiRF-DP310 GPS 接收模块为例，讨论基于 MSP430F169 的 GPS 接收系统设计，给出对 GPS 全球定位系统定位信息的接收以及对各定位参数数据的提取方法，通过本设计方法，系统由单片机控制 GPS 模块能较为精确地计算和显示日期、时间、经度、纬度等卫星信息，通过 SYN12864K-ZK 液晶显示屏显示出来。

系统整体结构设计如图 6-34 所示。其主要是单片机对卫星信号信息数据的提取，并进行相应的处理，并在液晶显示模块上正确的显示相关信息。系统中信号接收处理模块，由 DP310 GPS 模块完成；数据提取和处理模块，由 MSP430F169 单片机完成；数据显示模块，由 SYN12864K-ZK 点阵式图形液晶显示模块完成。

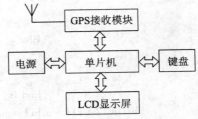

图 6-34 系统整体结构设计图

6.3.1 GPS 定位原理

GPS 由空间部分、地面控制部分和用户接收机部分组成。其空间部分包含分布在 6 个轨道上的 24 颗卫星，轨道的夹角为 60 度，距地平均高度为 20 200 公里，每 12 小时绕地球一周，使得在任意时刻，在地面上的任意一点都可以同时观测到 4 颗以上的卫星。每颗卫星向地面发射经调制的伪随机码测距信号及卫星位置信号，通过接收机对这些信号的接收和解调，可以计算出与卫星间的距离。在 GPS 观测中，我们可得到卫星到接收机的距离，利用三维坐标中的距离公式，利用 3 颗卫星，就可以组成 3 个方程式，解出观测点的位置 (X, Y, Z)。考虑到卫星的时钟与接收机时钟之间的误差，实际上有 4 个未知数，X、Y、Z 和时钟差，因而需要引入第 4 颗卫星，形成 4 个方程式来进行求解，从而得到观测点的经纬度和高程。所以 3 颗有效卫星可以 2D 定位，4 颗有效卫星才能 3D 定位，测出高程。根据空间距离交会法，测定出至少与 4 颗卫星的距离，即可确定出用户的地理位置坐标。

GPS-OEM 板是接收机的核心模块，它接收天线获取的卫星信号，经过变频、放大、滤波、相关、混频等一系列处理，可以实现对天线视界内卫星的跟踪、锁定和测量。在获取了卫星的位置信息和测算出卫星信号传播时间之后，即可计算出天线位置。以 SiRF-DP310 GPS 为例，用户通过输入输出接口，采用异步串行通信方式与 GPS-OEM 板进行信息交换。OEM 板输出语句向用户设备提供定位信息，包括纬度、经度、速度、时间等。

6.3.2　GPS 接收模块主要性能指标

（1）尺寸：DP310：25.4 mm×25.4 mm×3 mm（L×B×H）；

（2）外盒：全屏蔽；

（3）闪存：片上 4 Mbit FLASH 和 1 Mbit SRAM；

（4）工作电压：3.3 V DC±5%；

（5）功耗：105 mV（连续模式）；

（6）电源管理：自适应 TricklePower

　　　　　　　Push-to-Fix（PTF）

　　　　　　　高级电源管理（APM）；

（7）环境工作温度：−40～＋85 ℃；

（8）频率：L1，1575.42 MHz；

（9）C/A 码：1.023 MHz 芯片速率；

（10）并行 20 通道；

（11）最大更新频率：1 Hz；

（12）处理器速率：6 MHz，12.5 MHz，25 MHz 和 49 MHz；

（13）数据总线：16 bit；

（14）定位：10 米 CEP 无 SA

　　　　　　SBAS：小于 5 米时，速度为 0.1 米/秒，无 SA；

（15）1 微秒的 GPS 同步时间；

（16）差分定位：1 到 5 米；

（17）差分定位速度：0.05 米/秒；

（18）定位时间：热启动为 15 秒；

　　　　　　　冷启动为 45 秒；

（19）灵敏度：跟踪　　　13 dBHz；

　　　　　　热启动　　　15 dBHz；

　　　　　　冷启动　　　30 dBHz；

（20）直流电源：主电源　　　　　＋3.3 V DC ±5%；

　　　　　　　核心电源　　　　　＋1.5 V DC；

　　　　　　　连续模式　　　　　在 3.3 V DC 时 55 mA；

　　　　　　　备份电池功率　　　＋3 V DC±5%；

（21）两个全双工串口通行，波特率可由软件设置；

（22）1 pps 秒脉冲信号输出，精度指标高达 10^{-6} s。

6.3.3　DP310 接口说明

表 6−3　DP310 的接口引脚说明

引脚	名　称	I/O	描　　述	电　平
1	V_{cc}	I	电源电压	3.3 V DC±5%
2	GND		数字地	

引脚	名称	I/O	描 述	电平
3	BOOT-SELECT	I	如果高电平，引导更新模式	CMOS
4	RXD1	I	串行数据输入 1	CMOS
5	TXD1	O	串行数据输出 1	CMOS
6	TXD2	O	串行数据输出 2	CMOS
7	RXD2	I	串行数据输入 2	CMOS
8	SPI_EN	I	产生控制线测试，如果不用请将它打开	
9	VCCGSP3	O	控制输出给基带处理器，如果不用请将它打开	CMOS
10	GND		数字地	
11	RF_GND			
12	RF_GND			
13	RF_GND		模拟地	
14	RF_GND			
15	RF_GND			
16	RF_GND			
17	RF_IN	I	GPS 信号连接天线	50 ohms @ 1.575 GHz
18	RF_GNG		模拟地	
19	V_ANT	I	电源的有源天线	+12 V DC
20	VCCRF	O	供应射频电压	+2.85 V DC/ max. 25 mA
21	V_BAT	I	给 RTC 和 SRAM 供电	3.3 V DC ±5%
22	RESET_N	I	如果低电平则复位	CMOS
23	V_{cc}	I	电源电压	3.3 V DC ±5%
24	SPI_DATA	O		
25	NADC_D	I	产生控制线测试，如果不用请将它打开	CMOS
26	SPI_CLK	I		
27	GP100	I/O	共用输入/输出	CMOS
28	Odometer	I/O	备用功能 Odometer 接口 SiRFDRive(GSW3-version)。内部下拉电阻。复位时默认为输入。如果不用请将它打开	CMOS
29	T-MARK	O	每秒一个脉冲	CMOS
30	GND		数字地	

6.3.4 输出数据格式

DP310 的通信波特率默认值为 9600 bps，1 个起始位，1 个停止位，无奇偶校验位。通常使用 NMEA-0183 格式输出，数据代码为 ASCII 码字符，是美国国家海洋电子协会制定的一套通信协议。数据终端设备需要实时从 GPS 输出的 NMEA-0183 数据流中得到位置信息、时间信息等。GPS 接收机提供了多种语句格式，有 GPGGA、GPGSA、GPGSV、GPRMC、GPZDA 和 GPVTG 等。用户可以根据需要选择一种或多种语句输出。本系统选择接收并解析 GPGGA 和 GPRMC，分别获取地理位置信息和 UTC 时间信息（含日期），UTC 时间通过时差修正，得到本地时间信息。如 GPGGA 语句中传送的格式为

举例：

$GPGGA，061026，3732.4149，N，11643.5123，E，1，07，1.4，76.2，M，−7.0，M，*65

其标准格式为

$GPGGA，(1)，(2)，(3)，(4)，(5)，(6)，(7)，(8)，(9)，M，(10)，M，(11)，(12)*hh(CR)(LF)

各部分所对应的含义为

(1) 定位 UTC 时间：06 时 10 分 26 秒；

(2) 纬度（格式 ddmm.mmmm：即 dd 度，mm.mmmm 分）；

(3) N/S（北纬或南纬）：北纬 37 度 32.4149 分；

(4) 经度（格式 dddmm.mmmm：即 ddd 度，mm.mmmm 分）；

(5) E/W（东经或西经）：东经 116 度 43.5123 分；

(6) 质量因子（0＝没有定位，1＝实时 GPS，2＝差分 GPS）：1＝实时 GPS；

(7) 可使用的卫星数（0～8）：可使用的卫星数＝07；

(8) 水平精度因子（1.0～99.9）：水平精度因子＝1.4；

(9) 天线高程（海平面，−9999.9～99 999.9，单位：m）：天线高程＝76.2 m）；

(10) 大地椭球面相对海平面的高度（−999.9～9999.9，单位：m；高度＝−7.0 m）；

(11) 差分 GPS 数据年龄，实时 GPS 时无：无；

(12) 差分基准站号（0000～1023），实时 GPS 时无：无；

*总和校验域：hh　　总和校验数：65

(CR)(LF)：回车，换行。

6.3.5　控制器的选择

一般 GPS 导航器都是 GPS 配合矢量电子地图进行导航和航线记录。这些设备 CPU 的运算量和需要存储的数据量都很大，一般使用 X86、ARM 等 32 位 CPU。考虑本设计只需要显示经纬度和时间等简单的信息以及低功耗，选择 TI 公司的 MSP430F169。

6.3.6　硬件电路的设计

本设计控制器选择 TI 公司的 MSP430F169 单片机，GPS 模块 DP310，显示部分选用 LCD12864。由于 MSP430F169 单片机最小系统、LCD12864 显示部分、电源以及键盘电路在第四章已经详细讲述，所以本节只介绍 MSP430F169 单片机与 GPS 模块的接口电路。

本系统将 GPS-OEM DP310 的串行口 1 用作输出信息。由于 GPS-OEM 板送出的是 RS-232 电平，单片机使用的是 COMS/TTL 电平，因此与单片机接口必须进行 RS-232 电

平和 COMS/TTL 电平的转换。RS-232 是异步串行通信中应用最早的，也是最广泛的标准串口总线之一。其逻辑"0"电平规定在＋3～＋25 V 之间，逻辑"1"电平则在－3～－25 V之间，因而需要使用正负极性的双电源。在这里选用 MAX3232，能在 3.3 V 的 COMS/TTL 电平与 RS-232 电平之间转换。

GPS-OEM 模块通过天线将信息接收下来，然后传送给 DP310 进行处理，处理完之后通过串口 1 输出。MSP430F169 单片机通过串口 1 接收来自 GPS 模块的信息，处理后将其输出到 LCD12864 上显示。单片机与 GPS 模块接口电路如图 6-35 所示。

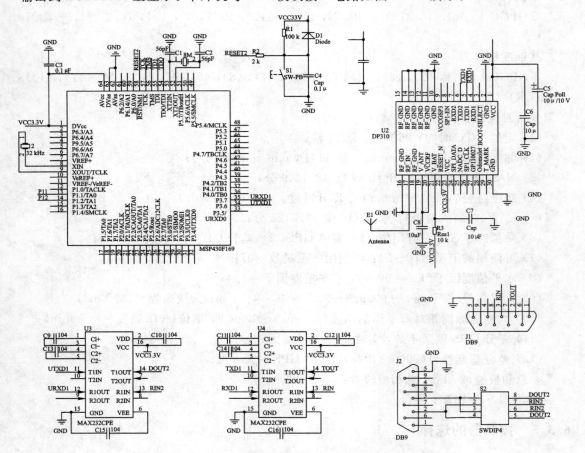

图 6-35　单片机与 GPS 模块接口电路图

6.3.7　GPS 定位器软件设计

1. 系统程序流程

系统软件总体设计流程如下：上电后系统初始化，显示开机画面，串行中断接收 GPS模块的输出信息，确定是否跟踪，如果跟踪，每当正确接收到"SGPGGA"或"SGPrmc"语句一次，就更新一次显示，键盘可以选择显示的 GPS 信息。

主程序流程图如图 6-36 所示。

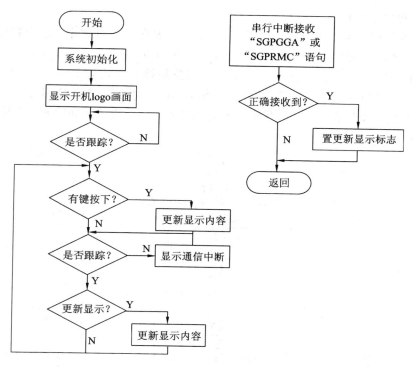

图 6 - 36　系统主程序设计流程图

2. LCD 液晶显示器程序

（1）LCD 液晶显示器程序原型：

调用方式：void send_cmd(char cmd)；

函数说明：发送指令 cmd 到 LCD。

调用方式：void send_data(char dat)；

函数说明：发送指令 data 到 LCD。

先判断芯片是否忙，忙则等待，不忙则可以发数据或指令。流程图同 6.3 节 LCD12864 显示部分，如图 6 - 15 所示。

（2）芯片判忙子程序原型：

调用方式：void chek_busy(void)；

（3）LCD 液晶屏初始化子程序原型：

调用方式：void lcd_init(void)；

函数说明：LCD 液晶屏初始化，开机后仅调用一次。LCD 初始化完成后就可以显示各种图形和字符了，即进入正常的工作状态。

（4）清屏子程序原型：

调用方式：void LcmClearBMP(void)；

函数说明：清屏。起始清屏子程序是在整个画面上画一个空白的图片。

（5）画图子程序原型如下：

调用方式：void img_disp(int tab, int a1)；

函数说明：画一个图形在液晶屏上。

3. GPS 接收子程序

GPS 接收子程序主要用于接收 GPS-DP310 模块发送的串行数据。这个程序在串行中断里面完成。通信的波特率默认为 9600 b/s，1 个起始位，1 个停止位，无奇偶校验位。

由于 GPS 模块发送的不止一条语句，且要完整地接收到这条 $GPGGA 和 $GPRMC 语句，这就必须判断这条语句的头，也就是"$GPGGA"或者"$GPRMC"这 7 个字符。当完整地接收到这 7 个字符后，才能保证是所需的数据，具体流程图如图 6 - 37 所示。

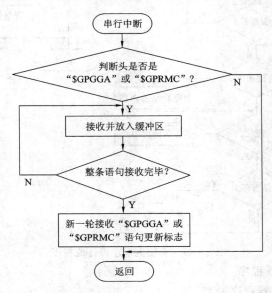

图 6 - 37　单片机串行中断接收子程序流程图

4. 键盘子程序

键盘子程序的用途是根据键盘输入更新显示的定位信息，可以选择显示的信息包括经纬度、北京时间、大地水准面高度等信息。使用两个按键：up 和 down 键，具体流程如图 6 - 38 所示。

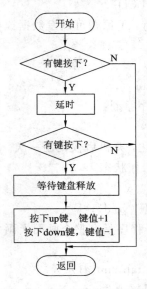

图 6 - 38　键盘子程序流程图

5. 初始化子程序

系统初始化包括系统时钟的初始化、端口的初始化、串口中断初始化、LCD 的初始化。在 main()主函数开始处就开始初始化。

(1) 端口初始化子程序原型：

调用方式：void port_init(void);

函数说明：将 P4、P5 设置为输出，P11、P12 设置为中断输入。

(2) 系统时钟初始化子程序原型：

调用方式：void clk_init(void);

函数说明：将 MCLK 选择 XT2CLK 1 分频，设置为 8 MHz，SMCLK 选择 XT2CLK 8 分频，设置为 1 MHz。

(3) 串口中断初始化子程序原型：

调用方式：void uart0_init(void);

函数说明：将 P36、P37 设置为串口中断 1，并设置波特率为 9600。

(4) LCD 初始化子程序原型：

调用方式：void lcd_init(void);

函数说明：LCD 液晶屏初始化，主要负责设置 LCD 屏的一些状态，包括芯片复位，选择通信方式为并口，关芯片显示，设置 8 位数据且为基本指令集，设置芯片显示关，清除显示，指定在数据的读取与写入时，设定游标的移动方向及指定显示的移位。

6. 主程序

主程序是一个无限循环体，判断是否有中断产生。如果有串口中断产生或有键盘中断产生，将更新显示信息，流程图如图 6-39 所示。

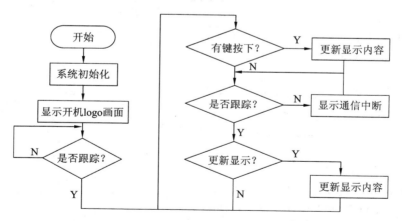

图 6-39　主程序流程图

6.3.8　GPS 定位器软硬系统调试步骤

(1) 先将元器件准备好，然后按设计的原理图搭建硬件电路。

(2) 做完硬件之后，先检查电源是否能正常工作，输出的电压是否正常。如果正常，则检查单片机、LCD、GPS 的布线是否正确，是否虚焊。如果不正常，则查找可能出现故障的原因，并修改直到硬件电路能正常工作。

（3）根据设计好的流程图编写软件，编写完成后就进行软件编译，如果不正确则需修改程序直到编译通过，最后进行软件的调试。如果不正确则修改程序，直到逻辑都正确，能按预定的设计正确地显示。

测试结果：可以看到开机的画面、设计者、课题、信号的连接、经纬度的显示、时间日期的显示、海拔高度的显示、大地水准面的显示等，如图 6 - 40 所示。

图 6 - 40　GPS 定位器测试结果截图

程序代码如下：

```
#include<msp430x16x.h>

#define  Uchar    unsigned char
#define  Uint     unsigned int
#define  Ulong    unsigned long

#define LCD_CTL_DIR        P5DIR
#define LCD_CTL_OUT        P5OUT
#define LCD_DATA_DIR       P4DIR
#define LCD_DATA_OUT       P4OUT
#define LCD_DATA_IN        P4IN
#define RS        4
#define RW        3
#define E         2
#define PSB       1
#define RST       0
#define SETB(x, y) (x|=(1<<y))
```

```
#define CLRB(x, y) (x&=(~(1<<y)))

void    port_init(void);
void    clk_init(void);
void    uart0_init(void);
void    delay(Ulong i);
void    read(void);
void    lcd_init(void);
void    clr_lcd(void);
void    send_cmd(char cmd);
void    send_data(char dat);
void    chek_busy(void);
void    set_xy(Uint xpos, Uint ypos);
void    print(Uint x, Uint y, char * str);
void    clear(void);
void    logo(void);
void    img_disp(int tab, int a1);
void    LcmClearBMP(void);
void    title1_disp(void);
void    title2_disp(void);
void    wait_disp(void);
void    GPS_disp(void);
void    shijian_disp(void);
void    hw_disp(void);
void    lianjie_disp(void);
void    lianjie_disp(void);
void    pdcuxs(void);
void    haiba_disp(void);


char    UART0_RX_BUF[80]={'0'}, UART0_RX_BUF1[80]={'0'};
char    weidu[10], jingdu[10], NS, EW;
char    shijian[10], haiba[10], wxshu[2], dingwei, renqi[10], shuizm[10];
int     n=0, n1=0, n2=0, nn=0, nn1=0, aa=63;
int     k1=0, k2=0, k3=0, k4=0, k5=0, k6=0, kk1=0;
int     flag=0, i=0, jianzhi=0, jianzhiflag=0;
Uint    xpos=0, ypos=0;


/* * * * * * * * * * * * * * * * * * * * * * * * * * * * * * * * * * * * * * */
//          全球定位系统 GPS 图数据
/* * * * * * * * * * * * * * * * * * * * * * * * * * * * * * * * * * * * * * */
const char img1[]={
0x00, 0x00,0x00, 0x00, 0x00, 0x00, 0x00, 0x00, 0x00, 0x00, 0x00, 0x00, 0x00, 0x00, 0x00, 0x00,
0x00, 0x00,0x00, 0x00, 0x00, 0x00, 0x04, 0x00, 0x00, 0x00, 0x00, 0x00, 0x00, 0x00, 0x00, 0x00,
```

0x00, 0x00,0x00, 0x00, 0x00, 0x00, 0x07, 0x80, 0x03, 0x00, 0x00, 0x00, 0x00, 0x00, 0x00, 0x00,
0x00, 0x00,0x00, 0x00, 0x00, 0x00, 0xFF, 0x9F, 0xFC, 0x07, 0xC0, 0x00, 0x00, 0x00, 0x00, 0x00,
0x00, 0x00,0x00, 0x00, 0x00, 0x0C, 0x1F, 0xE0, 0x03, 0x80, 0x3C, 0x00, 0x00, 0x00, 0x00, 0x00,
0x00, 0x00,0x00, 0x00, 0x00, 0xF8, 0x0E, 0x00, 0x00, 0x30, 0x33, 0x80, 0x00, 0x00, 0x00, 0x00,
0x00, 0x00,0x00, 0x00, 0x03, 0x86, 0x20, 0x00, 0x00, 0x06, 0x7E, 0x60, 0x00, 0x00, 0x00, 0x00,
0x00, 0x00,0x00, 0x00, 0x0C, 0x83, 0x80, 0x00, 0x00, 0x00, 0xFC, 0x48, 0x00, 0x00, 0x00, 0x00,
0x00, 0x00,0x00, 0x00, 0x30, 0x86, 0xC0, 0x00, 0x00, 0x00, 0xF8, 0x42, 0x00, 0x00, 0x00, 0x00,
0x00, 0x00,0x00, 0x00, 0x40, 0x90, 0x20, 0x00, 0x00, 0x01, 0x0C, 0x41, 0x80, 0x00, 0x00, 0x00,
0x00, 0x00,0x00, 0x01, 0x80, 0xE0, 0x00, 0x00, 0x00, 0x06, 0x01, 0x80, 0x40, 0x00, 0x00, 0x00,
0x00, 0x00,0x00, 0x02, 0x01, 0xEF, 0x8C, 0x00, 0x03, 0x08, 0x01, 0xC0, 0x20, 0x00, 0x00, 0x00,
0x00, 0x00,0x00, 0x06, 0xE6, 0x60, 0x0F, 0x80, 0x0F, 0x1F, 0x51, 0xBB, 0xD0, 0x00, 0x00, 0x00,
0x00, 0x00,0x00, 0x0C, 0x0C, 0x08, 0x01, 0xFC, 0x07, 0xE0, 0x01, 0x08, 0x18, 0x00, 0x00, 0x00,
0x00, 0x00,0x00, 0x30, 0x10, 0xFC, 0x00, 0x83, 0xF7, 0xC0, 0x03, 0x00, 0x06, 0x00, 0x00, 0x00,
0x00, 0x00,0x01, 0xB0, 0xC0, 0x7C, 0x00, 0x27, 0x9F, 0x80, 0x02, 0x01, 0x03, 0x00, 0x00, 0x00,
0x00, 0x00,0x03, 0xF3, 0xE0, 0x68, 0x00, 0x38, 0x03, 0x80, 0x04, 0x00, 0x83, 0x40, 0x00, 0x00,
0x00, 0x00,0x03, 0xF0, 0xF0, 0x0C, 0x03, 0xC3, 0x04, 0x30, 0x04, 0x00, 0x40, 0x48, 0x00, 0x00,
0x00, 0x00,0x02, 0x61, 0xE0, 0x04, 0x0E, 0x1F, 0x88, 0x06, 0x08, 0x00, 0x20, 0xFC, 0x00, 0x00,
0x00, 0x00,0x02, 0x82, 0x00, 0x02, 0x60, 0x1F, 0x90, 0x00, 0xD8, 0x00, 0x10, 0xFC, 0x00, 0x00,
0x00, 0x00,0x02, 0x84, 0x00, 0x03, 0x80, 0x0D, 0xA0, 0x00, 0x30, 0x00, 0x08, 0x50, 0x00, 0x00,
0x00, 0x00,0x03, 0x8C, 0x00, 0x07, 0x80, 0x00, 0xC0, 0x01, 0x8C, 0x00, 0x04, 0x50, 0x00, 0x00,
0x00, 0x00,0x03, 0x08, 0x00, 0x10, 0x80, 0x00, 0xE0, 0x03, 0xF1, 0x80, 0x06, 0x50, 0x00, 0x00,
0x00, 0x00,0x03, 0x10, 0x00, 0xC0, 0x40, 0x01, 0xF0, 0x01, 0xF0, 0x60, 0x02, 0x70, 0x00, 0x00,
0x00, 0x00,0x03, 0x20, 0x19, 0x00, 0x60, 0x27, 0xB8, 0x01, 0xA0, 0x18, 0x01, 0x30, 0x00, 0x00,
0x00, 0x00,0x01, 0x20, 0x3E, 0x00, 0x30, 0xCE, 0x7F, 0x01, 0x00, 0x04, 0x01, 0xA0, 0x00, 0x00,
0x00, 0x00,0x01, 0x40, 0x3F, 0x00, 0x13, 0xFF, 0x7E, 0xC2, 0x00, 0x06, 0xE0, 0xE0, 0x00, 0x00,
0x00, 0x00,0x01, 0xC0, 0x2E, 0x00, 0x0F, 0xFF, 0xFF, 0xE6, 0x00, 0x07, 0xE0, 0xE0, 0x00, 0x00,
0x00, 0x00,0x01, 0xC0, 0x40, 0x00, 0x0F, 0xFF, 0xFF, 0xFC, 0x00, 0x03, 0xF0, 0xE0, 0x00, 0x00,
0x00, 0x00,0x01, 0xA1, 0x80, 0x00, 0x1F, 0xFF, 0xFF, 0xF8, 0x00, 0x00, 0x19, 0xE0, 0x00, 0x00,
0x00, 0x00,0x01, 0xB3, 0x00, 0x00, 0x1B, 0xFF, 0xEF, 0xF8, 0x00, 0x00, 0x06, 0x20, 0x00, 0x00,
0x00, 0x00,0x01, 0x8C, 0x00, 0x00, 0x03, 0xFF, 0xE3, 0xF8, 0x00, 0x00, 0x06, 0x60, 0x00, 0x00,
0x00, 0x00,0x01, 0x8C, 0x00, 0x00, 0x1B, 0xFF, 0xFF, 0xF8, 0x00, 0x00, 0x77, 0x60, 0x00, 0x00,
0x00, 0x00,0x01, 0x92, 0x00, 0x00, 0x1F, 0xFF, 0xFF, 0xF8, 0x00, 0x00, 0xF0, 0xF0, 0x00, 0x00,
0x00, 0x00,0x01, 0xA1, 0x80, 0x00, 0x0F, 0xFF, 0xEF, 0xFC, 0x00, 0x00, 0x7C, 0xD0, 0x00, 0x00,
0x00, 0x00,0x01, 0x60, 0x58, 0x00, 0x0F, 0xFF, 0xFF, 0xE4, 0x00, 0x00, 0xB8, 0xF0, 0x00, 0x00,
0x00, 0x00,0x01, 0x40, 0xFC, 0x00, 0x1B, 0xFF, 0xFF, 0xC2, 0x00, 0x01, 0x80, 0xB0, 0x00, 0x00,
0x00, 0x00,0x01, 0xA0, 0xFC, 0x00, 0x10, 0xF7, 0x3F, 0x81, 0x00, 0x06, 0x01, 0xB0, 0x00, 0x00,
0x00, 0x00,0x01, 0xA0, 0x76, 0x00, 0x20, 0x7F, 0xF8, 0x00, 0x80, 0x0C, 0x01, 0x10, 0x00, 0x00,
0x00, 0x00,0x01, 0x10, 0x01, 0x80, 0x40, 0x00, 0xF0, 0x01, 0xB0, 0x30, 0x02, 0x10, 0x00, 0x00,
0x00, 0x00,0x01, 0x88, 0x00, 0x60, 0x80, 0x00, 0xE0, 0x01, 0xF8, 0xC0, 0x02, 0x38, 0x00, 0x00,
0x00, 0x00,0x01, 0x8C, 0x00, 0x19, 0x80, 0x00, 0xE0, 0x01, 0xF1, 0x00, 0x04, 0x28, 0x00, 0x00,
0x00, 0x00,0x00, 0x85, 0xC0, 0x03, 0x00, 0x00, 0xE0, 0x00, 0x9E, 0x00, 0x08, 0x28, 0x00, 0x00,
0x00, 0x00,0x0F, 0xC7, 0xE0, 0x03, 0xC0, 0x0D, 0x10, 0x00, 0x38, 0x00, 0x18, 0x58, 0x00, 0x00,
0x00, 0x00,0x0F, 0xC7, 0x80, 0x02, 0x30, 0x1F, 0x88, 0x00, 0xC8, 0x00, 0x30, 0x50, 0x00, 0x00,

```
0x00, 0x00,0x04, 0xC3, 0x80, 0x04, 0x07, 0x1F, 0x84, 0x06, 0x04, 0x00, 0x60, 0x90, 0x00, 0x00,
0x00, 0x00,0x00, 0xA0, 0x60, 0x74, 0x00, 0xF3, 0x02, 0x30, 0x06, 0x00, 0xC3, 0xA0, 0x00, 0x00,
0x00, 0x00,0x00, 0x50, 0x20, 0x7E, 0x00, 0x3C, 0x03, 0xC0, 0x02, 0x01, 0x87, 0xE0, 0x00, 0x00,
0x00, 0x00,0x00, 0x38, 0x18, 0x7C, 0x00, 0x61, 0xDF, 0xC0, 0x01, 0x03, 0x00, 0xE0, 0x00, 0x00,
0x00, 0x00,0x00, 0x1C, 0x04, 0x18, 0x00, 0x81, 0xFF, 0x60, 0x01, 0x06, 0x06, 0x00, 0x00, 0x00,
0x00, 0x00,0x00, 0x07, 0x03, 0x20, 0x01, 0x9C, 0x1F, 0xBA, 0x00, 0x98, 0x6C, 0x00, 0x00, 0x00,
0x00, 0x00,0x00, 0x03, 0xF9, 0xE0, 0x07, 0xC0, 0x1E, 0x0D, 0xFF, 0xFE, 0x08, 0x00, 0x00, 0x00,
0x00, 0x00,0x00, 0x01, 0x83, 0xFF, 0xDC, 0x00, 0x04, 0x06, 0x00, 0xC0, 0x30, 0x00, 0x00, 0x00,
0x00, 0x00,0x00, 0x00, 0x40, 0x58, 0x10, 0x00, 0x00, 0x03, 0x01, 0x40, 0x40, 0x00, 0x00, 0x00,
0x00, 0x00,0x00, 0x00, 0x30, 0xC6, 0x60, 0x00, 0x00, 0x00, 0xCE, 0x61, 0x80, 0x00, 0x00, 0x00,
0x00, 0x00,0x00, 0x00, 0x08, 0x81, 0xC0, 0x00, 0x00, 0x00, 0x7E, 0x27, 0x00, 0x00, 0x00, 0x00,
0x00, 0x00,0x00, 0x00, 0x03, 0xC3, 0x30, 0x00, 0x00, 0x01, 0xFF, 0x78, 0x00, 0x00, 0x00, 0x00,
0x00, 0x00,0x00, 0x00, 0x00, 0xFC, 0x0E, 0x00, 0x00, 0x0E, 0x3F, 0xE0, 0x00, 0x00, 0x00, 0x00,
0x00, 0x00,0x00, 0x00, 0x00, 0x3C, 0x00, 0xE0, 0x00, 0x70, 0x1F, 0x00, 0x00, 0x00, 0x00, 0x00,
0x00, 0x00,0x00, 0x00, 0x00, 0x03, 0xC0, 0x0D, 0xCF, 0x80, 0x70, 0x00, 0x00, 0x00, 0x00, 0x00,
0x00, 0x00,0x00, 0x00, 0x00, 0x00, 0x3F, 0xFD, 0xFF, 0xFC, 0x00, 0x00, 0x00, 0x00, 0x00, 0x00,
0x00, 0x00,0x00, 0x00, 0x00, 0x00, 0x00, 0x07, 0xC0, 0x00, 0x00, 0x00, 0x00, 0x00, 0x00, 0x00,
0x00, 0x00,0x00, 0x00, 0x00, 0x00, 0x00, 0x03, 0xC0, 0x00, 0x00, 0x00, 0x00, 0x00, 0x00, 0x00,
0x00, 0x00,0x00, 0x00, 0x00, 0x00, 0x00, 0x00, 0x00, 0x00, 0x00, 0x00, 0x00, 0x00, 0x00, 0x00,
};

/* * * * * * * * * * * * * * * * * * * * * * * * * * * * * * * * * * * * * * * * */
//            地球图数据
/* * * * * * * * * * * * * * * * * * * * * * * * * * * * * * * * * * * * * * * * */
const char img2[]={
0x00, 0x00, 0x00,0x00, 0x00, 0x00, 0x00, 0xFF, 0xFF, 0x00, 0x00, 0x00, 0x00, 0x00, 0x00, 0x00,
0x00, 0x00, 0x00,0x00, 0x00, 0x00, 0x0F, 0xFF, 0xFF, 0xE0, 0x00, 0x00, 0x00, 0x00, 0x00, 0x00,
0x00, 0x00, 0x00,0x00, 0x00, 0x00, 0x7F, 0x01, 0x80, 0xFE, 0x00, 0x00, 0x00, 0x00, 0x00, 0x00,
0x00, 0x00, 0x00,0x00, 0x00, 0x03, 0xEF, 0x00, 0x00, 0x0F, 0xC0, 0x00, 0x00, 0x00, 0x00, 0x00,
0x00, 0x00, 0x00,0x00, 0x00, 0x0F, 0x00, 0x00, 0xE0, 0x01, 0xF0, 0x00, 0x00, 0x00, 0x00, 0x00,
0x00, 0x00, 0x00,0x00, 0x00, 0x3C, 0x00, 0x00, 0xC1, 0x0F, 0xFC, 0x00, 0x00, 0x00, 0x00, 0x00,
0x00, 0x00, 0x00,0x00, 0x00, 0xF0, 0x30, 0x00, 0x01, 0xCF, 0xFF, 0x00, 0x00, 0x00, 0x00, 0x00,
0x00, 0x00, 0x00,0x00, 0x03, 0xC0, 0xF1, 0xFE, 0x19, 0xFF, 0xFF, 0xC0, 0x00, 0x00, 0x00, 0x00,
0x00, 0x00, 0x00,0x00, 0x07, 0x01, 0xE3, 0xFE, 0x3F, 0xFF, 0xFF, 0xE0, 0x00,0x00, 0x00, 0x00,
0x00, 0x00, 0x00,0x00, 0x0E, 0x01, 0xFF, 0xFF, 0xFF, 0xFF, 0xFF, 0xF0, 0x00, 0x00, 0x00, 0x00,
0x00, 0x00, 0x00,0x00, 0x18, 0x3F, 0xFF, 0xFF, 0xFF, 0xFF, 0xFF, 0xF8, 0x00, 0x00, 0x00, 0x00,
0x00, 0x00, 0x00,0x00, 0x70, 0x3F, 0xFF, 0xFF, 0xFF, 0xFF, 0xFC, 0xFC, 0x00, 0x00, 0x00, 0x00,
0x00, 0x00, 0x00,0x00, 0xE0, 0x7F, 0xFF, 0xFF, 0xFF, 0xFF, 0xFC, 0x76, 0x00, 0x00, 0x00, 0x00,
0x00, 0x00, 0x00,0x01, 0xC1, 0xFB, 0xFF, 0xFF, 0xFF, 0xFF, 0xFE, 0x03, 0x80, 0x00, 0x00, 0x00,
0x00, 0x00, 0x00,0x03, 0x9F, 0xFF, 0xFF, 0xFF, 0xFF, 0xFF, 0xFF, 0x01, 0x80, 0x00, 0x00, 0x00,
0x00, 0x00, 0x00,0x03, 0x3F, 0xFF, 0xFF, 0xFF, 0xFF, 0xFF, 0xFF, 0x30, 0xC0, 0x00, 0x00, 0x00,
0x00, 0x00, 0x00,0x06, 0xFF, 0xFF, 0xBF, 0xFF, 0xFF, 0xFF, 0xFE, 0x30, 0xE0, 0x00, 0x00, 0x00,
0x00, 0x00, 0x00,0x0F, 0xFF, 0xFF, 0xFF, 0xFF, 0xFF, 0xFF, 0xFE, 0xC0, 0x60, 0x00, 0x00, 0x00,
```

```
0x00, 0x00, 0x00,0x0D, 0xFF, 0xFF, 0xFF, 0xFF, 0xFF, 0xFF, 0xFE, 0xC0, 0x30, 0x00, 0x00, 0x00,
0x00, 0x00, 0x00,0x1B, 0xFF, 0xFF, 0xFF, 0xFF, 0xFF, 0xFF, 0xFC, 0xC0, 0x18, 0x00, 0x00, 0x00,
0x00, 0x00, 0x00,0x1B, 0xFF, 0xFF, 0xFF, 0xFF, 0xFF, 0xFF, 0xFD, 0xC0, 0x18, 0x00, 0x00, 0x00,
0x00, 0x00, 0x00,0x33, 0xFF, 0xFF, 0xFF, 0xFF, 0xFF, 0xFF, 0xFF, 0xC0, 0x0C, 0x00, 0x00, 0x00,
0x00, 0x00, 0x00,0x31, 0xFF, 0xFF, 0xFF, 0xFF, 0xFF, 0xFF, 0xF1, 0x00, 0x0C, 0x00, 0x00, 0x00,
0x00, 0x00, 0x00,0x61, 0xFF, 0xFF, 0xFF, 0xFF, 0xFF, 0xFF, 0xF0, 0x00, 0x0C, 0x00, 0x00, 0x00,
0x00, 0x00, 0x00,0x61, 0xFF, 0xFF, 0xFF, 0xFF, 0xFF, 0xFF, 0xF4, 0x00, 0x06, 0x00, 0x00, 0x00,
0x00, 0x00, 0x00,0x60, 0xFF, 0xFF, 0xFF, 0xFF, 0xFF, 0xFF, 0xF0, 0x00, 0x06, 0x00, 0x00, 0x00,
0x00, 0x00, 0x00,0xE0, 0x1F, 0xFF, 0xFF, 0xFC, 0xFF, 0xFF, 0xF8, 0x00, 0x06, 0x00, 0x00, 0x00,
0x00, 0x00, 0x00,0xC0, 0x03, 0xFF, 0xFF, 0xE0, 0xFF, 0xFF, 0x00, 0x00, 0x03, 0x00, 0x00, 0x00,
0x00, 0x00, 0x00,0xC0, 0x03, 0xFF, 0xFF, 0xC0, 0xFC, 0x7F, 0x18, 0x00, 0x03, 0x00, 0x00, 0x00,
0x00, 0x00, 0x00,0xC0, 0x01, 0xFF, 0xFF, 0xC0, 0x7C, 0xFE, 0x1C, 0x00, 0x03, 0x00, 0x00, 0x00,
0x00, 0x00, 0x00,0xC0, 0x01, 0xFF, 0xFF, 0x80, 0x7C, 0xBE, 0x0C, 0x00, 0x03, 0x00, 0x00, 0x00,
0x00, 0x00, 0x00,0xC0, 0x01, 0xFF, 0xFC, 0x00, 0x3C, 0xD8, 0x7C, 0x00, 0x03, 0x00, 0x00, 0x00,
0x00, 0x00, 0x00,0xC0, 0x00, 0xFF, 0xF8, 0x00, 0x18, 0x79, 0xFC, 0x00, 0x03, 0x00, 0x00, 0x00,
0x00, 0x00, 0x00,0xC0, 0x00, 0xFF, 0xF8, 0x00, 0x00, 0x33, 0xE0, 0x00, 0x03, 0x00, 0x00, 0x00,
0x00, 0x00, 0x00,0xC0, 0x01, 0xFF, 0xF8, 0x00, 0x00, 0x3F, 0xFE, 0x00, 0x03, 0x00, 0x00, 0x00,
0x00, 0x00, 0x00,0xC0, 0x01, 0xFF, 0xF7, 0x00, 0x00, 0x3F, 0x7F, 0x80, 0x03, 0x00, 0x00, 0x00,
0x00, 0x00, 0x00,0xC0, 0x00, 0xFF, 0xEF, 0x00, 0x00, 0x1F, 0x3F, 0xE0, 0x03, 0x00, 0x00, 0x00,
0x00, 0x00, 0x00,0xC0, 0x00, 0x7F, 0xEE, 0x00, 0x00, 0x01, 0xF1, 0xF8, 0xC6, 0x00, 0x00, 0x00,
0x00, 0x00, 0x00,0xE0, 0x00, 0x7F, 0xCE, 0x00, 0x00, 0x00, 0x71, 0xFF, 0x86, 0x00, 0x00, 0x00,
0x00, 0x00, 0x00,0x60, 0x00, 0x3F, 0xC4, 0x00, 0x00, 0x00, 0x06, 0xFF, 0xE6, 0x00, 0x00, 0x00,
0x00, 0x00, 0x00,0x60, 0x00, 0x3F, 0xC0, 0x00, 0x00, 0x03, 0xFF, 0x3E, 0x6E, 0x00, 0x00, 0x00,
0x00, 0x00, 0x00,0x30, 0x00, 0x1F, 0x80, 0x00, 0x00, 0x0F, 0xFF, 0xFC, 0x0C, 0x00, 0x00, 0x00,
0x00, 0x00, 0x00,0x30, 0x00, 0x0E, 0x00, 0x00, 0x00, 0x0F, 0xFF, 0xF8, 0x0C, 0x00, 0x00, 0x00,
0x00, 0x00, 0x00,0x18, 0x00, 0x00, 0x00, 0x00, 0x00, 0x0F, 0xFF, 0xF8, 0x18, 0x00, 0x00, 0x00,
0x00, 0x00, 0x00,0x18, 0x00, 0x00, 0x00, 0x00, 0x00, 0x0F, 0xFF, 0xF8, 0x18, 0x00, 0x00, 0x00,
0x00, 0x00, 0x00,0x0C, 0x00, 0x00, 0x00, 0x00, 0x00, 0x0F, 0xFF, 0xF0, 0x30, 0x00, 0x00, 0x00,
0x00, 0x00, 0x00,0x0E, 0x00, 0x00, 0x00, 0x00, 0x00, 0x0F, 0xFF, 0xF0, 0x70, 0x00, 0x00, 0x00,
0x00, 0x00, 0x00,0x06, 0x00, 0x00, 0x00, 0x00, 0x03, 0xFF, 0xF0, 0x60, 0x00, 0x00, 0x00,
0x00, 0x00, 0x00,0x03, 0x00, 0x00, 0x00, 0x00, 0x00, 0x01, 0xFF, 0xF0, 0xC0, 0x00, 0x00, 0x00,
0x00, 0x00, 0x00,0x03, 0x80, 0x00, 0x00, 0x00, 0x00, 0x00, 0xFF, 0xF1, 0xC0, 0x00, 0x00, 0x00,
0x00, 0x00, 0x00,0x01, 0xC0, 0x00, 0x00, 0x00, 0x00, 0x00, 0x3F, 0xF3, 0x80, 0x00, 0x00, 0x00,
0x00, 0x00, 0x00,0x00, 0xE0, 0x00, 0x00, 0xC0, 0x00, 0x00, 0x3F, 0x87, 0x00, 0x00, 0x00, 0x00,
0x00, 0x00, 0x00,0x00, 0x70, 0x00, 0x03, 0xE0, 0x00, 0x00, 0x3E, 0x0E, 0x00, 0x00, 0x00, 0x00,
0x00, 0x00, 0x00,0x00, 0x38, 0x00, 0x07, 0xFF, 0x00, 0x00, 0x38, 0x18, 0x00, 0x00, 0x00, 0x00,
0x00, 0x00, 0x00,0x00, 0x1C, 0x00, 0x1F, 0xFF, 0xC0, 0x00, 0x20, 0x30, 0x00, 0x00, 0x00, 0x00,
0x00, 0x00, 0x00,0x00, 0x07, 0x00, 0xFF, 0xFF, 0xE0, 0x00, 0x00, 0xE0, 0x00, 0x00, 0x00, 0x00,
0x00, 0x00, 0x00,0x00, 0x03, 0x83, 0xFF, 0xFF, 0xF8, 0x00, 0x03, 0xC0, 0x00, 0x00, 0x00, 0x00,
0x00, 0x00, 0x00,0x00, 0x00, 0xE3, 0xFF, 0xFF, 0xFC, 0x00, 0x0F, 0x00, 0x00, 0x00, 0x00, 0x00,
0x00, 0x00, 0x00,0x00, 0x00, 0x7B, 0xFF, 0xFF, 0xFC, 0x00, 0x3C, 0x00, 0x00, 0x00, 0x00, 0x00,
0x00, 0x00, 0x00,0x00, 0x00, 0x1F, 0xFF, 0xFF, 0xFC, 0x00, 0xF0, 0x00, 0x00, 0x00, 0x00, 0x00,
0x00, 0x00, 0x00,0x00, 0x00, 0x03, 0xFF, 0xFF, 0xFC, 0x07, 0xC0, 0x00, 0x00, 0x00, 0x00, 0x00,
```

```
0x00, 0x00, 0x00,0x00, 0x00, 0x00, 0xFF, 0xFF, 0xFC, 0x7F, 0x00, 0x00, 0x00, 0x00, 0x00, 0x00,
0x00, 0x00, 0x00,0x00, 0x00, 0x00, 0x0F, 0xFF, 0xFF, 0xF0, 0x00, 0x00, 0x00, 0x00, 0x00, 0x00,
0x00, 0x00, 0x00,0x00, 0x00, 0x00, 0x00, 0xFF, 0xFF, 0x00, 0x00, 0x00, 0x00, 0x00, 0x00, 0x00,
};
/* * * * * * * * * * * * * * * * * * * * * * * * * * * * * * * * * * * * */
//          世界地图数据
/* * * * * * * * * * * * * * * * * * * * * * * * * * * * * * * * * * * * */
const char img3[]={
0xFF, 0xFF, 0xFF, 0xFF, 0xFF, 0xFF, 0xFF, 0xFF, 0xFF, 0xFF, 0xFF, 0xFF, 0xFF, 0xFF, 0xFF, 0xFF,
0x80, 0x00, 0x00, 0x00, 0x00, 0x00, 0x00, 0x00, 0x00, 0x00, 0x00, 0x00, 0x00, 0xF8, 0x0F, 0x79,
0x80, 0x00, 0x00, 0x00, 0x00, 0x00, 0x00, 0x00, 0x00, 0x00, 0x00, 0x00, 0x03, 0x8E, 0x3E, 0x19,
0x80, 0x00, 0x00, 0x04, 0x00, 0x00, 0x00, 0x00, 0x00, 0x00, 0x00, 0x0F, 0x87, 0xFC, 0xFB,
0x80, 0x00, 0x00, 0x1F, 0x00, 0x40, 0x00, 0x00, 0x00, 0x00, 0x00, 0x00, 0x1F, 0xCF, 0xC0, 0xFF,
0x80, 0x01, 0x80, 0xFF, 0x19, 0xE0, 0x00, 0x00, 0x00, 0x00, 0x00, 0x00, 0x3F, 0xDE, 0x00, 0x1F,
0x80, 0x07, 0xF8, 0xFE, 0x01, 0xF0, 0x00, 0x00, 0x00, 0x00, 0x00, 0x00, 0x7F, 0xBC, 0x00, 0x0F,
0x80, 0x0F, 0xC0, 0x00, 0x10, 0xF8, 0x00, 0x00, 0x00, 0x00, 0x00, 0x01, 0xFF, 0xFC, 0x00, 0x0D,
0x80, 0x0F, 0xC0, 0x00, 0x00, 0x38, 0x00, 0x00, 0x00, 0x00, 0x00, 0x0F, 0xFF, 0x70, 0x00, 0x0D,
0x80, 0x07, 0xC0, 0x00, 0x00, 0x1C, 0x00, 0x00, 0x00, 0x00, 0x00, 0x3F, 0xFF, 0xFC, 0x00, 0x0D,
0x80, 0x02, 0x00, 0x07, 0x80, 0xF7, 0x00, 0xC0, 0x00, 0x00, 0x00, 0x7F, 0xFF, 0x9E, 0x00, 0x1D,
0x80, 0x00, 0x00, 0x0F, 0x03, 0xE1, 0x01, 0xF8, 0x00, 0x00, 0x00, 0x7F, 0xFF, 0x8F, 0x00, 0x1D,
0x80, 0x00, 0x00, 0x1C, 0x06, 0x07, 0xD0, 0xF8, 0x00, 0x00, 0x00, 0xFF, 0xFF, 0x81, 0x80, 0x3D,
0x80, 0x00, 0x00, 0x38, 0xFC, 0x07, 0xFC, 0xF0, 0x00, 0x00, 0x00, 0xFF, 0xFF, 0xC0, 0x80, 0x39,
0x80, 0x00, 0x60, 0x38, 0xFC, 0x00, 0x0F, 0xDE, 0x03, 0x07, 0x00, 0xFF, 0xFF, 0xF0, 0xC0, 0x39,
0x80, 0x03, 0xF8, 0x3F, 0xF0, 0x00, 0x04, 0x0F, 0xFE, 0x0F, 0xF7, 0xFD, 0xFF, 0xF8, 0xE0, 0x79,
0x80, 0x07, 0x0F, 0xFF, 0xF0, 0x00, 0x00, 0x00, 0xF7, 0x30, 0x1F, 0xFF, 0xFF, 0xEC, 0xE0, 0xF1,
0xD0, 0x06, 0x0F, 0xC0, 0xF0, 0x00, 0x00, 0x00, 0x03, 0xF8, 0x00, 0x7F, 0xF7, 0x6E, 0xC3, 0x81,
0xF8, 0x0C, 0xCF, 0x00, 0xC0, 0x00, 0x00, 0x00, 0x07, 0xF8, 0x00, 0x70, 0x07, 0xEE, 0x67, 0x01,
0xF8, 0x19, 0xCE, 0x00, 0x00, 0x00, 0x00, 0x00, 0x86, 0xF8, 0x00, 0x0E, 0x0F, 0xFC, 0x64, 0x01,
0x83, 0xB3, 0xFC, 0x00, 0x00, 0x00, 0x00, 0x07, 0xFC, 0x31, 0xE0, 0x1E, 0x19, 0xFC, 0x3C, 0x01,
0x87, 0x3F, 0xF0, 0x00, 0x00, 0x00, 0x00, 0x7F, 0xE0, 0x3F, 0xF8, 0x06, 0x10, 0xDE, 0x08, 0x01,
0x87, 0x1F, 0xE0, 0x00, 0x00, 0x02, 0x01, 0x86, 0x80, 0x0F, 0x0E, 0x00, 0x1E, 0xC3, 0x00, 0x01,
0x8F, 0x9F, 0x00, 0x00, 0x00, 0x06, 0x01, 0xC7, 0xC0, 0x3C, 0x07, 0x00, 0x63, 0xC3, 0x80, 0x01,
0x8F, 0xF0, 0x00, 0x00, 0x00, 0x0C, 0x00, 0xE7, 0x1F, 0xE0, 0x03, 0x80, 0x61, 0x8F, 0x80, 0x01,
0x83, 0xC0, 0x04, 0x00, 0x00, 0x00, 0x00, 0xE6, 0x00, 0x00, 0x00, 0xC0, 0x0E, 0x1F, 0xC0, 0x01,
0x81, 0x86, 0x1E, 0x7C, 0x30, 0x00, 0x01, 0xF8, 0x00, 0x00, 0x00, 0xC0, 0x0F, 0x9F, 0xC0, 0x01,
0x87, 0xFF, 0x3F, 0x74, 0x00, 0x00, 0x27, 0xE0, 0x00, 0x00, 0x00, 0x40, 0x07, 0xFC, 0x00, 0x01,
0x86, 0xFF, 0xF0, 0x70, 0x00, 0x00, 0x7D, 0xC0, 0x00, 0x00, 0x00, 0x40, 0x00, 0x70, 0x00, 0x61,
0x83, 0xFE, 0xFC, 0x30, 0x00, 0x00, 0x7F, 0xC0, 0x00, 0x00, 0x00, 0x60, 0x00, 0xC0, 0x00, 0x01,
0x96, 0x0F, 0xFC, 0x00, 0x00, 0x00, 0x6F, 0x80, 0x00, 0x00, 0x00, 0x1C, 0x07, 0x80, 0x00, 0x01,
0xBC, 0x00, 0x0C, 0x78, 0x00, 0x00, 0x6C, 0x00, 0x00, 0x00, 0x00, 0x0E, 0x3F, 0x80, 0x00, 0x01,
0x98, 0x00, 0x0E, 0x7F, 0xC1, 0x01, 0xF8, 0x00, 0x00, 0x00, 0x00, 0x0F, 0x23, 0xC0, 0x00, 0x01,
0x90, 0x00, 0x07, 0x0C, 0xC7, 0xC7, 0x20, 0x00, 0x00, 0x06, 0x00, 0x01, 0xBF, 0xF8, 0x00, 0x01,
0x90, 0x04, 0x03, 0xF8, 0x6C, 0xE6, 0x70, 0x00, 0x00, 0x00, 0x00, 0x00, 0xFF, 0x7A, 0x00, 0x01,
```

```
0x98, 0x06, 0x01, 0xF0, 0x38, 0xBE, 0x70, 0x00, 0x00, 0x00, 0x00, 0x00, 0x0F, 0xFF, 0x00, 0x01,
0x8F, 0xF0, 0x00, 0x60, 0x18, 0xFC, 0xF8, 0x00, 0x00, 0x00, 0x00, 0x00, 0x03, 0xC3, 0xC0, 0x01,
0x83, 0x98, 0x00, 0xC0, 0x00, 0x7F, 0xF8, 0x00, 0x00, 0x00, 0x00, 0x00, 0x00, 0x80, 0x60, 0x01,
0x80, 0x18, 0x1B, 0x00, 0x00, 0x3F, 0xFF, 0xF8, 0x00, 0x00, 0x00, 0x00, 0x09, 0x80, 0x3E, 0x01,
0x80, 0x0C, 0x32, 0x08, 0x00, 0x1F, 0xFF, 0xFF, 0x00, 0x00, 0x00, 0x00, 0x01, 0x80, 0x03, 0x01,
0x80, 0x04, 0x0F, 0x40, 0x00, 0x07, 0xFF, 0xFB, 0x80, 0x00, 0x00, 0x00, 0x00, 0xC0, 0x03, 0x01,
0x80, 0x04, 0x0F, 0xE0, 0x00, 0x00, 0x3F, 0xE0, 0x60, 0xC0, 0x00, 0x00, 0x00, 0x60, 0x02, 0x01,
0x80, 0x04, 0x07, 0xE0, 0x00, 0x00, 0xE0, 0xB0, 0xE4, 0x00, 0x80, 0x00, 0x00, 0x30, 0x06, 0x01,
0x80, 0x06, 0x0D, 0xC0, 0x00, 0x01, 0x80, 0x18, 0x40, 0x00, 0x00, 0x00, 0x00, 0x10, 0x1C, 0x01,
0x80, 0x02, 0x18, 0x80, 0x00, 0x01, 0x80, 0x0C, 0x00, 0x00, 0x00, 0x00, 0x00, 0x10, 0x30, 0x01,
0x80, 0x03, 0x30, 0x00, 0x00, 0x01, 0x9E, 0x0C, 0x00, 0x00, 0x00, 0x00, 0x00, 0x30, 0x60, 0x01,
0x80, 0x01, 0xE0, 0x00, 0x00, 0x00, 0xF3, 0x88, 0x18, 0x00, 0x00, 0x00, 0x00, 0x31, 0xC0, 0x01,
0x80, 0x00, 0x00, 0x00, 0x00, 0x00, 0x01, 0xF8, 0x1C, 0x00, 0x00, 0x00, 0x00, 0x23, 0x80, 0x01,
0x80, 0x00, 0x00, 0x00, 0x00, 0x00, 0x00, 0x70, 0x3C, 0x00, 0x00, 0x00, 0x00, 0x26, 0x00, 0x01,
0x80, 0x00, 0x00, 0x00, 0x00, 0x00, 0x00, 0x20, 0x71, 0x00, 0x00, 0x00, 0x00, 0x6C, 0x00, 0x01,
0x80, 0x00, 0x00, 0x00, 0x80, 0x00, 0x00, 0x00, 0x20, 0x00, 0x00, 0x00, 0x00, 0x6C, 0x00, 0x01,
0x80, 0x00, 0x00, 0x00, 0x80, 0x00, 0x00, 0x00, 0x00, 0x00, 0x00, 0x00, 0x00, 0x79, 0x00, 0x01,
0x80, 0x00, 0x00, 0x00, 0x00, 0x00, 0x00, 0x00, 0x00, 0x00, 0x00, 0x00, 0x00, 0x3D, 0x03, 0x01,
0x80, 0x00, 0x00, 0x00, 0x00, 0x00, 0x00, 0x00, 0x00, 0x00, 0x00, 0x00, 0x00, 0x18, 0x00, 0x01,
0x80, 0x00, 0x00, 0x00, 0x00, 0x00, 0x00, 0x00, 0x00, 0x00, 0x00, 0x00, 0x00, 0x00, 0x00, 0x01,
0x80, 0x00, 0x00, 0x00, 0x00, 0x00, 0x00, 0x00, 0x00, 0x00, 0x00, 0x00, 0x00, 0x00, 0x00, 0x01,
0x80, 0x00, 0x00, 0x00, 0x00, 0x00, 0x00, 0x00, 0x00, 0x00, 0x00, 0x00, 0x00, 0x01, 0x80, 0x01,
0x80, 0x00, 0x00, 0x00, 0x00, 0x10, 0x03, 0x00, 0x00, 0x00, 0x00, 0x00, 0x00, 0x07, 0x00, 0x01,
0x80, 0x00, 0x00, 0x7C, 0x07, 0xFF, 0xFF, 0xE0, 0x00, 0x00, 0x00, 0x00, 0x00, 0x0E, 0x00, 0x01,
0x80, 0x00, 0x0F, 0xC7, 0x9C, 0x00, 0x00, 0x3C, 0x00, 0x00, 0x00, 0x00, 0x00, 0x1E, 0x00, 0x01,
0x81, 0xBF, 0xFE, 0x00, 0xF0, 0x00, 0x00, 0x03, 0xC0, 0x00, 0x00, 0x00, 0x00, 0x3A, 0x00, 0x01,
0x8F, 0xEE, 0x00, 0x00, 0xC0, 0x00, 0x00, 0x00, 0xE0, 0x00, 0x00, 0x00, 0x60, 0x3B, 0x00, 0x01,
0x9C, 0x00, 0x00, 0x00, 0x00, 0x00, 0x00, 0x00, 0x30, 0x00, 0x00, 0x00, 0xFE, 0xFB, 0x00, 0xFF,
0xFF, 0xFF, 0xFF, 0xFF, 0xFF, 0xFF, 0xFF, 0xFF, 0xFF, 0xFF, 0xFF, 0xFF, 0xFF, 0xFF, 0xFF, 0xFF,
};
```

```
/ * * * * * * * * * * * * * * * * * * 测忙碌 * * * * * * * * * * * * * * * * * * /
//          测忙碌子程序·
//RS=0,RW=1,E=H,D0－D7=状态字
/ * * * * * * * * * * * * * * * * * * * * * * * * * * * * * * * * * * * * * * * /
void chek_busy(void)
{ Uchar temp;                    //状态信息（判断是否忙）
    LCD_DATA_DIR &=0x00；
    do{
    CLRB(LCD_CTL_OUT, RS)；      // RS = 0；
    SETB(LCD_CTL_OUT, RW)；      // RW = 1；
    SETB(LCD_CTL_OUT, E)；       // E = 1；
    temp＝LCD_DATA_IN；
```

```
        CLRB(LCD_CTL_OUT,E);
    }
    while(temp&0x80);
    SETB(LCD_CTL_OUT,E);          // E = 1;
    LCD_DATA_DIR|=0xFF;
}
/* * * * * * * * * * * * * * * *写命令* * * * * * * * * * * * * * * */
//          写命令子程序
/* * * * * * * * * * * * * * * * * * * * * * * * * * * * * * * * * */
void send_cmd(char cmd)/ * 写命令 * /
{
chek_busy();
CLRB(LCD_CTL_OUT, RS);            //RS = 0;
CLRB(LCD_CTL_OUT, RW);           //RW = 0;
LCD_DATA_OUT=cmd;
SETB(LCD_CTL_OUT, E);            //E = 1;
CLRB(LCD_CTL_OUT, E);           //E = 0;
}
/* * * * * * * * * * * * * * * * *写数据* * * * * * * * * * * * * * * */
//          写数据子程序
/* * * * * * * * * * * * * * * * * * * * * * * * * * * * * * * * * * */
void send_data(char dat)
{
chek_busy();
SETB(LCD_CTL_OUT, RS);           //RS = 1;
CLRB(LCD_CTL_OUT, RW);          //RW = 0;
LCD_DATA_OUT=dat;
SETB(LCD_CTL_OUT, E);           //E = 1;
CLRB(LCD_CTL_OUT, E);          //E = 0;
}
/* * * * * * * * * * * * * * * * * * * * * * * * * * * * * * * * * * */
//          清屏
/* * * * * * * * * * * * * * * * * * * * * * * * * * * * * * * * * * */
void clr_lcd(void)
{
send_cmd(0x01);
}
/* * * * * * * * * * * * * * * *初始化* * * * * * * * * * * * * * * */
//          复位、通讯方式选择
/* * * * * * * * * * * * * * * * * * * * * * * * * * * * * * * * * * */
void lcd_init(void)
{
CLRB(LCD_CTL_OUT, RST);          //复位 RST=0
```

```
    SETB(LCD_CTL_OUT, RST);          //复位 RST=1
    SETB(LCD_CTL_OUT, PSB);          //通讯方式为并口 PSB = 1
    send_cmd(0x30);
    send_cmd(0x30);
    send_cmd(0x0C);
    send_cmd(0x01);
    send_cmd(0x06);
}
/* * * * * * * * * * * * * * * * * * * * * * * * * * * * * * * * * * * * * * * * /
//          设置显示位置       xpos(1~16)，tpos(1~4)
/* * * * * * * * * * * * * * * * * * * * * * * * * * * * * * * * * * * * * * * * /
void set_xy(Uint x, Uint y)
{ xpos＝x;
  ypos＝y;
switch(ypos)
{
  case 1:
    send_cmd(0X80|xpos); break;
  case 2:
    send_cmd(0X90|xpos); break;
  case 3:
    send_cmd(0X88|xpos); break;
  case 4:
    send_cmd(0X98|xpos); break;
  default: break;
}
}


/* * * * * * * * * * * * * * * * * * * * * * * * * * * * * * * * * * * * * * * * /
//          在指定位置显示字符串
/* * * * * * * * * * * * * * * * * * * * * * * * * * * * * * * * * * * * * * * * /
void print(Uint x, Uint y, char * str)
{   Uchar lcd_temp;
    set_xy(x, y);
    lcd_temp＝ * str;
    while(lcd_temp! ＝'\0')
    {
        send_data(lcd_temp);
        lcd_temp＝ * (++str);
    }
}


/* * * * * * * * * * * * * * * * * * * * * * * * * * * * * * * * * * * * * * * * /
```

```
//        显示图形
/* * * * * * * * * * * * * * * * * * * * * * * * * * * * * * * * * * * * * */
void img_disp(int tab,int a1)
{
    Uint i, j, k, lcd_x, lcd_y;
        lcd_x = 0x80;
        for(i=0 ; i<2; i++)
        {
            for(j=0, lcd_y=0x80; j<32; j++, lcd_y++)
            {
                send_cmd(0X34);
                send_cmd(lcd_y);
                send_cmd(lcd_x);
                send_cmd(0X30);
                for(k=0; k<16; k++)
                  switch(tab)
                  {case 1: if(a1==0)send_data(img1[16 * (j+32 * i)+k]);
                          else if(aa>(j+i * 32))send_data(0X00);
                          else send_data(img1[16 * (j+32 * i-aa)+k]);
                          break;
                    case 2: if(a1==0)send_data(img2[16 * (j+32 * i)+k]);
                          else if(aa>(j+i * 32))send_data(0X00);
                          else send_data(img2[16 * (j+32 * i-aa)+k]);
                          break;
                    case 3: if(a1==0)send_data(img3[16 * (j+32 * i)+k]);
                          else if(aa>(j+i * 32))send_data(0X00);
                          else send_data(img3[16 * (j+32 * i-aa)+k]);
                          break;
            }
        }
        lcd_x = 0x88;
}
send_cmd(0X36);
send_cmd(0X30);
}


/* * * * * * * * * * * * * * * * * * * * * * * * * * * * * * * * * * * * * */
//        清除图形
/* * * * * * * * * * * * * * * * * * * * * * * * * * * * * * * * * * * * * */
void LcmClearBMP(void)
{
        unsigned char i, j;
        send_cmd(0x34);
```

```
                send_cmd(0x36);
                for(i=0; i<32; i++)
                {
                        send_cmd(0x80|i);
                        send_cmd(0x80);
                        for(j=0; j<32; j++)
                            send_data(0);
                }
}
/* * * * * * * * * * * * * * * * * * * * * * * * * * * * * * * * * * * * * * * * * */
//          标题 1 显示
/* * * * * * * * * * * * * * * * * * * * * * * * * * * * * * * * * * * * * * * * * */
void title1_disp(void)
{char str1[]=" Welcome to GPS";
 char str2[]="     System";
 send_cmd(0x30);
 clr_lcd();
 send_cmd(0x08);
 print(0, 2, str1);
 print(0, 3, str2);
 for(int i=0; i<4; i++)
   {send_cmd(0x0C);
   delay(300000);
   send_cmd(0X08);
   delay(300000);
   }
   send_cmd(0X0C);
}
/* * * * * * * * * * * * * * * * * * * * * * * * * * * * * * * * * * * * * * * * * */
//          标题 1 显示
/* * * * * * * * * * * * * * * * * * * * * * * * * * * * * * * * * * * * * * * * * */
void title2_disp(void)
{char str[]="2006021124";
 send_cmd(0x30);
 clr_lcd();
 send_cmd(0x08);

 send_cmd(0x80);
 send_data(0xC9);                        //设计者
 send_data(0XE8);
 send_data(0XBC);
 send_data(0XC6);
 send_data(0XD5);
```

```
send_data(0XDF);
send_data(0XA3);
send_data(0XBA);
send_data(0xC2);                    //陆城胜
send_data(0XBD);
send_data(0XB3);
send_data(0XC7);
send_data(0XCA);
send_data(0XA4);

send_cmd(0x90);
send_data(0XD0);                    //信息工程
send_data(0XC5);
send_data(0XCF);
send_data(0XA2);
send_data(0xB9);
send_data(0XA4);
send_data(0XB3);
send_data(0XCC);

send_cmd(0X88);
send_data(0XD1);
send_data(0XA7);
send_data(0XBA);
send_data(0XC5);
send_data(0xA3);
send_data(0XBA);
print(3, 3, str);

send_cmd(0X98);
send_data(0XCC);                    //课题：GPS 定位
send_data(0XE2);
send_data(0XBF);
send_data(0XCE);
send_data(0xA3);
send_data(0XBA);
send_data(0XA3);
send_data(0XC7);
send_data(0XA3);
send_data(0XD0);
send_data(0XA3);
send_data(0XD3);
send_data(0xB6);
```

```
    send_data(0XA8);
    send_data(0XCE);
    send_data(0XBB);

    send_cmd(0x0C);
}
/* * * * * * * * * * * * * * * * * * * * * * * * * * * * * * * * * * * * * * * * */
//              wait GPS 数据读取显示
/* * * * * * * * * * * * * * * * * * * * * * * * * * * * * * * * * * * * * * * * */
void wait_disp(void)
{char str[]="Wait";
 int f=0, caoshi=0;
 send_cmd(0x30);
 clr_lcd();
 send_cmd(0x08);
 for(int t=0; t<80; t++)
   UART0_RX_BUF[t]='0';
   while(1)
{ f=0;
  clr_lcd();

  for(int k=0, i=0; i<75; i++)
  {if(UART0_RX_BUF[i]==',') k++;
  if(k==6&&UART0_RX_BUF[i]! =','){dingwei=UART0_RX_BUF[i]; break;}
  }
  if(flag==0||(dingwei==0||dingwei=='0'))
      {send_cmd(0X91);
      send_data(0XD5);
      send_data(0XFD);
      send_data(0XD4);
      send_data(0XDA);
      send_data(0XC1);
      send_data(0XAC);
      send_data(0XBD);
      send_data(0XD3);
      send_cmd(0X96);
      send_data(0X01);
      print(1, 3, str);
    send_cmd(0x0C);
    delay(500000);}
    else break;
    while(1)
    {   for(int k=0, i=0; i<75; i++)
```

```
      {if(UART0_RX_BUF[i]==',') k++;
      if(k==6&&UART0_RX_BUF[i]! =','){dingwei=UART0_RX_BUF[i]; break;}
      }
   if(flag==0||(dingwei==0||dingwei=='0'))
   {send_data('.');
   delay(300000);}
   else break;
   f++;
   if(f==8)break;
   }
if(flag==1&&! (dingwei==0||dingwei=='0'))break;
caoshi++;
if(caoshi==12)
   {clr_lcd();
   send_cmd(0X92);
   send_data(0XC1);
   send_data(0XAC);
   send_data(0XBD);
   send_data(0XD3);
   send_data(0XB3);
   send_data(0XAC);
   send_data(0XCA);
   send_data(0XB1);
   caoshi=0;
   while(1)
   { for(int k=0, i=0; i<75; i++)
         {if(UART0_RX_BUF[i]==',') k++;
         if(k==6&&UART0_RX_BUF[i]! =','){dingwei=UART0_RX_BUF[i]; break;}
         }
      if(flag==1&&! (dingwei==0||dingwei=='0'))break;}
   }
 }
}
/* * * * * * * * * * * * * * * * * * * * * * * * * * * * * * * * * * * * */
//          GPS 经纬度显示
/* * * * * * * * * * * * * * * * * * * * * * * * * * * * * * * * * * * * */
void GPS_disp(void)
   {
   send_cmd(0x30);
   clr_lcd();
   send_cmd(0x08);
   send_cmd(0X80);
   switch(NS)
```

```
    {case 'S': send_data(0XC4); send_data(0XCF); break;
     case 'N': send_data(0XB1); send_data(0XB1); break;
    }
send_data(0XCE);
    send_data(0XB3);
    send_data(0XA3);
    send_data(0XBA);

send_cmd(0x90);
if(weidu[0]! ='0')
    {send_data(weidu[0]); send_data(weidu[1]);}
else {send_data(weidu[1]); send_cmd(0X91);}
send_data(0XA1);
    send_data(0XE3);
if(weidu[2]! ='0')send_data(weidu[2]);
for(int i=3; i<9; i++)
    send_data(weidu[i]);
send_data(0X27);
    send_cmd(0X88);
switch(EW)
    {case 'E': send_data(0XB6); send_data(0XAB); break;
     case 'W': send_data(0XCE); send_data(0XF7); break;
    }
send_data(0XBE);
    send_data(0XAD);
    send_data(0XA3);
    send_data(0XBA);

send_cmd(0x98);
if(jingdu[0]! ='0')
    {send_data(jingdu[0]);
     send_data(jingdu[1]);
     send_data(jingdu[2]);
     send_cmd(0X9A);}
else if(jingdu[1]! ='0')
    {send_data(jingdu[1]);
     send_data(jingdu[2]);}
else
    {send_data(jingdu[2]);
     send_cmd(0X99);}
send_data(0XA1);
    send_data(0XE3);
if(jingdu[3]! ='0')send_data(jingdu[3]);
```

```
    for(int i=4; i<10; i++)
        send_data(jingdu[i]);
        send_data(0X27);
    send_cmd(0x0C);
    }


/* * * * * * * * * * * * * * * * * * * * * * * * * * * * * * * * * * * * */
//          时间显示
/* * * * * * * * * * * * * * * * * * * * * * * * * * * * * * * * * * * * */
void shijian_disp(void)
{       send_cmd(0x30);
        clr_lcd();
        send_cmd(0x08);
        send_cmd(0X92);
        send_data(0XB1);
        send_data(0XB1);
        send_data(0XBE);
        send_data(0XA9);
        send_data(0XCA);
        send_data(0XB1);
        send_data(0XBC);
        send_data(0XE4);
        send_cmd(0X8A);
        send_data(shijian[0]);
        send_data(shijian[1]);
        send_data(':');
        send_data(shijian[2]);
        send_data(shijian[3]);
        send_data(':');
        send_data(shijian[4]);
        send_data(shijian[5]);
        send_cmd(0X0C);
    }


/* * * * * * * * * * * * * * * * * * * * * * * * * * * * * * * * * * * * */
//          水准面高和使用卫星数度示
/* * * * * * * * * * * * * * * * * * * * * * * * * * * * * * * * * * * * */
void hw_disp(void)
{       send_cmd(0x30);
        clr_lcd();
        send_cmd(0x08);
        send_cmd(0X80);
        send_data(0XCB);
```

```
    send_data(0XAE);
    send_data(0XD7);
    send_data(0XBC);
    send_data(0XC3);
    send_data(0XE6);
    send_data(0XB8);
    send_data(0XDF);
    send_data(0XB6);
    send_data(0XC8);
    send_data(':');
    send_cmd(0X90);
    print(0,2,shuizm);
    send_cmd(0X88);
    send_data(0XCA);
    send_data(0XB9);
    send_data(0XD3);
    send_data(0XC3);
    send_data(0XCE);
    send_data(0XC0);
    send_data(0XD0);
    send_data(0XC7);
    send_data(0XCA);
    send_data(0XFD);
    send_data(':');
    send_cmd(0X98);
    send_data(wxshu[0]);
    send_data(wxshu[1]);
    send_cmd(0X0C);
}


/* * * * * * * * * * * * * * * * * * * * * * * * * * * * * * * * * * * * * * * * */
//        海拔高度显示
/* * * * * * * * * * * * * * * * * * * * * * * * * * * * * * * * * * * * * * * * */
void haiba_disp(void)
{   send_cmd(0x30);
    clr_lcd();
    send_cmd(0x08);
    send_cmd(0X92);
    send_data(0XBA);
    send_data(0XA3);
    send_data(0XB0);
    send_data(0XCE);
    send_data(0XB8);
```

```
            send_data(0XDF);
            send_data(0XB6);
            send_data(0XC8);
            print(3,3,haiba);
            send_cmd(0X0C);
    }


/* * * * * * * * * * * * * * * * * * * * * * * * * * * * * * * * * * * * */
//            日期显示
/* * * * * * * * * * * * * * * * * * * * * * * * * * * * * * * * * * * * */
void renqi_disp(void)
{send_cmd(0X30);
 clr_lcd();
 send_cmd(0X08);
 send_cmd(0X93);
 send_data(0XC8);
 send_data(0XD5);
 send_data(0XC6);
 send_data(0XDA);
 send_cmd(0X88);
 send_data('2');
 send_data('0');
 send_data(renqi[4]);
 send_data(renqi[5]);
 send_data(0XC4);
 send_data(0XEA);
 send_data(renqi[2]);
 send_data(renqi[3]);
 send_data(0XD4);
 send_data(0XC2);
 send_data(renqi[0]);
 send_data(renqi[1]);
 send_data(0XC8);
 send_data(0XD5);
 send_cmd(0X0C);
}
/* * * * * * * * * * * * * * * * * * * * * * * * * * * * * * * * * * * * */
//            显示"通信失败"
/* * * * * * * * * * * * * * * * * * * * * * * * * * * * * * * * * * * * */
void fail_disp(void)
{send_cmd(0X30);
 clr_lcd();
 send_cmd(0X08);
```

```
print(3,2,"fail");
send_cmd(0X8A);
send_data(0XCD);
send_data(0XA8);
send_data(0XD0);
send_data(0XC5);
send_data(0XD6);
send_data(0XD0);
send_data(0XB6);
send_data(0XCF);
send_cmd(0X0C);
}
/ * * * * * * * * * * * * * * * * * * * * * * * * * * * * * * * * * * * * * * * * * * /
//          显示"通信恢复"
/ * * * * * * * * * * * * * * * * * * * * * * * * * * * * * * * * * * * * * * * * * * /
void lianjie_disp(void)
{send_cmd(0X30);
 clr_lcd();
 send_cmd(0X08);
 send_cmd(0X93);
 send_data(0XCD);
 send_data(0XA8);
 send_data(0XD0);
 send_data(0XC5);
 send_cmd(0X8A);
 send_data(0XBB);
 send_data(0XD6);
 send_data(0XB8);
 send_data(0XB4);
 send_data(0XD5);
 send_data(0XFD);
 send_data(0XB3);
 send_data(0XA3);
 send_cmd(0X0C);
 delay(20000);
}


/ * * * * * * * * * * * * * * * * * * * * * * * * * * * * * * * * * * * * * * * * * * /
//          开机显示
/ * * * * * * * * * * * * * * * * * * * * * * * * * * * * * * * * * * * * * * * * * * /
void logo(void)
{img_disp(1,0);
    for(int p=0;p<20;p++)
```

```
        delay(50000);
    LcmClearBMP();

    img_disp(2,0);
        for(int p=0;p<22;p++)
        delay(50000);
    LcmClearBMP();

    while(aa——)
      {img_disp(3,1);
      delay(150000);}

    img_disp(3,0);
        for(int p=0;p<20;p++)
            delay(50000);
    LcmClearBMP();

    title1_disp();
        for(int p=0;p<20;p++)
            delay(50000);

    title2_disp();
        for(int p=0;p<25;p++)
            delay(50000);

    wait_disp();
}
```

```
/* * * * * * * * * * * * * * * * * * * * * * * * * * * * * * * * * * */
//            读数据到缓存区
/* * * * * * * * * * * * * * * * * * * * * * * * * * * * * * * * * * */
void read(void)
{ char sj;
  clear();
  for(int k=0,i=0;i<75;i++)
            {if(UART0_RX_BUF[i]==',') k++;
            switch(k)
                {case 1;if(UART0_RX_BUF[i]!=','){shijian[k1]=UART0_RX_BUF[i];k1++;}break;
                 case 2;if(UART0_RX_BUF[i]!=','){weidu[k2]=UART0_RX_BUF[i];k2++;}
break;
                 case 3;if(UART0_RX_BUF[i]!=','){NS=UART0_RX_BUF[i];}break;
                 case 4;if(UART0_RX_BUF[i]!=','){jingdu[k3]=UART0_RX_BUF[i];k3++;}break;
                 case 5;if(UART0_RX_BUF[i]!=','){EW=UART0_RX_BUF[i];}break;
                 case 6;if(UART0_RX_BUF[i]!=','){dingwei=UART0_RX_BUF[i];}break;
```

```
                case7:if(UART0_RX_BUF[i]! =','){wxshu[k4]=UART0_RX_BUF[i];k4++;}
break;
                case 9:if(UART0_RX_BUF[i]! =','){haiba[k6]=UART0_RX_BUF[i];k6++;}break;
                case10:if(UART0_RX_BUF[i]! =','){haiba[k6]=UART0_RX_BUF[i];k6++;}
break;
                case11:if(UART0_RX_BUF[i]! =','){shuizm[k5]=UART0_RX_BUF[i];k5++;}break;
                case12:if(UART0_RX_BUF[i]! =','){shuizm[k5]=UART0_RX_BUF[i];k5++;}break;
                }
            }
for(int k=0,i=0;i<75;i++)
            {if(UART0_RX_BUF1[i]==',') k++;
        switch(k)
            {case 9:if(UART0_RX_BUF1[i]! =','){renqi[kk1]=UART0_RX_BUF1[i];kk1++;}break;}
        }
    k1=0;
    k2=0;
    k3=0;
    k4=0;
    k5=0;
    k6=0;
    kk1=0;
    flag=0;
    sj=shijian[0]&0X0F;
    sj=sj * 10+(shijian[1]&0X0F)+8;
    if(sj>23)sj-=24;
    shijian[0]=sj/10+0x30;
    shijian[1]=sj%10+0x30;
}


/ * * * * * * * * * * * * * * * * * * * * * * * * * * * * * * * * * * * * * * /
//          清除缓冲区
/ * * * * * * * * * * * * * * * * * * * * * * * * * * * * * * * * * * * * * * /
void clear(void)
{
  for(int i=0;i<10;i++)
  {weidu[i]=0;
   jingdu[i]=0;
   shijian[i]=0;
   haiba[i]=0;
   renqi[i]=0;
   shuizm[i]=0;
  }
   wxshu[0]=0;
```

```
        wxshu[1]=0;
        dingwei=0;
    }
/* * * * * * * * * * * * * * * * * * * * * * * * * * * * * * * * * * * * * * * */
//              处理数据及判断显示
/* * * * * * * * * * * * * * * * * * * * * * * * * * * * * * * * * * * * * * * */
void pdcuxs(void)
{
    read();
            if(dingwei==0||dingwei=='0')
            while(1)
        {fail_disp();
         clear();
         delay(300000);
                read();
            if(dingwei==0||dingwei=='0')
            {clr_lcd();
             clear();
             delay(300000);}
            else { lianjie_disp();
                        for(int p=0;p<15;p++)delay(60000);
                        break;}
        }

    switch(jianzhi)
        {case 0:GPS_disp();break;
         case 1:shijian_disp();break;
         case 2:hw_disp();break;
         case 3:renqi_disp();break;
         case 4:haiba_disp();break;
         }
         jianzhiflag=0;
         flag=0;
}
/* * * * * * * * * * * * * * * * * * * * * * * * * * * * * * * * * * * * * * * */
//              初始化端口
/* * * * * * * * * * * * * * * * * * * * * * * * * * * * * * * * * * * * * * * */
void port_init(void)
{
 P1DIR=0X00;
 P4DIR=0X00;
 P5DIR=0X00;

 P1SEL=0X00;
```

```
    P4SEL＝0X00；
    P5SEL＝0X00；

    P4DIR｜＝0xFF；
    P5DIR｜＝0xFF；

    P1IE＝0X00；
    P1IES＝0X00；
    P1IFG＝0X00；
    P1IE｜＝BIT1；
    P1IE｜＝BIT2；
    P1IES｜＝BIT1；
    P1IES｜＝BIT2；
}


/* * * * * * * * * * * * * * * * * * * * * * * * * * * * * * * * * * * * * */
//          延时
/* * * * * * * * * * * * * * * * * * * * * * * * * * * * * * * * * * * * * */
void delay(Ulong i)
{
    while(i－－)；
}
/* * * * * * * * * * * * * * * * * * * * * * * * * * * * * * * * * * * * * */
//          设置系统时钟
/* * * * * * * * * * * * * * * * * * * * * * * * * * * * * * * * * * * * * */
void clk_init()
{ Uchar i；
    BCSCTL1＝0X00；
    do
    {
      IFG1 &＝ ～OFIFG；
      for(i＝0x20；i＞0；i－－)；
    }
    while((IFG1&OFIFG)＝＝OFIFG)；
    BCSCTL1&＝～(XT2OFF＋XTS)；
    BCSCTL1｜＝0X07；

    BCSCTL2｜＝SELM1；              // MCLK ＝ XT2CLK
    BCSCTL2｜＝SELS；               // SMCLK ＝ XT2CLK
    BCSCTL2｜＝DIVS1＋DIVS0；        // SMCLK 8 分频 ＝ 1 MHz
}
/* * * * * * * * * * * * * * * * * * * * * * * * * * * * * * * * * * * * */
//          UART0 初始化
/* * * * * * * * * * * * * * * * * * * * * * * * * * * * * * * * * * * * */
```

```
void uart0_init(void)
{
U0CTL=0x00;
U0CTL|=CHAR;

U0TCTL=0x00;
U0TCTL|=SSEL1;

UBR00 =0x68;                          //波特率9600
UBR10 =0x00;
UMCTL0=0x40;

ME1|=UTXE0+URXE0;
IE1|=URXIE0;
IE1|=UTXIE0;

P3DIR=0x00;
P3DIR |= 0X10;
P3SEL |= 0X30;
}
/* * * * * * * * * * * * * * * * * * * * * * * * * * * * * * * * * * * * * * * * /
//           主函数
/* * * * * * * * * * * * * * * * * * * * * * * * * * * * * * * * * * * * * * * * /
void main( void )
{
  WDTCTL = WDTPW + WDTHOLD;
  _DINT();
  port_init();
  clk_init();
  uart0_init();
  _EINT();
  lcd_init();
  clr_lcd();
  logo();
  while(1)
    {if(flag==1||jianzhiflag==1)
        pdcuxs();
    }
}


/* * * * * * * * * * * * * * * * * * * * * * * * * * * * * * * * * * * * * * * * /
//           UART0 中断服务程序
/* * * * * * * * * * * * * * * * * * * * * * * * * * * * * * * * * * * * * * * * /
```

```
# pragma vector=USART0TX_VECTOR
_interrupt void UART0_TX_ISR(void)
{
 while((IFG1&URXIFG0)==1);
}


# pragma vector=USART0RX_VECTOR
_interrupt void UART0_RX_ISR(void)
{
 char str[]=" $ GPGGA";
 char str1[]=" $ GPRMC";
 char temp;
 while((IFG1&URXIFG0)==1);
 temp=RXBUF_0;
 if(temp==str[n1])
        {UART0_RX_BUF[n]=temp;
     n1++;
     n++;
     if(n1>5)n1=0;
        }
 else if(n>5)
        {if((temp==0X0A)||(temp==0X0D)||(temp=='*'))
                {
                n1=0;
                n=0;
                flag=1;
                }
    else
      {
      UART0_RX_BUF[n]=temp;
      n++;
      }
    }
 else    { n1=0;
          n=0;
        }
 if(temp==str1[nn1])
        {UART0_RX_BUF1[nn]=temp;
     nn1++;
     nn++;
     if(nn1>5)nn1=0;
        }
 else if(nn>5)
```

```
    {if((temp==0X0A)||(temp==0X0D)||(temp=='*'))
                {
            nn1=0;
            nn=0;
            flag=1;
                }
        else
            {
        UART0_RX_BUF1[nn]=temp;
        nn++;
            }
            }
    else  { nn1=0;
            nn=0;
        }


}
/* * * * * * * * * * * * * * * * * * * * * * * * * * * * * * * * * * * */
//              端口 1 键盘中断服务程序
/* * * * * * * * * * * * * * * * * * * * * * * * * * * * * * * * * * * */
#pragma vector=PORT1_VECTOR
_interrupt void PORT1_ISR(void)
{
 delay(1800);
 P1IFG=0X00;
 if(jianzhiflag==0)
 {
  if((P1IN&BIT1)>>1==0)
    {jianzhi--;
     if(jianzhi==-1)jianzhi=4;
     while(1)if((P1IN&BIT1)>>1==0)break;
     jianzhiflag=1;
    }
  else if((P1IN&BIT2)>>2==0)
    {
     jianzhi++;
     if(jianzhi==5)jianzhi=0;
     while(1)if((P1IN&BIT2)>>2==0)break;
     jianzhiflag=1;
    }
  }
 }
}
```

6.4　基于 MSP430 单片机的音频频谱显示器

音乐喷泉的原理是将音频信号的频谱分析出来,并用水柱方式显示,视觉效果震撼。受此启发,采用 MSP430 单片机设计音频频谱分析模块,此模块能够分析出 8 kHz 以下的音频信号。当然由于受到 MSP430 计算速度的限制,高精度音频信号的频谱分析可以选用高速 FPGA 实现。系统的设计思路为:对 AD 采样后的音频数据进行 FFT 变换,根据音频信号的频谱分布,选择 32 个频率点的幅度,经量化处理后显示在 LCD12864 上。整个系统的核心是由 FFT(快速傅立叶变换)算法,A/D(模数转换)采样电路组成。系统框图如图 6-41 所示,软件流程图如图 6-42 所示。

图 6-41　音频频谱显示器的系统框图

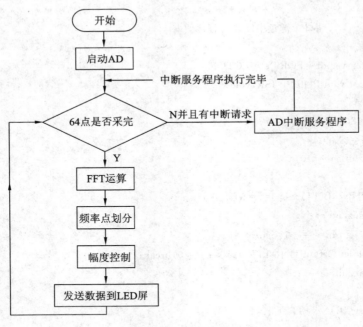

图 6-42　软件流程图

6.4.1　FFT 算法概述

在数字信号处理中常常需要用到离散傅立叶变换(DFT),以获取信号的频域特征。尽管传统的 DFT 算法能够获取信号频域特征,但是该算法计算量大,耗时长,不利于计算机实时对信号进行处理。因此至 DFT 被发现以来,在很长的一段时间内都不能被应用到实际的工程项目中，直到一种快速的离散傅立叶计算方法——FFT 被发现，离散傅立叶变换才在实际的工程中得到广泛应用。需要强调的是，FFT 并不是一种新的频域特征获取方式，而是 DFT 的一种快速实现算法。

FFT 运算中最小运算单元是蝶形运算，蝶形运算流图如图 6-43 所示：

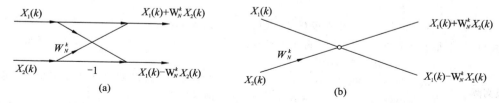

图 6-43　蝶形运算流图

运算过程中的 W_N 被称为旋转因子，由于旋转因子计算需要消耗一部分 CPU 时间，降低 FFT 算法的时间效率，所以本系统采用查找表的方法得到旋转因子的值，从而提高 FFT 的时间效率。如图 6-44 所示为时间抽取 8 点基-2FFT 算法流图。

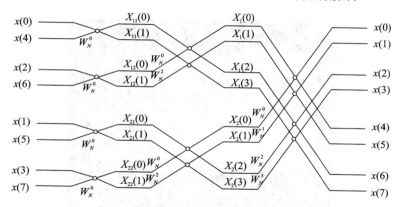

图 6-44　时间抽取 8 点基-2FFT 算法流图

从图 6-44 中可以看出，顺序输入的数据首先要按照算法的要求进行重新排序，排序过程中时间的消耗将降低 FFT 的运算速率，类似于旋转因子的处理方法，本系统将排序数保存在数组中，从而提高 FFT 的运算速率。FFT 算法的详细内容请参考相关文献。

6.4.2　音乐中频段的划分

表 6-4　频 段 划 分 表

频　段	频率范围（包含乐器）
极低频	从 20～40 Hz 这个八度被称为极低频。这个频段内的乐器很少，有低音提琴、低音巴松管、土巴号、管风琴、钢琴等
低频	从 40～80 Hz 这段频率被称为低频。这个频段的乐器有大鼓、低音提琴、大提琴、低音巴松管、巴松管、低音伸缩号、低音单簧管、土巴号、法国号等
中低频	从 80～160 Hz 之间，被称为中低频，这个频段的乐器与低频乐器相似
中频	从 160～1280 Hz 横跨三个八度（320 Hz、640 Hz、1280 Hz）之间的频率被称为中频。这个频段几乎把所有乐器、人声都包含进去了，所以是最重要的频段

频　段	频率范围（包含乐器）
中高频	从 1280～2560 Hz 称为中高频。这个频段的乐器有小提琴，小提琴约有四分之一的较高音域在此，中提琴的上限、长笛、单簧管、双簧管的高音域、短笛的一半较低音域、钹、三角铁等
高频	从 2560～5120 Hz 这段频域，我们称之为高频。这段频域对于乐器演奏而言，已经是很少有机会涉入了。因为除了小提琴的音域上限、钢琴、短笛高音域以外，其余乐器大多不会出现在这个频段中
极高频	从 5120～20 000 Hz 这么宽的频段，我们称之为极高频。各位可以从高频就已经很少有乐器出现的事实中，了解到极高频所容纳的尽是乐器与人声的泛音

由音乐的频率划分表 6 - 4 可以看出，低频到高频这段频率是音乐中最重要的也是成分最多的频率，频率范围是 160～5120 Hz。LCD12864 显示屏电路中各个点的频率划分与这张频率划分表对比可知，主要显示低频到高频这段音乐频率的幅度，显示效果如图 6 - 45 所示。

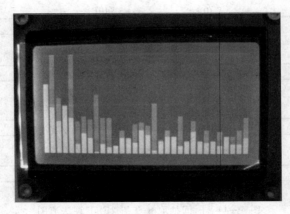

图 6 - 45　显示效果图

代码如下：

```
/*
* 采用 MSP430 单片机对 AD 采集的数据进行 FFT 变换，并将变换后频谱幅度图
* 显示在 LCD12864 液晶屏上
* 未包含 MSP430 对音频信号 AD 采样部分代码
*/
# include＜msp430x16x. h＞
# include ＜math. h＞
# define Uchar unsigned char
# define Uint unsigned int
# define Ulong unsigned long

# define LCD_CTL_DIR      P5DIR
# define LCD_CTL_OUT      P5OUT
# define LCD_DATA_DIR      P4DIR
```

```
# define LCD_DATA_OUT     P4OUT
# define LCD_DATA_IN      P4IN
# define RS      4
# define RW      3
# define E       2
# define PSB     1
# define RST     0
# define SETB(x, y) (x|=(1<<y))
# define CLRB(x, y) (x&=(~(1<<y)))
# define jie 6        //FFT 阶数
# define n 64         //总的采样点数
int gao[32];


//FFT   变换数据排序索引
Uchar p, aixu[64]={0, 32, 16, 48, 8, 40, 24, 56, 4, 36, 20, 52, 12, 44, 28, 60, 2, 34, 18,
50, 10, 42, 26, 58, 6, 38, 22, 54, 14, 46, 30, 62, 1, 33, 17, 49, 9, 41, 25, 57, 5, 37, 21,
53, 13, 45, 29, 61, 3, 35, 19, 51, 11, 43, 27, 59, 7, 39, 23, 55, 15, 47, 31, 63
};
int b[64][2];


in, t a[64][2]={{0, 0}, {1041, 0}, {922, 0}, {1431, 0}, {1978, 0}, {1140, 0}, {724, 0},
    {832, 0}, {-144, 0}, {-655, 0}, {-114, 0}, {-403, 0}, {-528, 0}, {433, 0},
    {484, 0}, {85, 0}, {604, 0}, {294, 0}, {-766, 0}, {-756, 0}, {-1013, 0},
    {-1933, 0}, {-1557, 0}, {-921, 0}, {-1067, 0}, {-197, 0}, {986, 0}, {940,
    0}, {1307, 0}, {1990, 0}, {1278, 0}, {706, 0}, {871, 0}, {15, 0}, {-681, 0},
    {-166, 0}, {-319, 0}, {-597, 0}, {316, 0}, {555, 0}, {80, 0}, {534, 0}, {426,
    0}, {-673, 0}, {-794, 0}, {-903, 0}, {-1858, 0}, {-1679, 0}, {-941, 0},
    {-1069, 0}, {-387, 0}, {903, 0}, {970, 0}, {1193, 0}, {1970, 0}, {1422, 0},
    {707, 0}, {885, 0}, {178, 0}, {-679, 0}, {-235, 0}, {-239, 0}, {-637, 0},
    {182, 0}

};


//蝶形运算旋转因子
float w[32][2]={
  {1, 0},
  {0.99518, -0.098017},
  {0.98079, -0.19509},
  {0.95694, -0.29028},
  {0.92388, -0.38268},
  {0.88192, -0.4714},
  {0.83147, -0.55557},
```

```
{0.77301, -0.63439},
{0.70711, -0.70711},
{0.63439, -0.77301},
{0.55557, -0.83147},
{0.4714, -0.88192},
{0.38268, -0.92388},
{0.29028, -0.95694},
{0.19509, -0.98079},
{0.098017, -0.99518},
{0, -1},
{-0.098017, -0.99518},
{-0.19509, -0.98079},
{-0.29028, -0.95694},
{-0.38268, -0.92388},
{-0.4714, -0.88192},
{-0.55557, -0.83147},
{-0.63439, -0.77301},
{-0.70711, -0.70711},
{-0.77301, -0.63439},
{-0.83147, -0.55557},
{-0.88192, -0.4714},
{-0.92388, -0.38268},
{-0.95694, -0.29028},
{-0.98079, -0.19509},
{-0.99518, -0.098017},

};
/*
* 阶乘函数
*/
int A_J(int i)
{
  int k=1, j;
  for(j=0; j<i; j++)
    k=k*2;
  return k;
}


/*
* 蝶形运算函数
*/
void mul(int y,int x,int k)          //n 表示每组数据进行第 i 次蝶形运算，x 表示 FFT 的阶数
```

```
{
  int i, j, d;        //d 表示 W 的公差
  j=A_J(x);
  d=A_J(jie-1-x);
  i=x%2;
  if(i==0)
  {
    a[y][0]= (int)(b[y][0]+b[y+j][0] * w[k * d][0]- b[y+j][1] * w[k * d][1]);
    a[y][1]= (int)(b[y][1]+b[y+j][0] * w[k * d][1]+ b[y+j][1] * w[k * d][0]);
        a[y+j][0]= (int)(b[y][0]-b[y+j][0] * w[k * d][0]+b[y+j][1] * w[k * d][1]);
    a[y+j][1]= (int)(b[y][1]-b[y+j][0] * w[k * d][1]-b[y+j][1] * w[k * d][0]);
  }
  else
  {
    b[y][0]= (int)(a[y][0]+a[y+j][0] * w[k * d][0]- a[y+j][1] * w[k * d][1]);
    b[y][1]= (int)(a[y][1]+a[y+j][0] * w[k * d][1]+ a[y+j][1] * w[k * d][0]);
        b[y+j][0]=(int)( a[y][0]-a[y+j][0] * w[k * d][0]+a[y+j][1] * w[k * d][1]);
    b[y+j][1]= (int)(a[y][1]-a[y+j][0] * w[k * d][1]-a[y+j][1] * w[k * d][0]);
  }
}
void die(int x, int y)          //对每组数据进行 FFT 运算
{
  int k, i;                     //i 表示每组数据进行第 i 次蝶形运算，与 W 的取值密切相关
  k=A_J(x);
  for(i=0; i<k; i++)
    mul(2 * y * k+i, x, i);     //2×y×n+i 表示第 y 组第 i 个元素
}
void FFT()
{
  int i, j, c_1;                //i 表示 FFT 的阶数，j 表示第 i 阶 FFT 的分组数
  for(i=0; i<jie; i++)
  {
    c_1 = n/A_J(i+1);           //表示 FFT 第 i 阶的分组数
    for(j=0; j<c_1; j++)
        die(i, j);              //i 表示阶数，j 表示第 i 阶的第 j 组
  }
}
void mo()
{
  int i;
  for(i=0; i<32; i++)
```

```
    gao[i]= (int)((sqrt((float)(b[i][0]) * (float)(b[i][0])+(float)(b[i][1]) * (float)(b[i]
[1]))/28000) * 64);
}


void delay_dd(int x)
{
  int i, j;
  for(i=x; i>0; i——)
    for(j=1000; j>0; j——);
}
void chong()                       //初始时刻采样值保存在 a 中,通过此函数重新排序后保存在
                                   b 中

{
  int i;
  for(i=0; i<64; i++)
    b[i][0]= a[paixu[i]][0];
}
```

/* 测忙碌 * * * * * * * * * * * * * * * * */
//测忙碌子程序
//RS=0, RW=1, E=H, D0-D7=状态字
/* */

```
void chek_busy(void)
{   Uchar temp;                    //状态信息(判断是否忙)
    LCD_DATA_DIR&=0x00;
      do{
    CLRB(LCD_CTL_OUT, RS);         // RS = 0;
    SETB(LCD_CTL_OUT, RW);         // RW = 1;
    SETB(LCD_CTL_OUT, E);          // E = 1;
    temp=LCD_DATA_IN;
      CLRB(LCD_CTL_OUT, E);
    }
      while(temp&0x80);
    SETB(LCD_CTL_OUT, E);          // E = 1;
    LCD_DATA_DIR|=0xFF;
}
```

/* * * * * * * * * * * * * * * * * * * 写命令 * * * * * * * * * * * * * * * * */
//写命令子程序
/* */

```
void send_cmd(char cmd)/ * 写命令 * /
{
chek_busy();
CLRB(LCD_CTL_OUT, RS);             //RS = 0;
```

```
    CLRB(LCD_CTL_OUT, RW);            //RW = 0;
    LCD_DATA_OUT=cmd;
    SETB(LCD_CTL_OUT, E);             //E = 1;
    CLRB(LCD_CTL_OUT, E);             //E = 0;
    }
/* * * * * * * * * * * * * * * * * * * 写数据 * * * * * * * * * * * * * * * * * */
//写数据子程序
//
/* * * * * * * * * * * * * * * * * * * * * * * * * * * * * * * * * * * * * * * */
void send_data(char dat)
{
chek_busy();
SETB(LCD_CTL_OUT, RS);                //RS = 1;
CLRB(LCD_CTL_OUT, RW);                //RW = 0;
LCD_DATA_OUT=dat;
SETB(LCD_CTL_OUT, E);                 //E = 1;
CLRB(LCD_CTL_OUT, E);                 //E = 0;
}
/* * * * * * * * * * * * * * * * * * * * * * * * * * * * * * * * * * * * * * * */
//清屏
/* * * * * * * * * * * * * * * * * * * * * * * * * * * * * * * * * * * * * * * */
void clr_lcd(void)
{
send_cmd(0x01);
}
/* * * * * * * * * * * * * * * * * * 初始化 * * * * * * * * * * * * * * * * * */
//复位、通讯方式选择
/* * * * * * * * * * * * * * * * * * * * * * * * * * * * * * * * * * * * * * * */
void lcd_init(void)
{
CLRB(LCD_CTL_OUT, RST);               //复位 RST=0
SETB(LCD_CTL_OUT, RST);               //复位 RST=1
SETB(LCD_CTL_OUT, PSB);               //通讯方式为并口 PSB = 1
send_cmd(0x30);
send_cmd(0x30);
send_cmd(0x0C);
send_cmd(0x01);
send_cmd(0x06);
}
void clk_init()                       //时钟初始化
{ Uchar i;
  BCSCTL1=0X00;
  do
```

```
    {
      IFG1 &= ~OFIFG;
      for(i=0x20; i>0; i--);
    }
    while((IFG1 & OFIFG)==OFIFG);
    BCSCTL1 &= ~(XT2OFF+XTS);
    BCSCTL1 |= 0X07;

    BCSCTL2 |= SELM1;              // MCLK = XT2CLK
    BCSCTL2 |= SELS;              // SMCLK = XT2CLK
    BCSCTL2 |= DIVS1+DIVS0;       // SMCLK 8 分频 = 1 MHz
}
void port_init(void)             //端口初始化
{
  P4DIR |= 0xFF;
  P5DIR |= 0xFF;

}
void huitu(int i, int j, unsigned int data)    //pinpu 函数子函数
{
    int y, x, k;
    unsigned char buf_1, buf_2;
    k = 63 - i;
    y = k%32+0x80;
    if(i>31)
       x = 0x80 + j;
    else
       x = 0x88 + j;
    buf_1 = (unsigned char )(data/256);
    buf_2 = (unsigned char )(data%256);
    send_cmd(y);
    send_cmd(x);
    send_data(buf_1);
    send_data(buf_2);
}
void pinpu()                      //显示频谱
{
    int i, j;
    unsigned int data;
    send_cmd(0x34);
    for(i=63; i>=0; i--)
```

```
    for(j=0；j<8；j++)
    {
      data = 0xffff；
      if(i>gao[4 * j])
        data &= 0x0fff；
      if(i>gao[4 * j+1])
        data &= 0xf0ff；
      if(i>gao[4 * j+2])
        data &= 0xff0f；
      if(i>gao[4 * j+3])
        data &= 0xfff0；
      huitu(i, j, data)；
    }
  send_cmd(0x36)；
}


int main(void)
{
// char k；
  // Stop watchdog timer to prevent time out reset
  WDTCTL = WDTPW + WDTHOLD；
  port_init()；
  clk_init()；
  lcd_init()；
  clr_lcd()；
  chong()；
  FFT()；
  mo()；
  pinpu()；
  return 0；
}
```

6.5　基于 MSP430 的俄罗斯方块游戏机

　　俄罗斯方块游戏是一款经典的游戏，对于其游戏规则我们一般比较熟悉，相关资料丰富，在此就不再赘述。本例程采用 MSP430F169 单片机，驱动 TFT 触摸屏来完成一个俄罗斯方块游戏机。

6.5.1　系统硬件结构

　　俄罗斯方块游戏机硬件结构图如图 6 - 46 所示。TFT 液晶屏工作在并行接口模式，MSP430F169 单片机通过 P3 口与 TFT 触摸屏的数据/地址总线相连，P5 口与 TFT 触摸屏的控制端相连。当触摸屏被触摸时，产生外部中断。

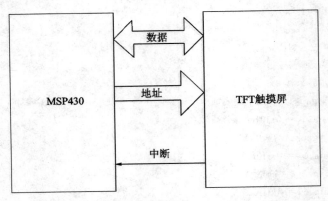

图 6 - 46　俄罗斯方块游戏机硬件结构图

6.5.2　系统软件结构

采用 C 传统的面向过程的编程方式，会增大系统代码的复杂度，在此，为 C 语言搭建面向对象编程环境，使用面向对象的方式编程，降低编写难度，使代码可读性增强。具体宏定义如下：

```
/*
* file：oopc. h
* 为 C 语言搭建面向对象编程环境所使用的宏定义
*/
#ifndef OOPC_H
#define OOPC_H
#define c_class(base)   \
  typedef struct base base;\
  struct base
#define INHERIT(base)   base   base
#define RELATE(base, base_1)   base##_CONT(&base_1)
#define MET(name, point, method)   ((name *)point)->method
#endif
```

俄罗斯方块游戏具体的数据结构如下：

```
//定义游戏状态的结构体，StartEnd. h
c_class(StartEnd)
{
  uchar se;                          //不为零，表示游戏开始或正在进行
  uchar end;                         //游戏结束标志，不为零，表示游戏结束
  void ( * Init)(StartEnd * );       //初始化游戏
  void ( * Disp)(StartEnd * );       //初始化游戏界面
  void ( * DispEnd)();               //显示游戏结束界面
```

```
    void（＊Destroy)()；                          //黑色填充游戏区
};


//定义屏幕状态的结构体，Screen.h
c_class(Screen)
{
    int type；                                   //结构体的类型
    uint x；                                     //相对横坐标
    uint y；                                     //相对纵坐标
    uint lg；                                    //游戏区宽度
    uint high；                                  //游戏区长度
    uint score；                                 //游戏当前分数
    uint grade；                                 //游戏当前等级
    uchar ram[20][16]；                          //当前方块的图模信息
    uint color[7]；                              //颜色类别
    uchar data；                                 //保存按键键码 ASCII
    uint touch_x；                               //最后一次按键横坐标
    uint touch_y；                               //最后一次按键纵坐标 uint highest；
    uint T_x；                                   //当前方块横坐标
    uint T_y；                                   //当前方块纵坐标
    uint T_n；                                   //当前方块种类
    uint T_next；                                //下一个方块种类
    uchar location[20]；                         //对行数据 ram[i][j]进行重定位
    uchar addr[4]；                              //消除行的位置
    uchar n；
    uchar xx；
    uchar temp[4]；
    uchar temp_1；
        void（＊Init)(Screen ＊ )；                //初始化游戏界面各类信息
        void（＊Disp)(Screen ＊ )；                //初始化游戏界面，绘制游戏区
        void（＊Next)(Screen ＊ )；                //绘制游戏区细节
        void（＊Score)(Screen ＊ )；               //绘制分数区
        void（＊Grade)(Screen ＊ )；               //绘制等级区
        void（＊DispScore)(Screen ＊ )；           //更新显示分数
        void（＊DispGrade)(Screen ＊ )；           //更新显示等级
        void（＊DispButern)(Screen ＊ )；          //绘制操作按钮
        void（＊Read_data)(Screen ＊ )；           //读取按键值
        void（＊SetInterupt)()；                   //中断设置函数
        void（＊GetXY)(Screen ＊ )；               //从触摸屏获得触摸信息
        void（＊BlockDisp)(Screen ＊ )；           //绘制方块
        void（＊BlockDestroy)(Screen ＊ )；        //消除方块
        uchar（＊BlockLeft)(Screen ＊ )；          //方块左移
```

```
uchar ( * BlockRight)(Screen * );                    //方块右移
uchar ( * BlockDown)(Screen * );                     //方块下降
uchar ( * BlockTransform)(Screen * p);               //方块翻转
void ( * SetRam)(Screen * );                         //填充当前显示方块的数据
void ( * DispAgain)(Screen * , uint, uint);          //绘制再来一次按钮
void ( * DestroyLine)(Screen * );                    //消除行操作
void ( * DispNext)(Screen * );                       //绘制按钮
};
```

俄罗斯方块游戏软件主流程图如图 6-47 所示，定时器中断-产生随机数流程图如图 6-48 所示，外部中断-触摸屏按键操作如图 6-49 所示。

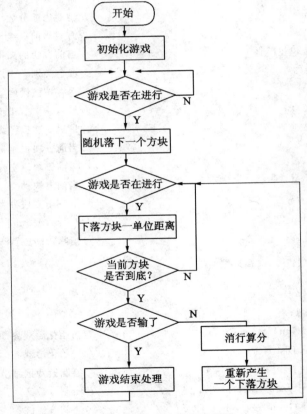

图 6-47　游戏软件主流程图

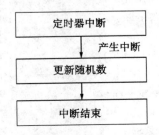

图 6-48　定时器中断-产生随机数

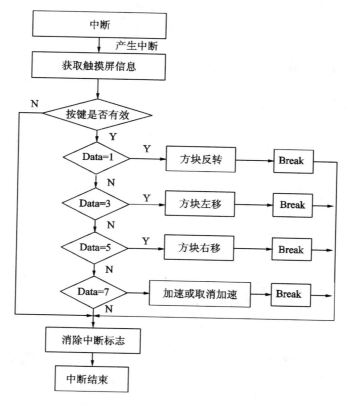

图 6-49　外部中断-触摸屏按键操作

程序执行流程与算法

```
//main 函数，初始化时钟，触摸屏，显示游戏开始界面
int main( void )
{   //关闭看门狗定时器，防止超时复位
    uint i, j, temp=0;
    WDTCTL = WDTPW + WDTHOLD;
    P2DIR |=0xf0;
    init_clk();
    OOP_CONT();
    OOP_INIT();
    Pant(BLU);
    screen. Disp(&.screen);
    screen. Next(&.screen);
    screen. Score(&.screen);
    screen. Grade(&.screen);
    screen. DispButern(&.screen);
    screen. DispScore(&.screen);
    screen. DispGrade(&.screen);
    screen. SetInterupt();
    _EINT();
```

```
      startend. Disp(&startend);              //游戏开始
      while(1) {
        if(startend. se == 1) {
        startend. Destroy();
         screen. T_n = TN%28;
         screen. BlockLeft(&screen);
         screen. DispNext(&screen);
      }
      else
          continue;
        mdelay();
        while(startend. se)
        {   if(screen. BlockDown(&screen) == 0) {
                if(screen. T_y<20) {
                    startend. se = 0;
                    startend. end =1;
                    startend. DispEnd();
                    break;
                }
            screen. SetRam(&screen);
            screen. DestroyLine(&screen);
            screen. T_x = 70;
            screen. T_y =10;
            screen. T_n = screen. T_next;
            screen. T_next = TN%28;
            screen. Next(&screen);
            screen. DispNext(&screen);
            screen. BlockRight(&screen);
            js =0;
        }
        _EINT();
        ndelay();
      }
    }
    return 0;
}


//触摸屏中断处理，根据操作执行"进入游戏"、"方块左移"、"方块右移"、"方块变换"
# pragma vector = PORT2_VECTOR
_interrupt void PORT2_ISR(void)
{
  screen. GetXY(&screen);
  screen. Read_data(&screen);
```

```
      if((screen. data<0xff)&&(startend. se ==1))
      {
          switch(screen. data)
          {
          case 1：
              screen. BlockTransform(&screen);
              break；
          case 3：
              screen. BlockLeft(&screen);
              break；
          case 5：
              screen. BlockRight(&screen);
              break；
          case 7：
              if(js == 0)
                  js =1；
              else
                  js =0；
              break；
          default：；
          }
      }
      if((SCREEN_X<160)&&(SCREEN_X>20)&&(SCREEN_Y>70)&&(SCREEN_Y
<110)&&(startend. end ==0))
          startend. se = 1；
      P2IFG = 0x00；                          //清中断标志
}
//方块向下移动算法
uchar Screen_BlockDown(Screen * p)
{
    uint temp，temp_1，temp_2 ，i；
    uchar a[4]；
    temp =p->T_y；
    temp +=10；
    temp_1 = (temp-10)/10；
    for(i=0；i<4；i++)
    {
        a[i]= temp_1+Tm[p->T_n][i*2+1]；
    }
    if((a[0]>19)||(a[1]>19)||(a[2]>19)||(a[3]>19))
    {return 0；}
    else
    {
```

```
    temp_1 = (temp−10)/10;
    temp_2 = (p−>T_x −10)/10;
    a[0]= p−>ram[p−>location[temp_1+Tm[p−>T_n][1]]][temp_2+Tm[p−>T_n][0]];
    a[1]= p−>ram[p−>location[temp_1+Tm[p−>T_n][3]]][temp_2+Tm[p−>T_n][2]];
    a[2]= p−>ram[p−>location[temp_1+Tm[p−>T_n][5]]][temp_2+Tm[p−>T_n][4]];
    a[3]= p−>ram[p−>location[temp_1+Tm[p−>T_n][7]]][temp_2+Tm[p−>T_n][6]];
    if((a[0]== 0)&&(a[1]== 0)&&(a[2]== 0)&&(a[3]== 0))
    {   p−>BlockDestroy(p);
      p−>T_y +=10;
      p−>BlockDisp(p);
    }
    else
    {
      return 0;
    }
  }
  return 1;
}


//方块向左移动算法
uchar Screen_BlockLeft(Screen * p)
{
  uint temp, temp_1, temp_2 , i;
  uchar a[4];
  temp = p−>T_x;
  if(temp<20)
  {return 0;}
  else
  {
    temp −=10;
    temp_1 = (temp−10)/10;
    temp_2 = (p−>T_y −10)/10;
    a[0]= p−>ram[p−>location[temp_2+Tm[p−>T_n][1]]][temp_1+Tm[p−>T_n][0]];
    a[1]= p−>ram[p−>location[temp_2+Tm[p−>T_n][3]]][temp_1+Tm[p−>T_n][2]];
    a[2]= p−>ram[p−>location[temp_2+Tm[p−>T_n][5]]][temp_1+Tm[p−>T_n][4]];
    a[3]= p−>ram[p−>location[temp_2+Tm[p−>T_n][7]]][temp_1+Tm[p−>T_n][6]];
    if((a[0]== 0)&&(a[1]== 0)&&(a[2]== 0)&&(a[3]== 0))
    {
        p−>BlockDestroy(p);
        p−>T_x −=10;
        p−>BlockDisp(p);
    }
    else
```

```
        {
            return 0;
        }
    }
    return 1;
}


//方块向右移动算法
uchar Screen_BlockRight(Screen * p)
{
    uint temp, temp_1, temp_2, i;
    uchar a[4];
    temp = p->T_x;
    temp += 10;
    temp_1 = (temp-10)/10;
    for(i=0; i<4; i++)
    {
        a[i] = temp_1+Tm[p->T_n][i*2];
    }
    if((a[0]>15)||(a[1]>15)||(a[2]>15)||(a[3]>15))
    {return 0;}
    else
    {
        temp_1 = (temp-10)/10;
        temp_2 = (p->T_y -10)/10;
        a[0] = p->ram[p->location[temp_2+Tm[p->T_n][1]]][temp_1+Tm[p->T_n][0]];
        a[1] = p->ram[p->location[temp_2+Tm[p->T_n][3]]][temp_1+Tm[p->T_n][2]];
        a[2] = p->ram[p->location[temp_2+Tm[p->T_n][5]]][temp_1+Tm[p->T_n][4]];
        a[3] = p->ram[p->location[temp_2+Tm[p->T_n][7]]][temp_1+Tm[p->T_n][6]];
        if((a[0]== 0)&&(a[1]== 0)&&(a[2]== 0)&&(a[3]== 0))
        {
            p->BlockDestroy(p);
            p->T_x += 10;
            p->BlockDisp(p);

        }
        else
        {
            return 0;
        }
    }
    return 1;
}
```

```
//方块变换移动算法
uchar Screen_BlockTransform(Screen * p)
{
    uint temp_1，temp_2，temp_3，i；
    uchar a[4]；
    temp_1 = p->T_n%4；
    temp_2 = p->T_n-temp_1；
    temp_1++；
    if(temp_1>3)
        temp_1 = 0；
    temp_1 = temp_1 + temp_2；
    for(i=0；i<4；i++)
    {
        a[i]= (p->T_x-10)/10 + Tm[temp_1][i*2]；
        if(a[i]>15)
            return 0；
    }
    for(i=0；i<4；i++)
    {
        a[i]= (p->T_y-10)/10 + Tm[temp_1][i*2+1]；
        if(a[i]>19)
            return 0；
    }
    temp_3 = (p->T_y-10)/10；
    temp_2 = (p->T_x-10)/10；
    a[0]= p->ram[p->location[temp_3+Tm[temp_1][1]]][temp_2+Tm[temp_1][0]]；
    a[1]= p->ram[p->location[temp_3+Tm[temp_1][3]]][temp_2+Tm[temp_1][2]]；
    a[2]= p->ram[p->location[temp_3+Tm[temp_1][5]]][temp_2+Tm[temp_1][4]]；
    a[3]= p->ram[p->location[temp_3+Tm[temp_1][7]]][temp_2+Tm[temp_1][6]]；
    if((a[0]== 0)&&(a[1]== 0)&&(a[2]== 0)&&(a[3]== 0))
    {
        p->BlockDestroy(p)；
        p->T_n =temp_1；
        p->BlockDisp(p)；
    }
    else
    {
        return 0；
    }
    return 1；
}
```

完整的程序请参考本书电子资源。

参 考 文 献

[1] 魏小龙. MSP430 系列 16 位超低功耗单片机原理与应用[M]. 北京：北京航空航天出版社，2002.

[2] 季秀霞，张小琴，卞晓晓，等. 数字信号处理[M]. 北京：国防工业出版社，2013.

[3] 沈建华，杨艳琴. MSP430 超低功耗单片机原理与应用[M]. 2 版. 北京：清华大学出版社，2013.

[4] 洪利，章扬，李世宝. MSP430 单片机原理与应用实例详解[M]. 北京：北京航空航天大学出版社，2010.

[5] 赵建，谢楷，沈雪亮，等. MSP430 系列十六位超低功耗单片机教学实验系统实验教程[Z]. 西安：西安电子科技大学测控工程与仪器系，2006.

[6] 李智奇. MSP430 系列超低功耗单片机原理与系统设计[M]. 西安：西安电子科技大学出版社，2008.

[7] 胡大可. MSP430 系列单片机 C 语言程序设计与开发[M]. 北京：北京航空航天出版社，2003.

[8] 施保华，赵娟，田裕康，等. MSP430 单片机入门与提高[M]. 武汉：华中科技大学出版社，2013.

[9] 张鹏. 单片机开发板制作与应用[M]. 北京：化学工业出版社，2014.

[10] 周立功，等. 单片机实验与实践教程[M]. 北京：北京航空航天大学出版社，2006.

[11] 张福才，张锐，汝洪芳. MSP430 单片机自学笔记[M]. 北京：北京航空航天大学出版社，2011.

[12] Texas Instruments Incorporated. MSP430F16x MIXED SIGNAL MICROCONTROLLER data sheet[Z]. 2011.

[13] IAR Company，MSP430 Windows Work Bench，TEXAS INSTRUMENTS[Z]. 1999：72-83.

[14] Texas Instruments Incorporated. MSP430 Software Coding Techniques[Z]. http：//www. ti. com. cn. 2006.

[15] 范晶彦. 传感器与检测技术应用[M]. 北京：机械工业出版社，2005.

[16] Logic C. CS8900A product data sheet [J]. 1999-03. http：//www. cirrus. com，2004.

[17] 鲁郁. GPS 全球定位接收机：原理与软件实现[M]. 北京：电子工业出版社，2009.